『十二五』国家重点图书出版规划项目

国家出版基金资助项目

晏阳初

民国乡村建设

华西实验区档案选编·经济建设实验

⑩

目录

三、乡村手工业

华西实验区合作社物品供销处

机织生产合作社·机织生产制度和办法

华西实验区合作社物品供销处组织规程草案（草稿） 9-1-196（83）

华西实验区合作社物品供销处组织规程草案（草稿） 9-1-196（84）

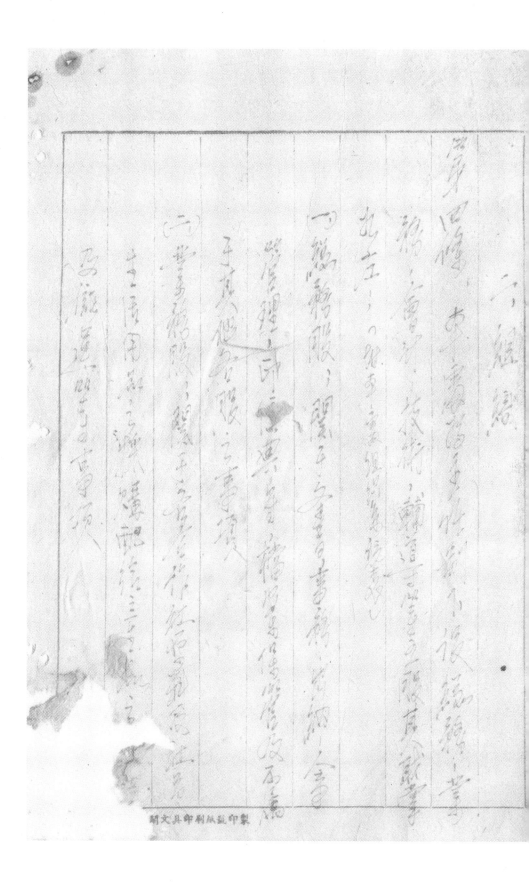

60

（三）会计股：关于成本之核算及出纳
之记载、簿籍核对、预决算之编制
等事项

（四）技术股：关于合作社工作协助之指
导、经营管理方法之设计、物质之检
验以及工业技术之改进及推广、[illegible]
事项

（五）辅导股：关于合作社组织业务之
辅导、业务之改进、统计调查、[illegible]之合作
法规之宣传等事项

华西实验区合作社物品供销处组织规程草案（草稿） 9-1-196（87）

华西实验区合作社物品供销处组织规程草案（草稿） 9-1-196（88）

第五條：本處[illegible]

[illegible]

四、[illegible]另[illegible]之。

第六條：本處[illegible]

[illegible]

三、人事

第七條：本處[illegible]一人[illegible]

第八條：本處[illegible]一人[illegible]

[illegible]

[illegible]

四寶[illegible]文具印刷紙號印製

华西实验区合作社物品供销处组织规程草案（草稿） 9-1-196（89）

华西实验区合作社物品供销处组织规程草案（草稿）　9-1-196（90）

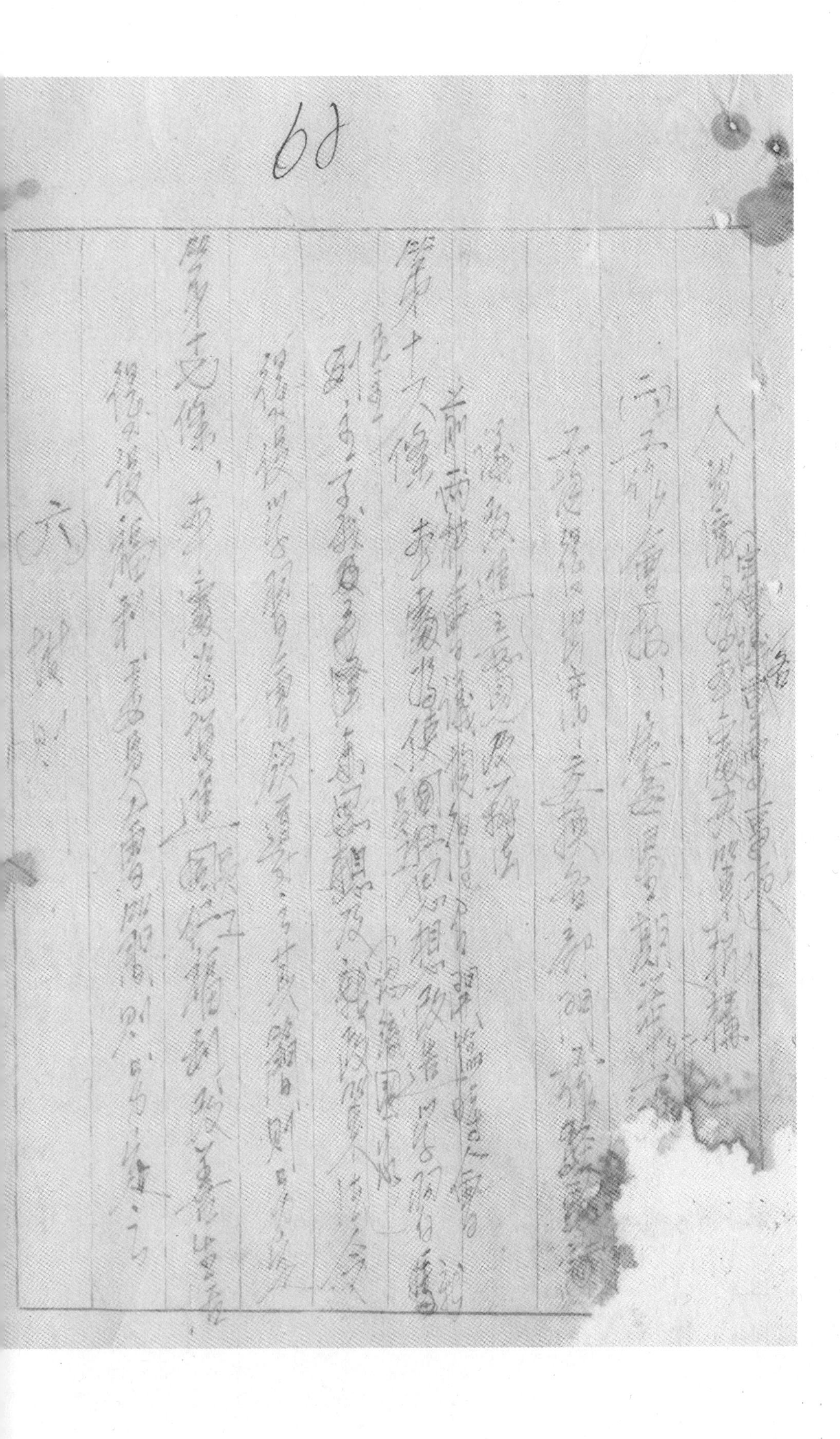

华西实验区合作社物品供销处组织规程草案（草稿） 9-1-196（91）

华西实验区合作社物品供销处组织规程草案（草稿）　9-1-196（92）

第十八條　本處……

第十九條　本規程經合作社……審

核通過并……

施行　其修改時同

一九五〇年一月九日第十四次業務會議通過

华西实验区合作社物品供销处组织规程草案　9-1-196（93）

华西实验区合作社物品供销处组织规程草案　9-1-196（85）

64

華西實驗區合作社物品供銷處組織規程草案

一、總則

第一條　本處定名為華西實驗區合作社物品供銷處

第二條　本處組織規程依據本區組織章則第十條第八條及

第八條本區組織通則之規定訂定之

第三條　本處為本區輔導合作社之供銷機構為其社員

服務推銷產品供給原料及其必需用品之業務計劃

另訂之

二、組織

第四條　本處在主任制下設總務、業務、會計、技術、補

遵守左列其職掌如左（附本處組織系統表）

（一）總務股　関於文書、事務、出納、人事、管理、印信典守、稽核保管及不屬於其他各股之事項

（二）業務股　関於各合作社原料及生活用品之採購、配銷、產品之推銷及儲運等事項

（三）會計股　関於成本及會計之核算帳目之記載、審核及預决算之編製報銷等事項

（四）技術股　関於合作社工作場所之指導、管理及規格之設計、品質之檢驗與改良技術及加工技術等事項

华西实验区合作社物品供销处组织规程草案　9-1-196（86）

华西实验区合作社物品供销处组织规程草案　9-1-196（94）

华西实验区合作社物品供销处组织规程草案　9-1-196（95）

[illegible]

第九条　本处各股视工作繁简得设技士、技佐若干人，受各股长之管理调遣（由本处员工编制表）。

第十条　本处股长由主任遴聘及任用，并报请实验区备处备查。

第十一条　本处各办事人员就现任员工调任为原则，如业务繁忙得增加人员时应[illegible]

第十二条　本处工作人员之成绩考核及奖惩办法另行规定。

[illegible]

华西实验区合作社物品供销处组织规程草案　9-1-196（96）

华西实验区合作社物品供销处组织规程草案　9-1-196（97）

[illegible]機構

（二）工作會議　決定業務推行之方針及改進

出席人為各部門工作人員　檢討業務改進意見

辦法

前兩種會議於必要時得召開臨時會

第八條　本處為使員工思想進步業務發展起見

設研究[illegible]委員會[illegible]

簡則另定之

第九條　本處為增進員工福利改善其生活得設[illegible]

員會簡則另定之

六、附则

第十条 本处办事细则另订之

第十一条 本规程经提交本处务会议审核通过并报[illegible]

函暨联合社核准施行其修改时同

一九五〇年八月九日第十四次处务会议通过

华西实验区合作社物品供销处组织规程草案 9-1-196（98）

华西实验区合作社物品供销处璧山分处值日员工注意事项 9-1-100（49）

许

請各同仁傳閱

華西實驗區合作社物品供銷處璧山分處值日員工注意事項

一、本處員工悉依表列程序遞次輪值

二、值日員工工作列后

1、招待來賓參觀

2、関於门禁火警整潔

3、偶發事項

三、值日職員除每日照常辦理上列工作外并負責處理處內一切及偶發事宜如有特别情形不能即時解決時候上班后交有関股辦理

四、遇星期日及例假依值日職員權宜處理一切事務

华西实验区合作社物品供销处璧山分处值日员工注意事项　9-1-100（50）

五、值日時间每日自上午七時起至下午九時止依次交班不得有误

六、自六月十六日起施行

附表

職員姓名	工友姓名
王成槐	李其山
陳思舜	曹龍波
蕭思棠	曹國志
張尚玫	馮封大福
羅文楷	

华西实验区合作社物品供销处璧山分处值日员工注意事项 9-1-100（51）

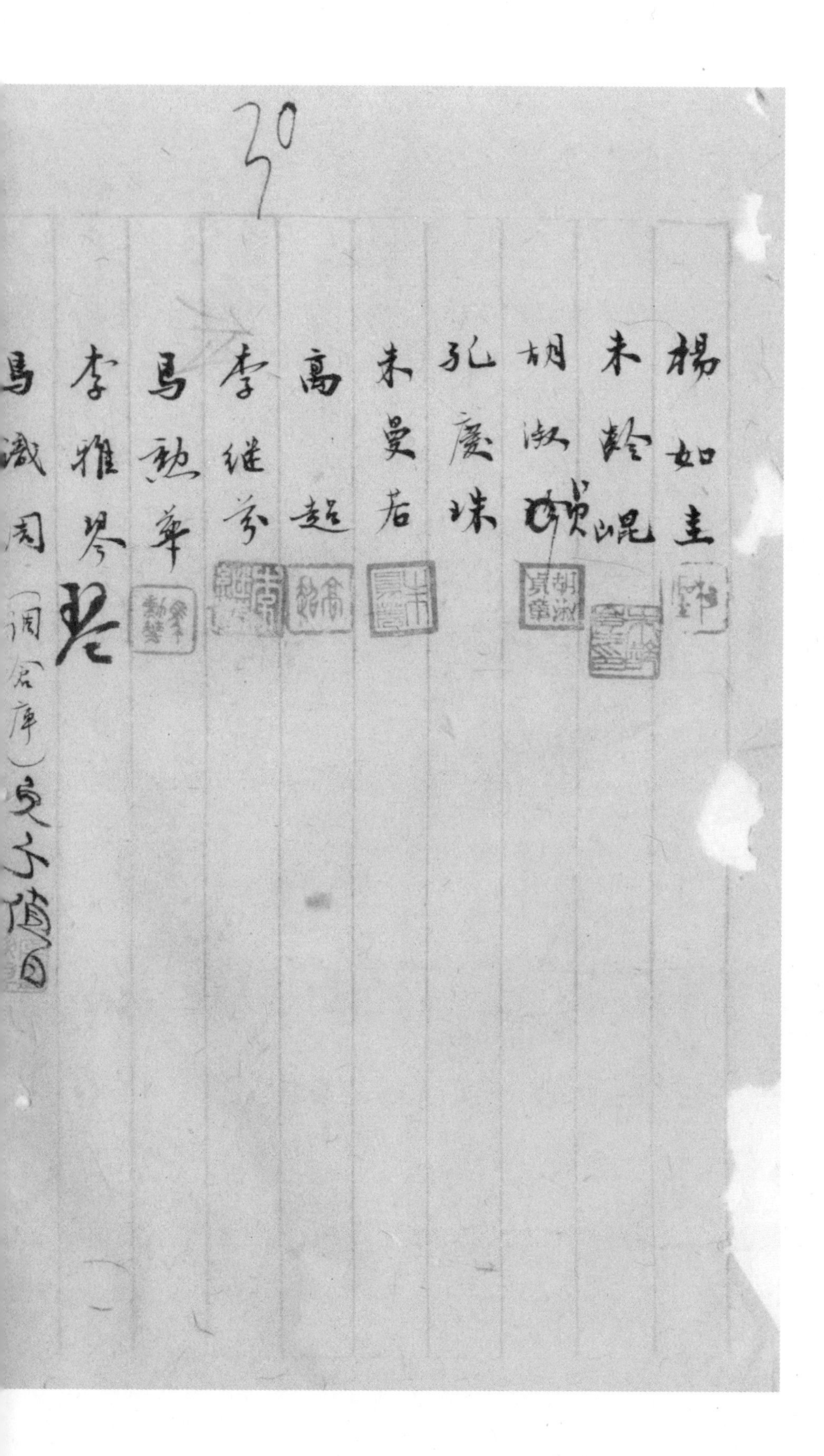
30

楊如圭
朱黔崐
胡淑貞
孔慶珠
朱旻若
高超
李继芬
馬勤華
李雅琴
馬識周（调仓库）吴子修

华西实验区合作社物品供销处璧山分处值日员工注意事项　9-1-100（52）

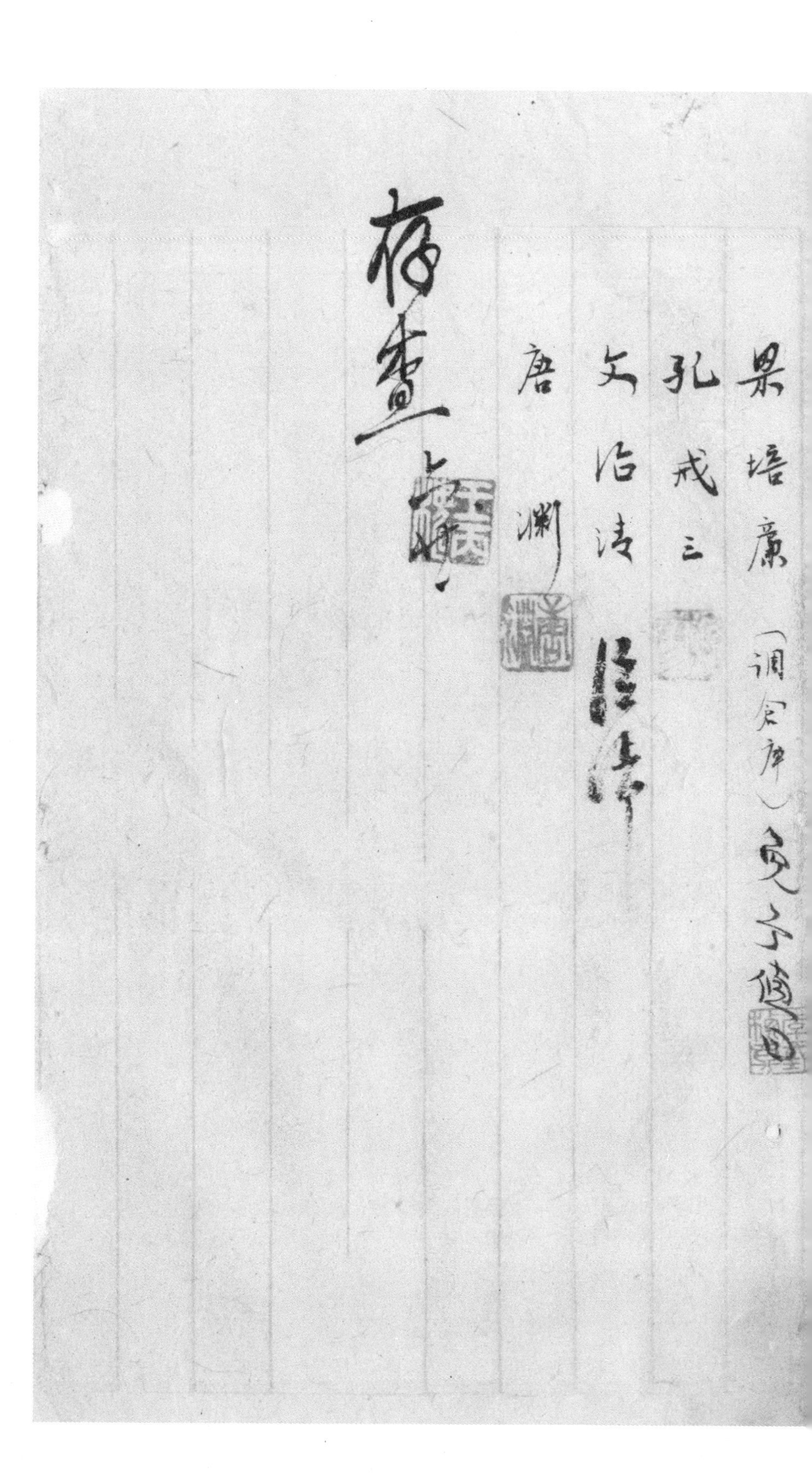
梁培廉（调仓库）免予值日

孔戒三

文治清

唐渊

存查

华西实验区合作社物品供销处章程　9-1-263（230）

124

第一章 总则

第一条 本社定名为川东璧山区供销合作总社

第二条 本社以经营生产工具原料、成品及日用必需品之採购、批发、运销、加工，减除中间剥削并扶助农副业生产，调整②农产品的比价，改善城市与乡村之交换关系为宗旨

第三条 本社为有限责任组织，以其认股额为限负其责任

华西实验区合作社物品供销处章程　9-1-263（231）

第四條　本社以川東璧山區所轄……
廿十縣為業務區域

第五條　本社社址設於川東區璧山縣城

第二章　社員（社）及社股

第六條　本區所屬各縣鄉所社物品供銷（合作）
社聯均能加入本社為法人社員（以保為單位社員社）但入社
前須經各該（縣聯社）理事會同意并報
告社員代表大會（同下兩級代表大會）通過後隨送入社決
議錄

第七條　本社社員（社）所用如下列各種

华西实验区合作社物品供销处章程 9-1-263（232）

125

一、破產
二、自請退社
三、解散
四、其他合作社合併

第八條 本社社員有左列情事之一者，得經社員代表大會四分之三以上之決議予以除名，以書面通知被除名之社員：

一、不遵照本章則及社員代表大會決議履行其義務者
二、有妨害本社社務之行為者

三　有犯罪或不名誉之行为者

第九条　出社社员於年度终了依法申请退还其已缴股款，前项股款之退还於年度终了後结算後决定之

第十条　社员权利为选举被选举罢免权享受优待等权

第十一条　社员义务为遵守本社章程服从决议缴纳股款缴清认购维护本社利益保护本社财产

第十二条　社员不得以营利或投机之目的将所认[illegible]

[illegible]

之货物转售他人
社员违犯社章程规定及大会决议时
内依情节轻重予以批评警告定期停
止与本社交易或开除之处分
第十三条 本社股金额每股人民币 元
每社员至少认购 股入社后得随时增
[illegible]
删此
第十四条 社员认购社股得分期缴纳但第一次
所缴款额不得少于所认股金总额

[illegible]

表大会决定之

前项社员缴之股金归本社所得

其应得之股息及盈余拨充之

第十五条　社股不得转让亦不得以之担保或抵偿

债务

第三章　组织及职掌

第十六条　本社最高权力机关为社员代表大会

每年至少开会一次

第十七条　社员代表之产生由各社理监联席选派之

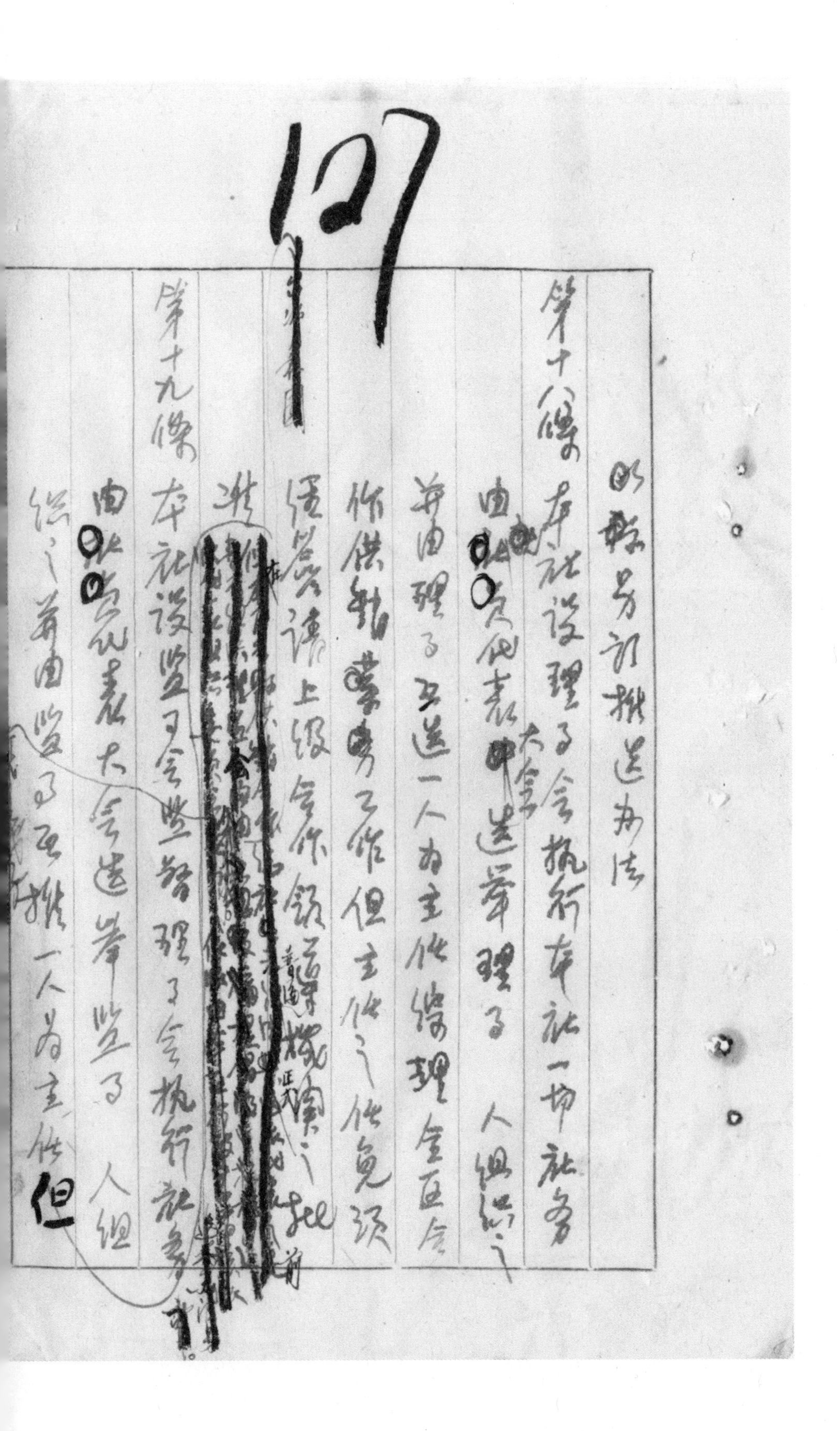
127

职务分配选办法

第十八条 本社设经理一人执行本社一切社务，由○○代表大会中选举经理 人组织之，并由经理再选一人为主任会计，经理全权负责所供销业务之作，但主任会计之任免须经呈请上级合作领导机关批准。

第十九条 本社设监事会监督经理之执行社务，由○○代表大会选举监事 人组织之，并由监事互推一人为主任，但

华西实验区合作社物品供销处章程　9-1-263（236）

第廿條 理監事會應按月分别舉行會議
前項理監事之任期均為一年得連
選連任
第廿一條 理事長直接負責處理一切業務均不得
兼任監事
理事會開會時監事應列席
[illegible]
[illegible]

第廿二條 本社除暫行開辦本區各點設置供銷處外
總社以外並得[illegible]產品集

华西实验区合作社物品供销处章程　9-1-263（237）

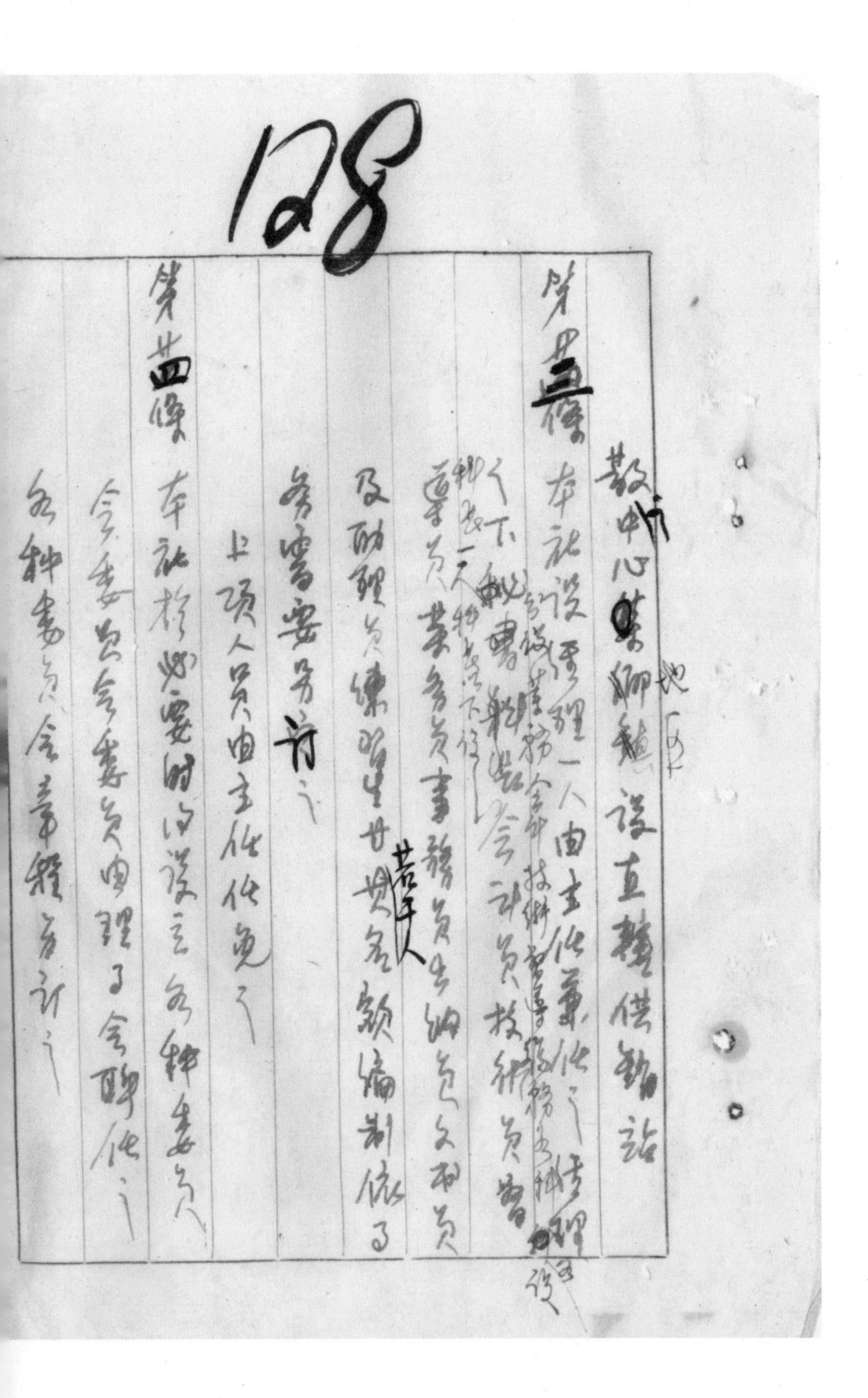

128

散中心乡镇设直辖供销站

第卅三條　本社设经理一人，由主任兼任之，经理之下设业务、会计、技术三股，分设业务员、事务员、出纳员、文书员及助理员、练习生若干人，其名额编制依事务需要另订之。

上项人员由主任任免之。

第卅四條　本社於必要时得设立各种委员会，委员会委员由经理聘任之，各种委员会章程另订之。

华西实验区合作社物品供销处章程　9-1-263（239）

华西实验区合作社物品供销处章程　9-1-263（240）

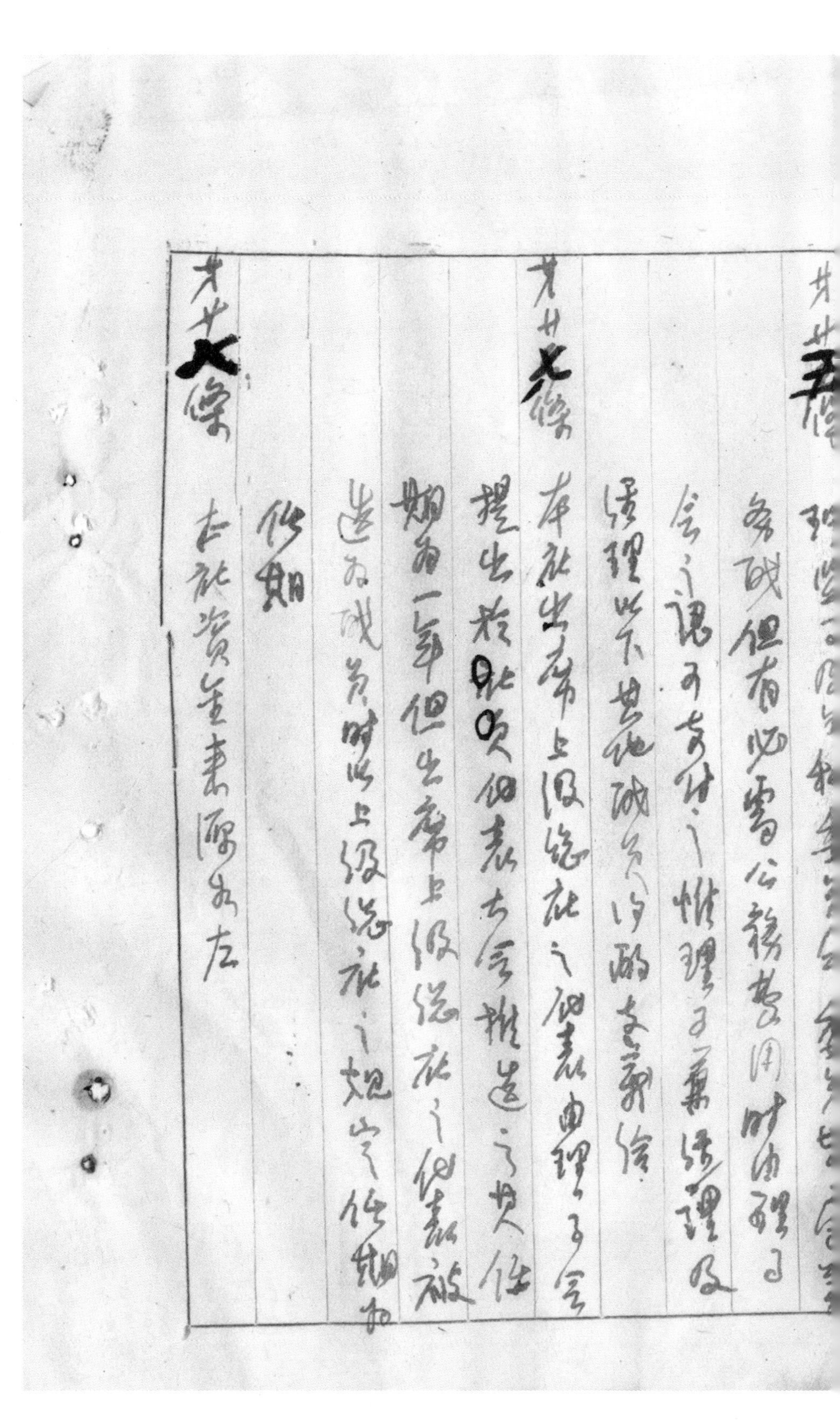

第廿五條　……

務職但有必需公務費用時須由理事

會之認可支付之惟理事兼任經理及

經理以下其他職員得酌支薪俸

第廿六條　本社出席上級總社之代表由理事會

提出於社員代表大會推選之其人任

期為一年但出席上級總社之代表被

選為職員時以上級總社之規定任期為

任期

第廿七條　本社資金來源如左

129

一、乡县联合总社缴纳之股金

二、除前项乡社会团体捐赠之基金

三、业务经营结余所提留盈余累积

四、其他不返还之收入

除上列各项自有之资金外，需要

业务上之营运资金由人民银行予

以长期或短期低利借贷款

第廿八条　本社以资金及联社之财产对债务负责

但对上级总社债务不负财产上之责任

第四章　任务及业务

华西实验区合作社物品供销处章程　9-1-263（241）

华西实验区合作社物品供销处章程　9-1-263（242）

本條之二、四兩項在[illegible]有○符號者

第[illegible]條　本社的任務如左

第九條(?)　一、接受省社(?)通訊及上級領導機關有關合作社之決議命令與指示並在其職權內指導監督其執行

二、審核本社所轄各供銷合作總社的提交(?)組織供銷計劃、農副業產品與原料採購計劃、財務計劃及收付貨款計劃，並(本條)擬定本社的經營業務計劃或個別業務計劃報請上級核准或備查案

华西实验区合作社物品供销处章程　9-1-263（243）

130

五、指导组织与解决本区各县供销合作
供销总社相互间的业务实际问题
六、指导本区各县供销合作总社业务
核转与统计报表并监督其执行
七、订立物资或合同督促本区各县供销
合作总社签订合同并监督其执行
八、依照本章程第卅四条规定直接经
营各种业务
第卅条　本社的业务如左
一、实核本区各县供销合作总社需要

物品之批發推銷事宜

二、関於本區各縣供銷合作社農業物品之運銷加工事項

五、関於本區各縣供銷合作社業務之輔導事項

六、其他有関物品供銷業務事項、

三、組織及幫助本區各縣供銷合作社經營各種主副業生產

四、經營消費品及農產品加工并設立加工工廠或倉庫

华西实验区合作社物品供销处章程　9-1-263（245）

131

以上各项业务由理事会议决分别缓急办理之。

第廿一条　本社供销业务所需资金，由参加供销业务之社认缴之。

第廿二条　本社各项业务必要时设立专部分别办理，其计划与章则由理事会另定之。

第五章　附则

第廿三条　根据国家经济法规与各社需要，按其年度编制时期应制定主要商品之

年度之批發與採購計劃并檢查

其執行並实行商業核算

对各社店加速商品與資金周转與

勵節約用和積累資金費報損費

第卅三條

本社每年結賬除自一月一日至十二月卅一日

為業務年度年度終了时由理事會

作成業務報告書資產負債表損

益計算書財產目錄及下期業務計

劃書送監事會審查通過监事會

意見提交社員代表大會討論并報告上

132

第卅四條

供銷社

本社有盈餘時除支付股息至多

年息一分外，餘數平均為一百分，

再作為盈餘分配案，提交社員大會

參照下列標準分配：

一、公積金百分之

二、繳納上級供銷社合作事業基金百分之

三、公益金百分之

四、職員獎勵金百分之

五、按照交易額分紅百分之

华西实验区合作社物品供销处章程　9-1-263（247）

华西实验区合作社物品供销处章程　9-1-263（248）

第廿五條　本社基於所在地上級總社准

始得撤銷

第廿六條　本社每年結餘有剩餘時以公積金

及股金照規攤補。

第六章　解散

第廿七條　本社如業務無成果不能繼續經營

或其他社會條件以及其他重要原因

經附設社員大會決議得予解散時應向

上級總社申請解散登記

本社如受上級不良行爲施封或

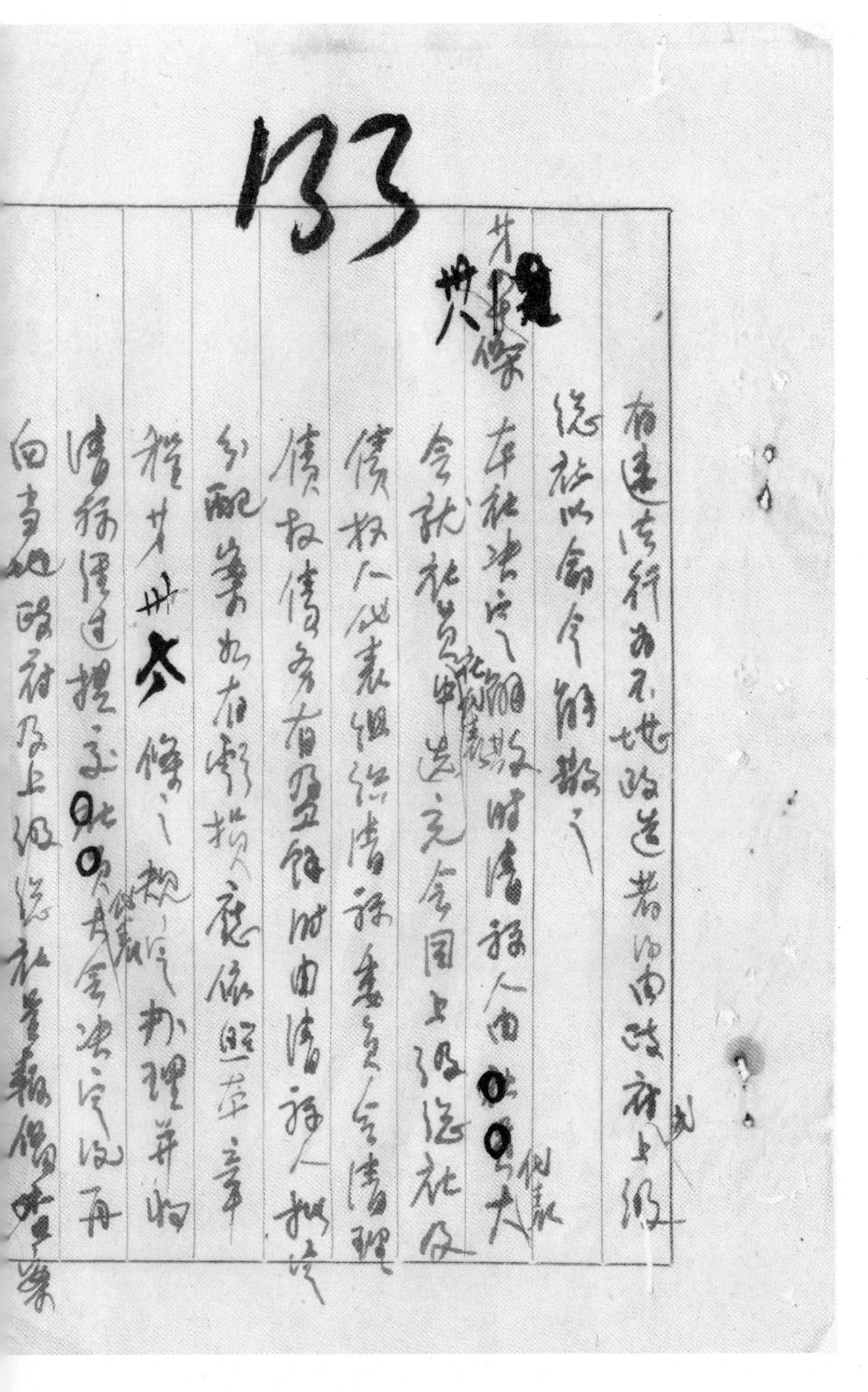

第卅九条

有违法行为不尽职责者由该社上级
总社以命令解散之
本社决议解散时清算人由理事代表大
会就社员中选定会同上级总社及
债权人代表组织清算委员会清理
债权债务有盈余时由清算人拟定
分配案如有亏损应依照本章
程第卅六条之规定办理并将
清算经过提交社员大会决定后再
向当地政府及上级总社呈报备案

华西实验区合作社物品供销处章程　9-1-263（249）

华西实验区合作社物品供销处章程　9-1-263（250）

第九章　附则

第卅九条　本章程未尽事宜依有关合作社法令之规定办理

第四十条　本章程经通过呈请川东璧山区行政专员公署核准后施行

华西实验区合作社物品供销处璧山分处机纱折算办法 9-1-100（53）

31

不足纱布在机纱折算办法如次：

1. 長度

短两吋以内者不扣纱

两吋至六吋扣纱一把

六吋至十二吋扣纱二把

十二吋至十八吋扣纱三把

十八吋至二十四吋扣纱四把

二十四吋至三十吋扣纱五把

三十吋至三十六吋扣纱六把

短三十六吋（一碼）以上卅不收

2. 宽度

窄二英分以内者不扣纱（一英寸為八英分）

二英分至四英分扣纱二把

短半英寸以上者不收

四英分至六英分扣纱四把

华西实验区合作社物品供销处璧山分处机纱折算办法　9-1-100（54）

3、经密

短一根廿机纱二抵　短二根廿机纱四抵

六英分至八英分（一吋）机纱六抵

宽八英分（一吋）以上者不收

短三根廿机纱五抵　短四根廿机纱七抵

短五根廿机纱九抵　短六根廿机纱十抵

短七根廿机纱十二抵　短八根廿机纱十四抵

短九根廿机纱十五抵　短十根廿机纱十七抵

短十根以上廿不收

4、纬密

照经密短廿机纱计算同

本办法自十二月七日实行

华西实验区合作社物品供销处璧山分处举办各机织生产合作社以布易纱业务暂行办法 9-1-131（175）

105

華西實驗區合作社物品供銷處璧山分處舉辦各機織生產合作社以布易紗業務暫行辦法：

一、華西實驗區所輔設之機織合作社欲以其出產向合作社物品供銷處璧山分處（簡稱本處）掉換棉紗時悉依本辦法之規定辦理

二、布疋之規格應依照本處之規定否則即拒絕掉換

三、前項規格及每疋易紗數量由本處另行規定

四、各社社員之產品合作社應照本處所定標準先行檢驗合格者除於布頭寫明製造社員姓名外並應由檢驗人及理事主席蓋章證明及加蓋合作社檢驗圖戳不合標準者應即退還原社員

五、經檢驗合格之布疋應將其數量及每疋易紗數量分別填入各社員之手摺內

六、合作社將社員布疋收齊檢驗後即造具易紗布疋之清單二份

华西实验区合作社物品供销处璧山分处举办各机织生产合作社以布易纱业务暂行办法　9-1-131（176）

得換前或替換

八、合作社易紗之布，由本處技術股複驗認為合格，即填發核驗憑單向倉庫領取棉紗

九、合作社每次以布易紗時，其所得棉紗應出具收紗收據

十、合作社不得以非社員之產品持向本處易紗

十一、合作社以布易紗後，應即將所領得之棉紗轉發社員，不得稽延或挪用

十二、合作社以布易紗時，一切費用由各社自行籌措

十三、本辦法如有未盡事項，得隨時補充修訂之

华西实验区合作社物品供销处二八布生产计划及办法（一九五〇年十一月） 9-1-196（27）

24

二八布生產計劃及辦法

（一九五〇年十一月）

华西实验区合作社物品供销处二八布生产计划及办法（一九五〇年十一月） 9-1-196（28）

29

二八布生產計劃及辦法

（一九五〇年十一月 日）

由於去年十二月初解放後鄉間匪特暴動地方秩序不安社員無法繼續生產本處換布業務隨告停頓直至今春一切情況日見安靜在艱苦環境之下竭盡力量克服了困難，始得在三月上旬以後逐漸的恢復工作，但自八月初花紗布公司在璧山開始以紗易布，換紗公司所訂標準不若我處嚴（減），而換紗量高於我處，所以社員為了個人利益大部與該公司發生關係，拒絕與我處交易，自然的形成了我們收布工作之不振，然而我們雖無意如此，因為我處已完成了這一個階段任務。

最近社員紛紛請求願與我處重新密切的聯繫起來以求安定精業

璧山合作事業之基礎，經一月來社員之殷殷期望，同時我們亦加以研究與

华西实验区合作社物品供销处二八布生产计划及办法（一九五〇年十一月） 9-1-196（29）

分析以及市场情形，更比照花纱布公司换布价格，与该公司且不抵触，更
不影响工作之下，兹拟订标准及办法如次：
(一)生产目标：为了扶植合作社之业务，本处拟精制四十码白细布及
三十八码半之条色布两种，以便开辟销路，争取市场，使
步的来建立合作社之生产基础。
(二)原料采用：兹织制优良织物，必须采取高等原料，故拟采取适合
最优良之五支道圆或荆州标纱使用之，如此纱难货不易购
进时，可选用金飞艇或蝶牌纱，并尽可能以五支道圆荆州
纱织制四十码白细布，金飞艇蝶牌纱织制三十八码半
条色布，以达到标准，提高品质之目的。

华西实验区合作社物品供销处二八布生产计划及办法（一九五〇年十一月） 9-1-196（30）

(三)生产量数：每月以生产四十码白细布一件(疋)。二十八码半布二件(疋)，俾使有针对有市场的运销。

(四)布匹规格(1)四十码白细布：长度四十码，宽度三十六英寸，经密每英寸六十二根，纬密每英寸六十根，经纬纱为二十二支。

(2)二十八码半条色布：长度二十八码半，宽度及经纬密度均与四十码白细布相同。

(3)织纬密度每英寸少于标准者根数，如纬密每英寸缺少一根或二根以上者则加纱二排。

(五)换纱数量(1)四十码白细布：每匹掉换二十支棉纱八十五支二排。

(2)二十八码半条色布：每匹掉换二十支棉纱六十四支七排。

华西实验区合作社物品供销处二八布生产计划及办法（一九五〇年十一月） 9-1-196（31）

關予親查。

(六)成本計算(1)四十碼白細布：每疋淨用二十支棉紗為二十支九排，另加經紗百分之六的紡織損失，百分之二的消耗，及緯紗百分之二的紡織損失，百分之三的消耗，需用棉紗八支三排強，合計需用原料棉紗二十八支二排。關於工繳、漿紗、山月前八股紙印情形是如下的計算：紙八支八排，零線等，染料等，工資三排，燈油、漿粉等共需二排，雜費八排，伙食八支八排（估計高），共需工繳料二十支六排，利潤五排，共連同原料紗共合計二十支棉紗八十五支三排。

璧山四寶閣文具印刷紙號印製

27

②二十八碼半杂色布，每疋淨用二十支棉紗二十支二排，另加
紡紗織機度消耗（與四十碼計算相同）二支二排強，合計共需
用原料紗二十八支四排，加織利潤（與四十碼布相同）故共需
十支棉紗二十四支七排。
③上列加織計算是較實際費用增加稍高，如社員自己能直接勞動或
管理得當時，則每疋利潤不止此數也。（前項加織係按照計算）
(七)需用原料：單碼白細布按件疋計算，每月約需二十支棉紗二六
五排，二十八碼半杂色布按件疋計算，每月約需二十支棉
紗四七〇排，合計共需用二十支棉紗九二五排，計九八件
一五排，再加上加織及撚紗等每月最多準備一百件棉

华西实验区合作社物品供销处二八布生产计划及办法（一九五〇年十一月） 9-1-196（32）

华西实验区合作社物品供销处二八布生产计划及办法（一九五〇年十一月）9-1-196（33）

銷路可通暢也。

（八）整理加工（1）四十碼白細布，加以踩踐整理後，印製信牌商標，利用色彩鮮艷之竹布或麻布，以十尺包裝成捆，運銷重慶、貴州及其他各地，與英貨白布競賽市場。

（2）六十八碼本染色布，送交合作染廠或其他染廠加工整染，更以染青藍色為主，視市場及季節需要隨時可改染其他各種顏色，但色澤務求充亮鮮艷，洗晒不褪，以求能獲得社會之信譽。

（九）社員選擇，為了整理合作社之業務，必須選擇現有合作社中之技術優良，有政治覺悟，對於合作社有認識而負

28

能直接参加劳动生产为织布对象。

（十）织制办法：自公布登记之日起在登记时间内社员可参加本处先行登记织机台数及说明织何种布匹。

②凡经本处公布认为合格之社员在自己单位社范围内自由组织生产小组每一小组至多不得超过十五台织机并选代表一人负责订约（合约另订）

③选择技术较为熟练社员组成四五个生产小组专织四十码白细布其余组成十个生产小组专织三十八码本条色布（在社员组织小组时决定办法及分订合约）

④凡织制何种布匹者须觅保证商号面承以资负责。

（七）检查办法：（1）、本处随时派人必要时或实地检查社员对按交棉纱检查，不能无故拒绝。

（2）检查时如发现社员有偷巧换纱减纱或交由手[illegible]作非社员，社员及其他不合本处规章等情事，第一次予以警告，第二次具结悔过，连续三次者即行停止承织，根据社章之处分。

（3）承织本处布匹社员除有本处记号之布匹（退）外，可向市场自行发售，务须经技术检验之后，不得随意送交别处。

（4）社员与社员间有互相监督之义务，如社员发觉有违犯本处规章及其他不合规章事情，经调查属实，由本处酌给奖励（奖金或奖状另订）并通告表扬。

印刷纸号印制

华西实验区合作社物品供销处二八布生产计划及办法（一九五〇年十一月） 9-1-196（36）

29

（十六）合约方式：系本处与社员代表商订如双方愿意即可照规约签订本契。

（十七）为照顾社员方便自用起见，换布之日起在十日内可掉换社员原存布匹，十日以后则先交换新接纱验收之，并以先后次序依次交为原则。

（十八）本计划如有未尽之处，随时可以修正之。

华西实验区合作社物品供销处二八布新标准及登记办法　9-1-196（101）

71

二八布新標準及登記辦法

1. 布疋規格（1）四十碼布：長度四十碼，寬度二十六英吋，經密每英吋六十二根，緯密每英吋六十根。

（2）三十八碼半布：長度三十八碼半，寬度及經緯密度與四十碼布相同。

（3）經緯紗如超差之壹度時拒收之。若緯紗每吋超出一根至二根以上者，則另加紗二排。

2. 換紗扣量：（1）四十碼布每疋換撥二十支棉紗二十五支三排。

（2）三十八碼半布每疋換撥二十支棉紗二十四支七排。

（3）登記辦法：（1）自公佈登記日起在登記時向內社員予來李家社登記承織機台數量及繳紗何種布疋。

（登記機號及[illegible]）

每一小组至多不得超过十五台织机。

(3) 凡经本处小组合格[illegible]由组出代表二人负责订约，并造送名册，（其名册格式另订）。

(4) 凡当事人合格之社员订约时须负责保证商品，而亦不得拒绝订约。

(5) 凡当事人不合格之社员不得参加小组，若小组代表私自保其参加，[illegible]经调查若为[illegible]或其他社员报告时，则停止[illegible]订约。

(6) 凡当事人不合格之社员，不得[illegible]把皮棉乱[illegible]，[illegible]事[illegible]判罚，请当事人于产销之[illegible]。

(4) 凡订约之生产小组须接受本处之检查。

(5) 合同[illegible]期或另行文[illegible]另行公布办理。

(6) 本办法自公布之日起施行。

閬文具印刷紙號印製

合作供销处召集人会议

时间：一九五〇年元月廿四日午前十时

地点：办公室

出席人：高承礼 王纯如 薛禄渲
陈恩麟 马鸿图 杨泽年
孙威 王 刚 杜兼 唐刚

讨论事项：

甲、召集方式：一、由召集人会议决定开会请

资料：由各召集人会同拟定讨论提纲

乙、

二、在开学前大会中由参加……

华西实验区合作供销处会议记录　9-1-227（128）

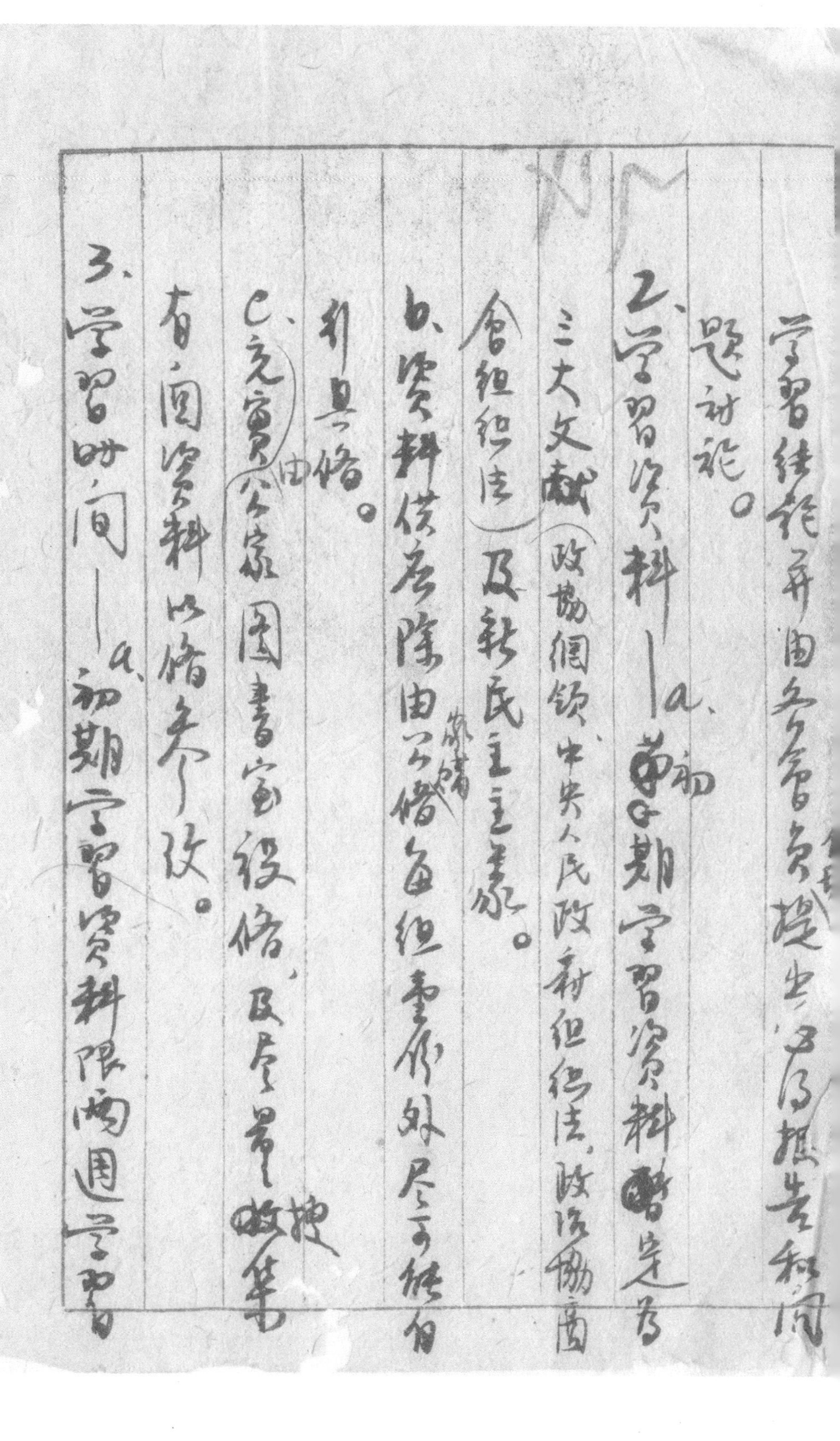

学習结论并由各會負提出另行报告和問
题讨论。
2、学習資料——a、初期学習資料暂定为
三大文献（政協綱领、中央人民政府组织法、政治協商
會组织法）及新民主主義。
b、资料借居除由公借備组重印外尽可能自
行具備。
c、充实（由）公家图書室设備及尽量搜集
有关资料以備参考。
3、学習時间——a、初期学習資料限两周学習

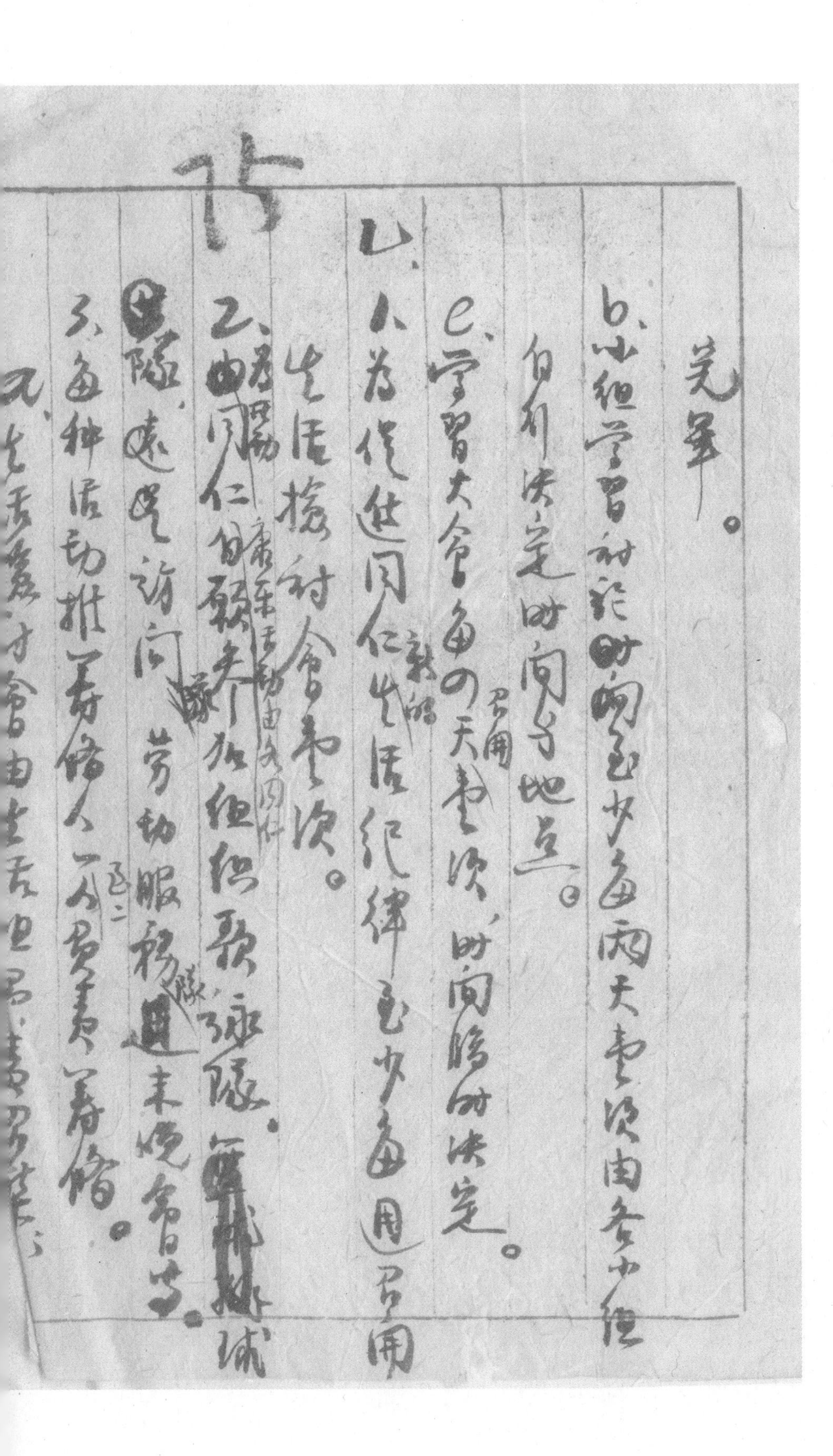

完毕。

b、小组学习时间至少每两天要须由各小组自行决定时间与地点。

e、学习大会每四天召开要须，时间临时决定。

L、大家促进同仁生活纪律至少每周召开生活检讨会要须。

乙、由同仁自动参加组织歌咏队、篮球队、远足访问队、劳动服务队，通来负责召集。

丙、各种活动推筹备人一人负责筹备。

丁、生活检讨会由生活组召集

华西实验区合作供销处会议记录 9-1-227（130）

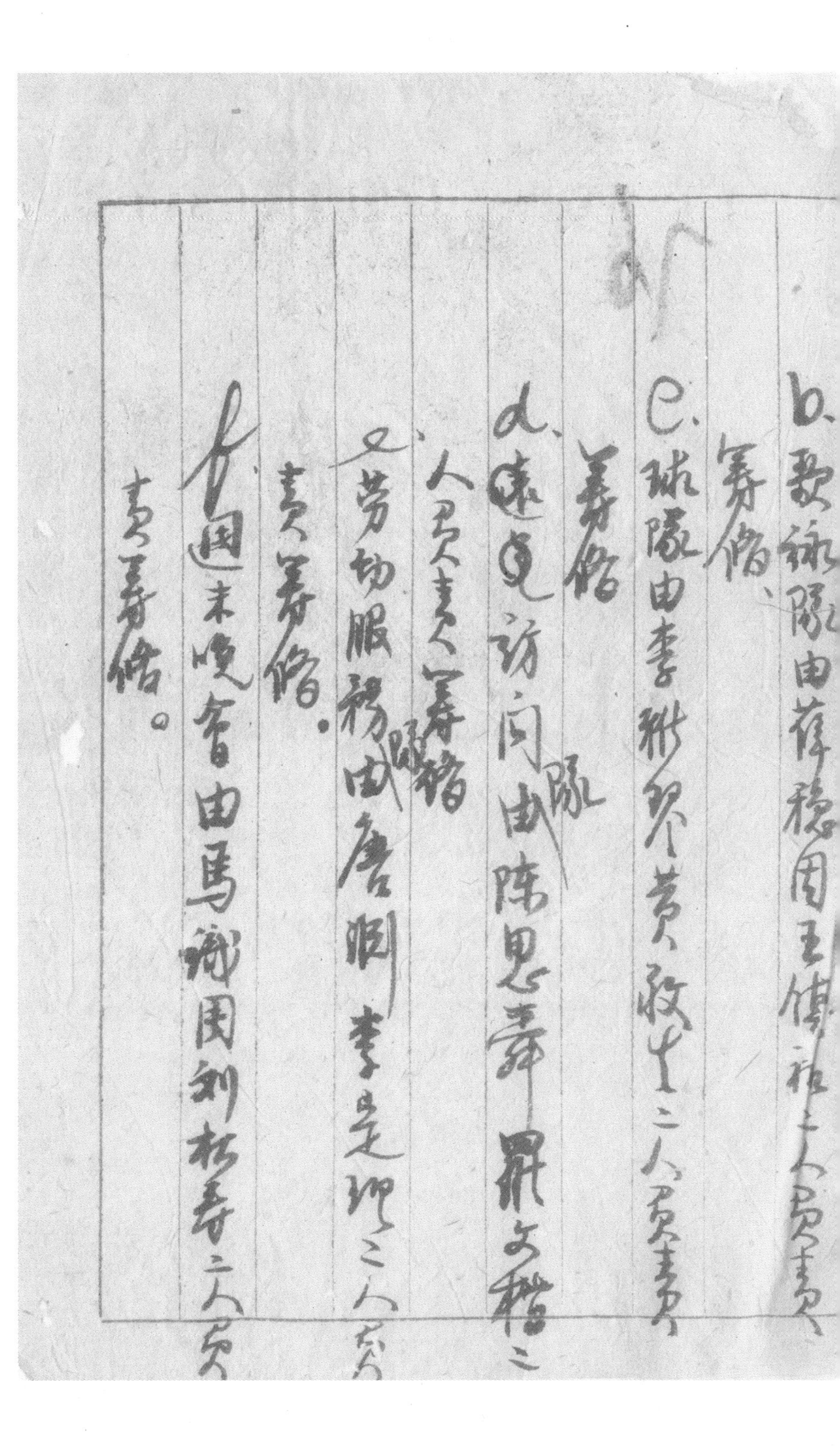

b、歌咏队由薛穗周玉传二人负责筹备、
c、球队由李彬、黄启士二人负责筹备
d、远足访问队由陈思齐、罗文楷二人负责筹备
e、劳动服务队由唐润、李是卿二人负责筹备。
f、周末晚会由马识图、刘松寿二人负责筹备。

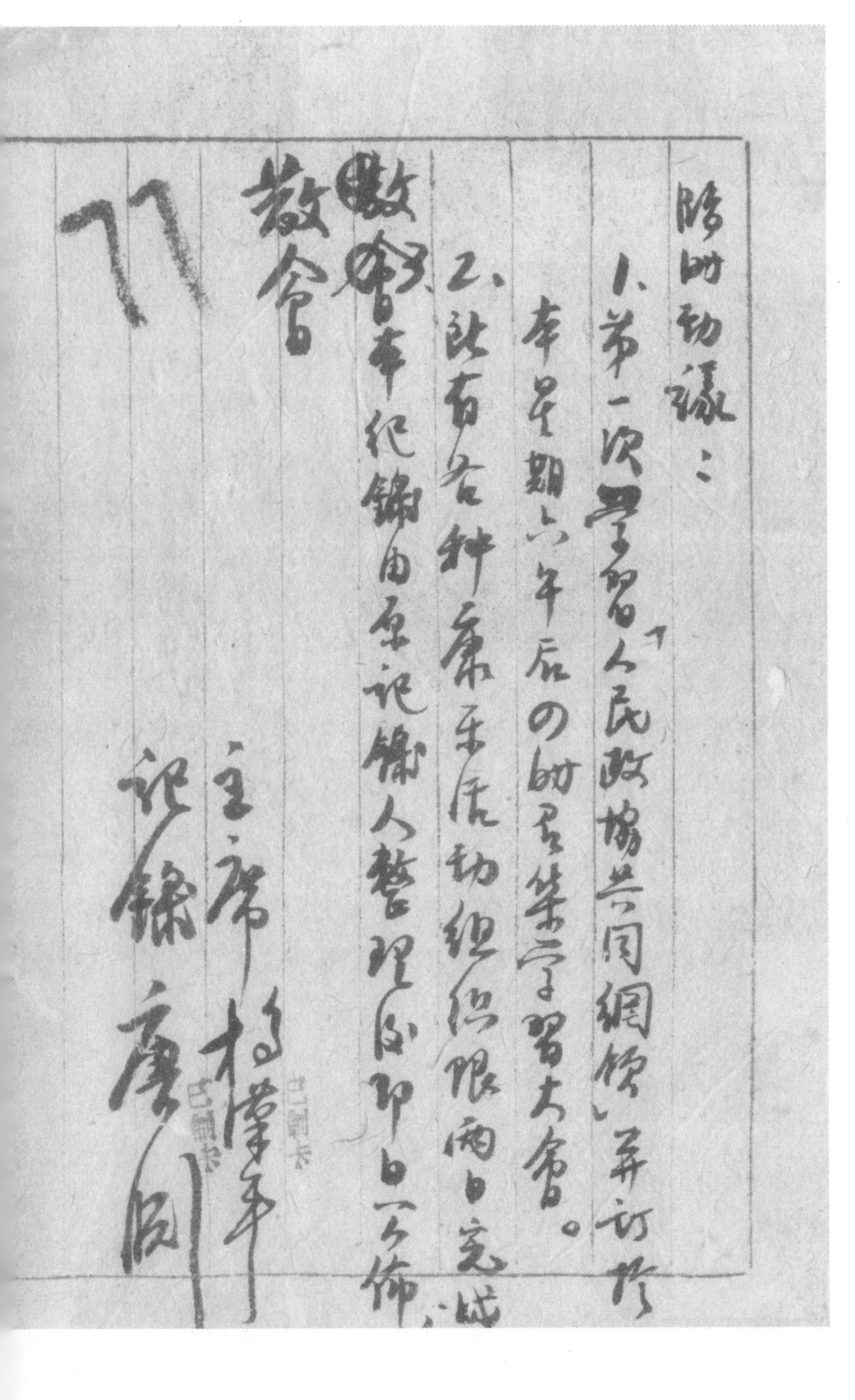
77

临时动议：

1.第一次学习人民政协共同纲领，并订于本星期六午后四时召集学习大会。

2.总务各种东西移动组织限两日完成，会中纪录由原纪录人整理好即日公布。

散会

主席 杨肇年

纪录 唐广闳

已制卡

华西实验区合作供销处会议记录　9-1-227（132）

学习会第二次召集人会议纪录：

时间——一九五〇、二、一、午后四时

地点——本处会议室

出席人

林泽年（已制卡） 陈思锦（已制卡）

刘树荣（已制卡） 王飞之（已制卡）

严祥周（已制卡） 肖晓忠（已制卡）

马继图（已制卡） 唐润（已制卡）

主席报告：检讨过去，改进未来。

讨论事项：

1. 关于学习资料如何充实及现有资料

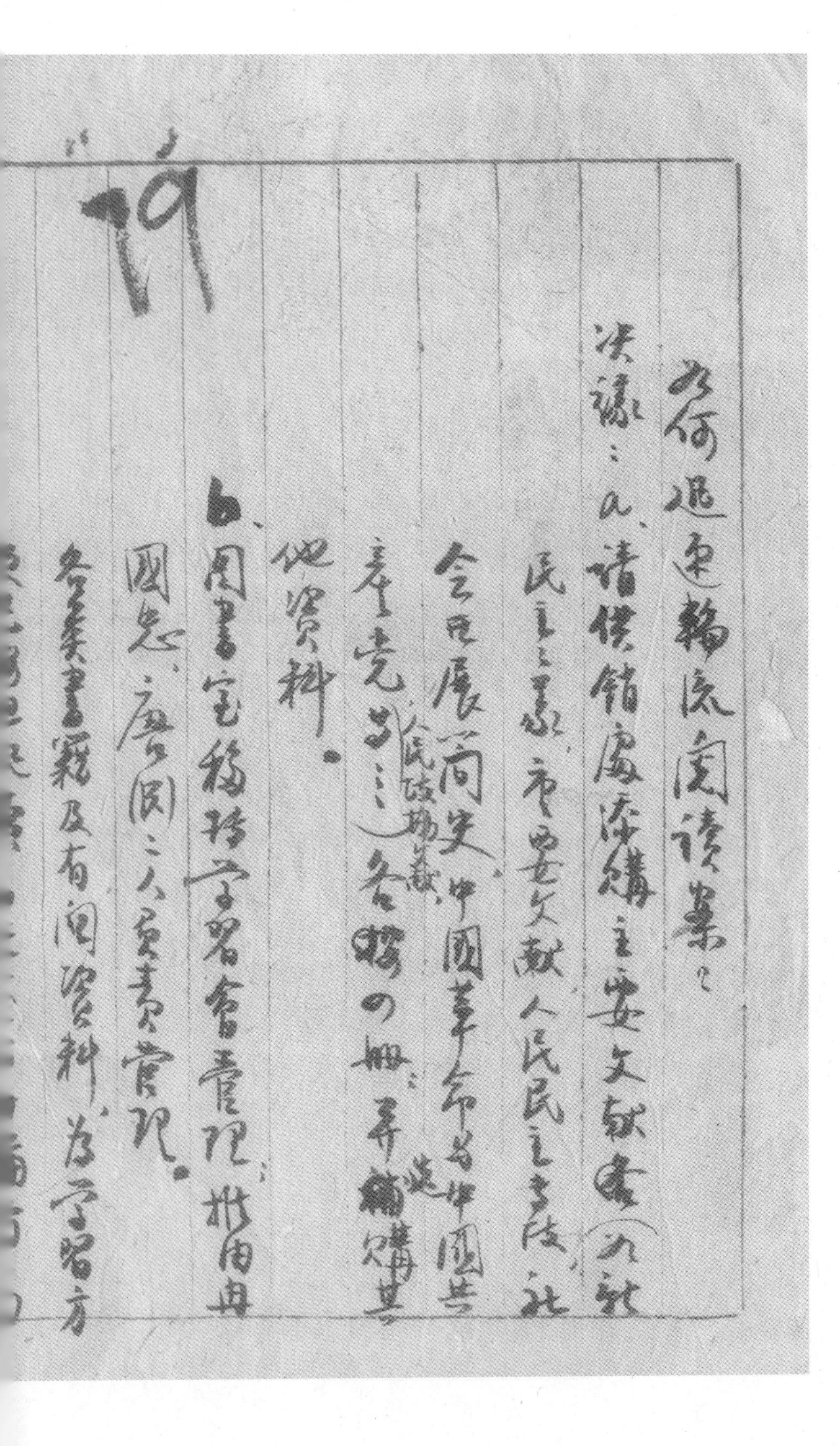

如何推进轮流阅读案？

决议：a、请供销处添购毛泽东文献（如新民主主义论、毛泽东文献、人民民主专政、社会发展简史、中国革命与中国共产党（选）、人民政协文献、各种小册子，并编购其他资料。

b、图书室务请学习会负责管理，并由国忠、广民二人负责实现。

各类书籍及有关资料，为学习方

华西实验区合作供销处会议记录　9-1-227（134）

管理人提出收回其他书籍及有关资料之保存手续由管理人拟定办法公布之。

二、如何协助工友学习案：

决议：学习会讨论大会及各种生活方面的活动工友必须参加，并每周由学习会职员中推定一人领导工人集体学习。其每次领导人所用材料以本周学习材料为主。

三、讨论提纲编拟案。

华西实验区合作供销处会议记录　9-1-227（136）

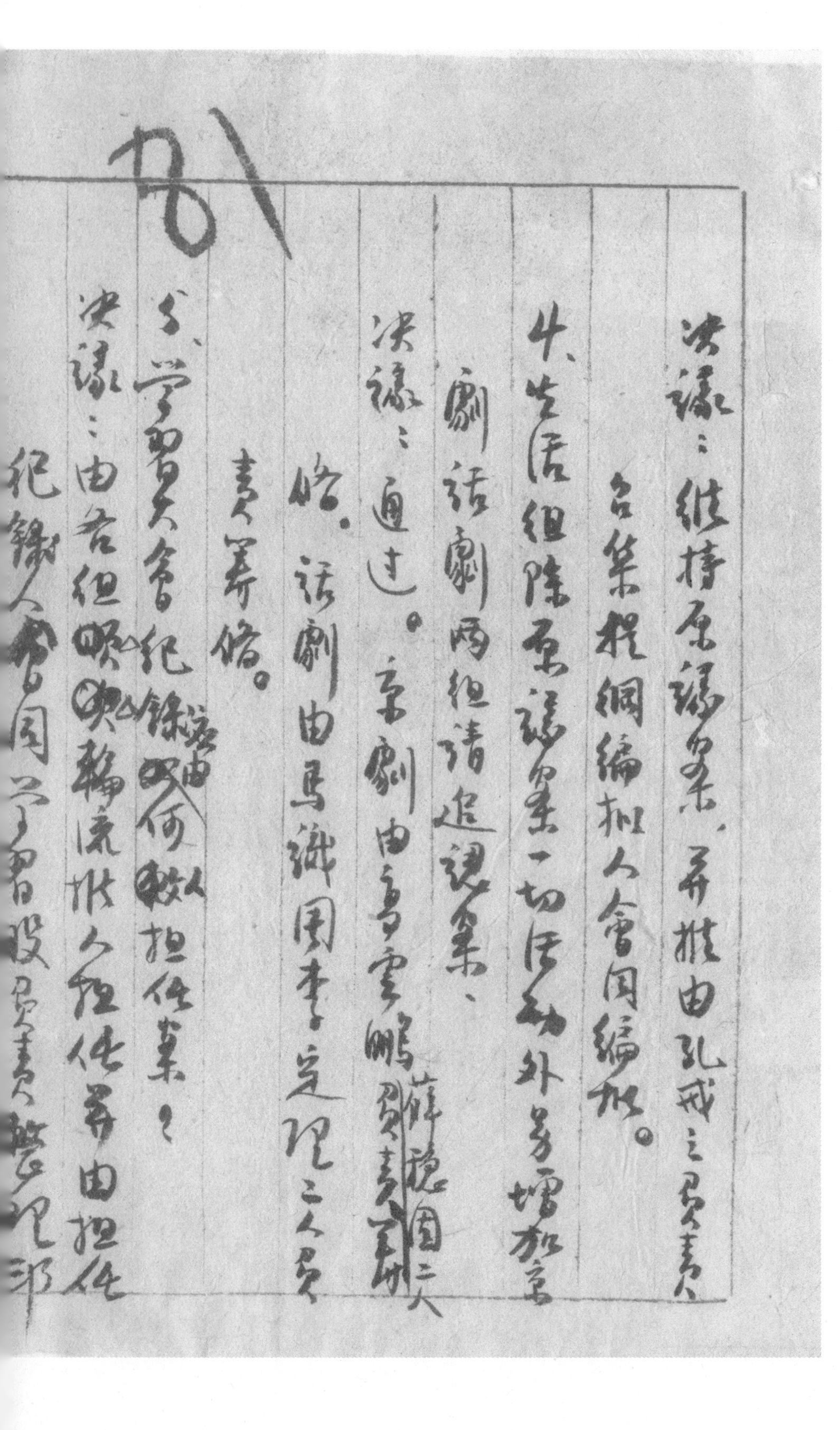
決議：維持原議案，并推由孔戒之負責召集總綱編輯人會同編擬。

4、生活組除原議案一切活動外另增加京劇話劇兩組請追認案，

決議：通過。京劇由鄧雲鵬、薛德圓二人負責，話劇由馬識圃李定理二人負責籌備。

5、學習小會紀錄由何人擔任案

決議：由各組股輪流推人擔任并由担任紀錄人會同學習股負責整理部

登

6、第一次学习大会何时召开案？

决议：：定于本星期五下午三时召开，开会的时间地点公佈之。

7、报纸如何保管案？

决议：：推由刘本寿同志负责保管，每日各报纸到后在上班时间不得携出办公室。从二月一日起暂不剪贴，并按月分报装订。

散会

华西实验区合作供销处会议记录 9-1-227（189）

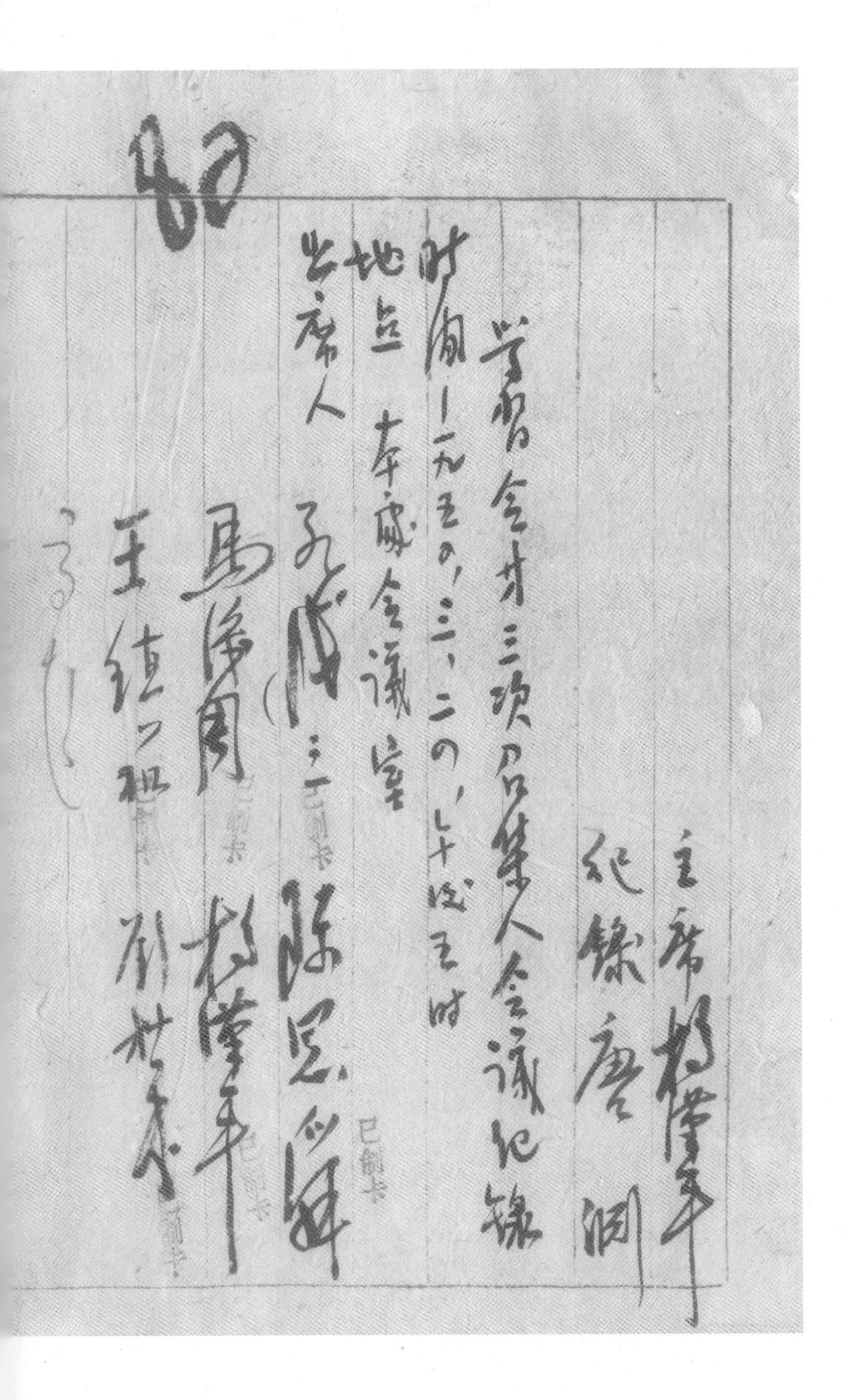

学习会第三次召集人会议纪录

主席 杨懋年
纪录 唐润
时间 一九五〇，三，二〇，上午八时
地点 本处会议室
出席人 孔[illegible]（三一） 陈[illegible]
马缘周 杨懋年
王绩之 刘世森

已制卡

主席報告（從略）

讨论事项：

一 如何搞好小组会议案

决议 ①每次小组会决定要开●的

各小组员一次不开警告二次检讨

三次开除了如果个人不出席

某小组同

②各小组讨论结果应有详明纪录

决议③提個各案应由各组分配担任

然由担任人提出书面答案所有书面

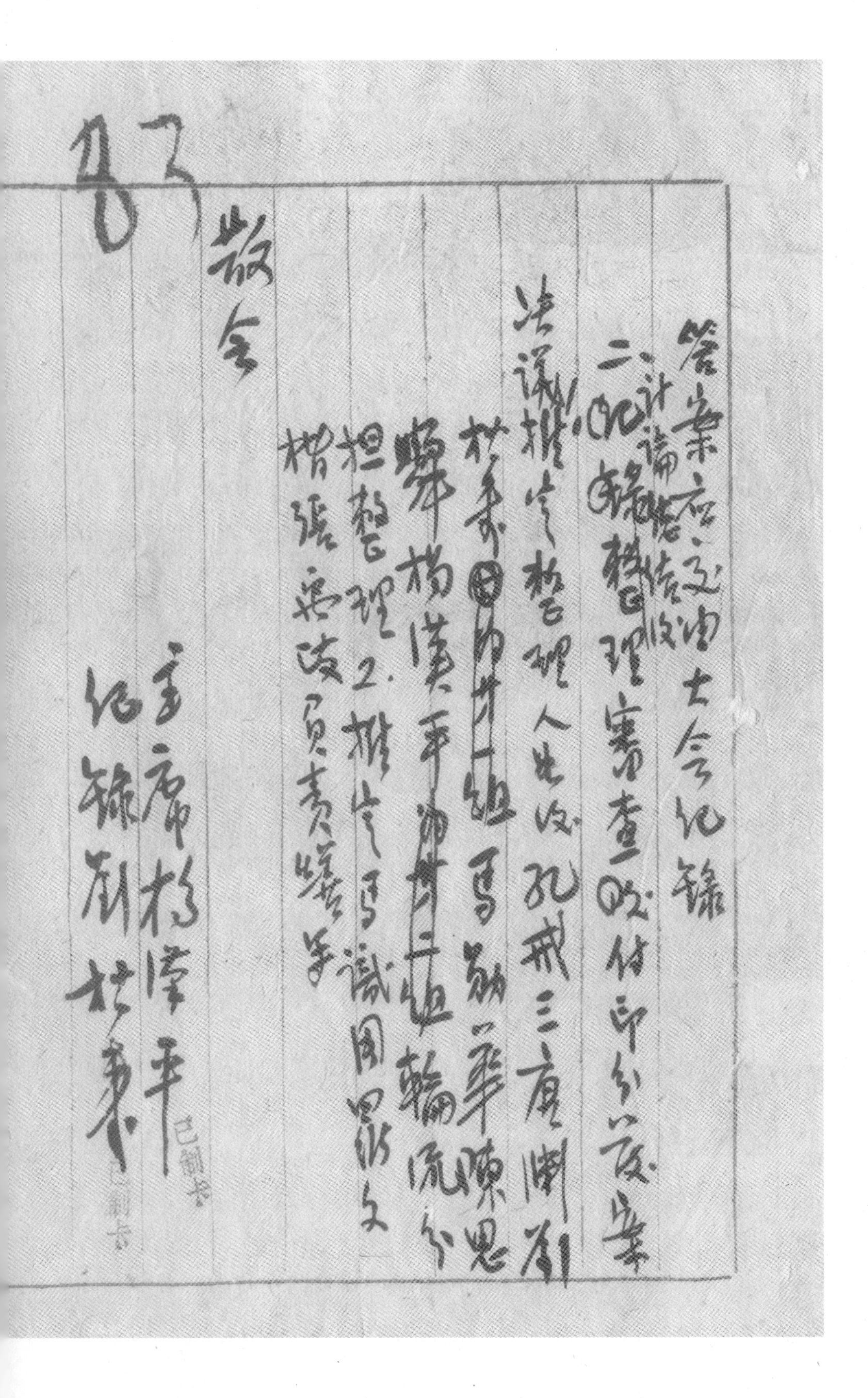

87

答案应交由大会纪录

二、讨论结论　组织整理审查股付印分发案

决议：推定整理人先从孔戒三处开始

杜秉国为第一组　冯勤华　陈思

骞　杨汉平　潘升二组　轮流分

担整理工作　推定冯识国　鄢汉文

杨张两股负责缮写

散会

主席　杨汉平

纪录　杜秉国

已制卡

已制卡

学习股负责人会议

时间：一九五〇、八、八、　地点：本处办公室

出席人：孙戎　刘树森　肖同忠

[illegible]　朱[illegible]　周光明

黄大玲　曹[illegible]　杨汉平

主席：孙戎　　记录：刘树森

主席报告：（从略）

讨论事项：一、如何分组案

决议：1、共分四小组 每组人数以职工八九人

混合编组

又每组设正副组长 正组长以职员担任

华西实验区合作供销处会议记录 9-1-227（142）

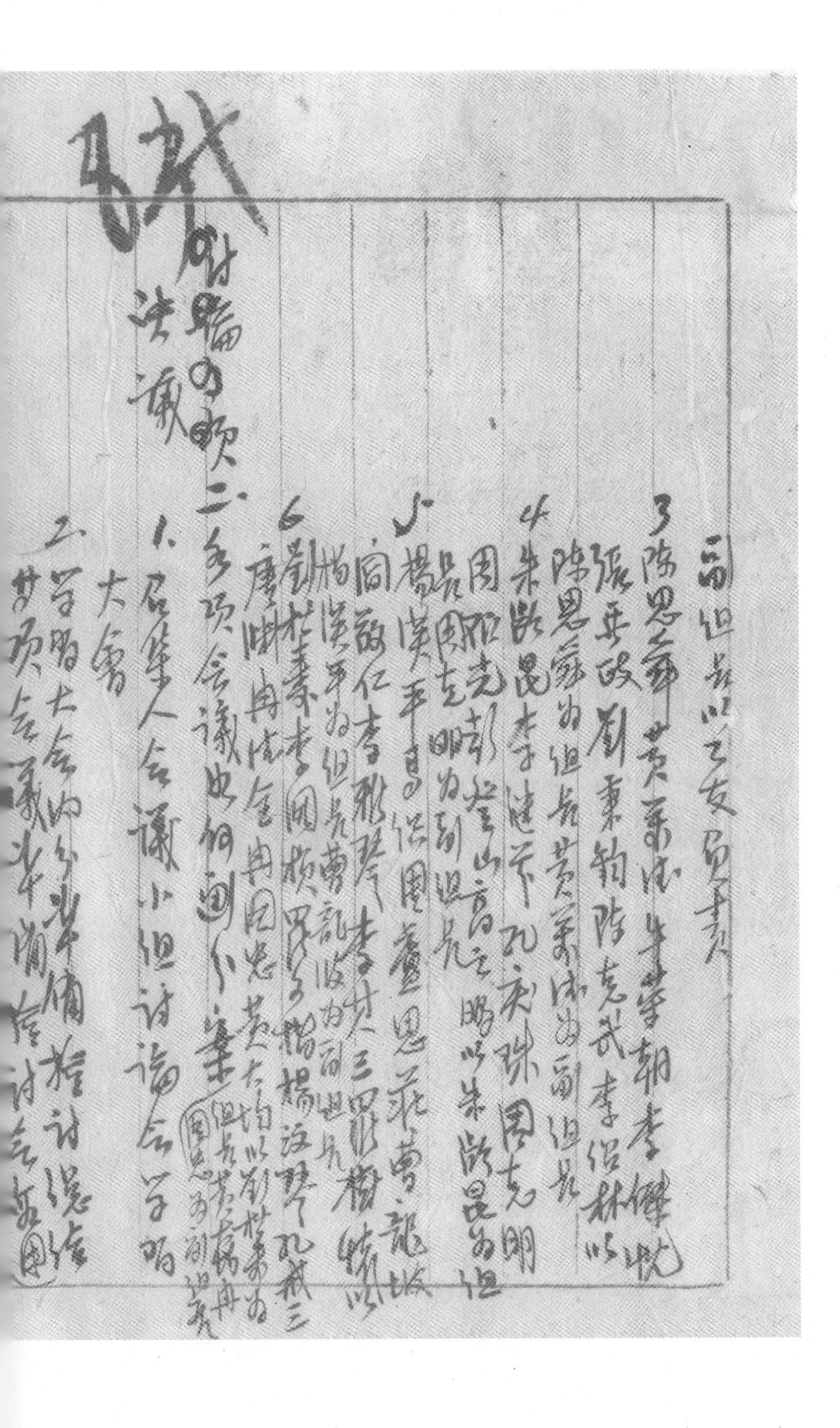

[illegible]组长以上负责
3 陈思华 黄崇德 朱世学 郭朝 李健悦
张安政 刘秉钧 陈克武 李绍林 以
陈思华为组长 黄崇德为副组长
4 朱兴昆 李继荣 孔庆珠 周克明
周阳光 郭登山 袁言之 [illegible] 以朱兴昆为组
长 周克明为副组长
5 杨汉平 易绍周 查恩华 曹龙坡
阎敬仁 李雅琴 李贤 三罗 [illegible] 以
杨汉平为组长 曹龙坡为副组长
6 刘椿森 李国栋 罗 [illegible] 杨海琴 孔宪三
唐咏 肖法金 冉同忠 黄大均 以刘椿森为
组长 黄大均为副组长

讨论事项二 多项会议如何召开案
决议 1、召集人会议 小组讨论会 学习 大会
二、学习大会内分准备 检讨 总结
共项会议 本周检讨 [illegible]

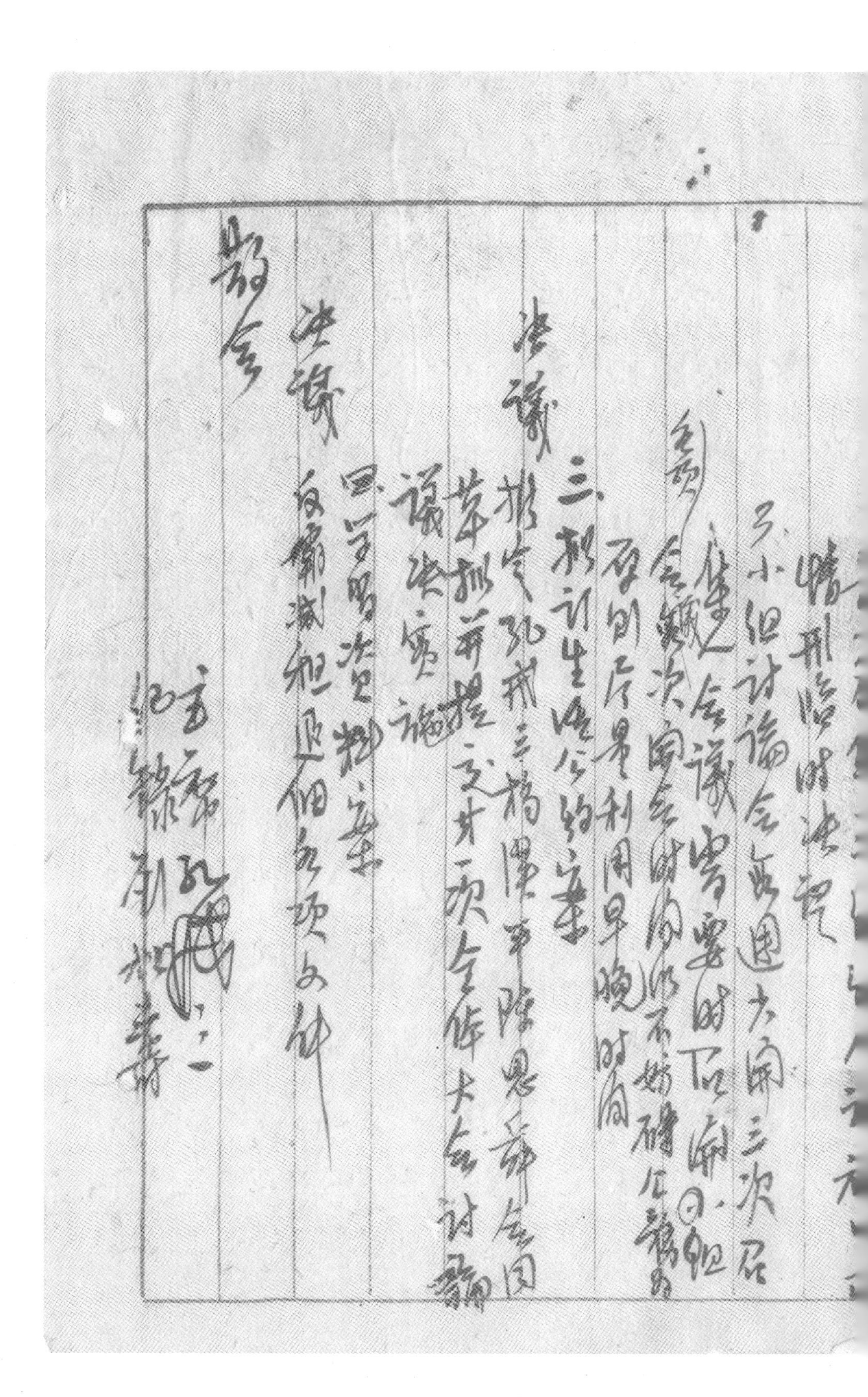
情形临时决定
乙小组讨论会每周大家三次召
集之会议需要时可开（一）组
会议决定开会时仍不妨碍工作
原则尽量利用早晚时间
三、拟订生活公约案
决议 推定孔成三杨其平陈恩舜负同
草拟并提交下次全体大会讨论
议决案讨论
四、学习决定拟案
决议 反霸减租退佃各项文件
主席 孔［illegible］
纪录 刘［illegible］
散会

华西实验区合作供销处会议记录　9-1-227（144）

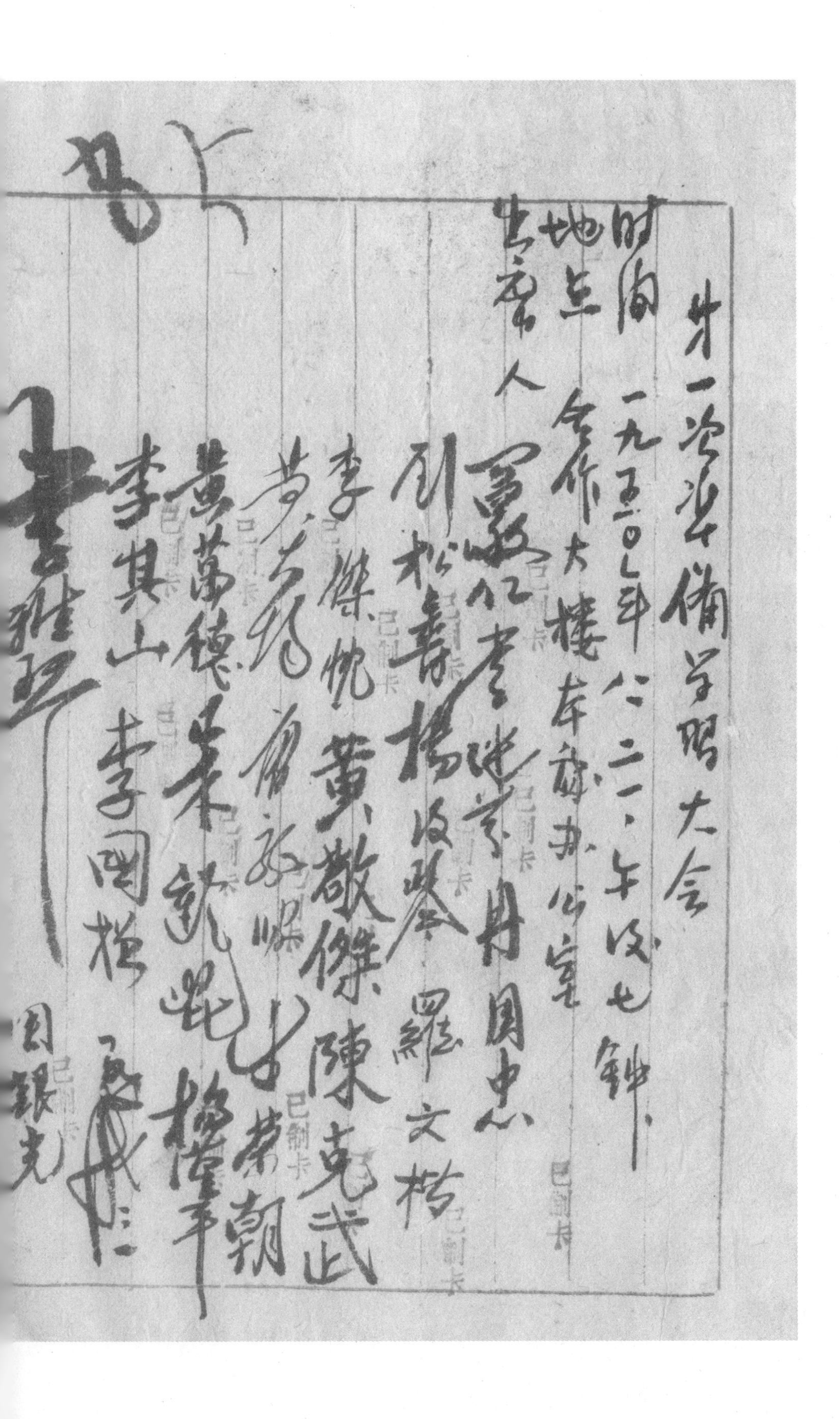
第一次准备学习大会
时间　一九五〇年八月二十一日午后七钟
地点　合作大楼本处办公室
出席人　……

张长治　周本初　高之信

刘东钧　李少林　陈思岱

孔乐娥　罗雅怀　冉治全

主席　孔戒之　纪录　刘松寿

主席报告（从略）

讨论事项

一、讨论生活公约案

决议　修正通过公布（原稿附后）

二、研讨西南区域组织条例案

决议　推由孔戒之同志负责

三、研讨张梓春同志关于西南区域组

华西实验区合作供销处会议记录　9-1-227（146）

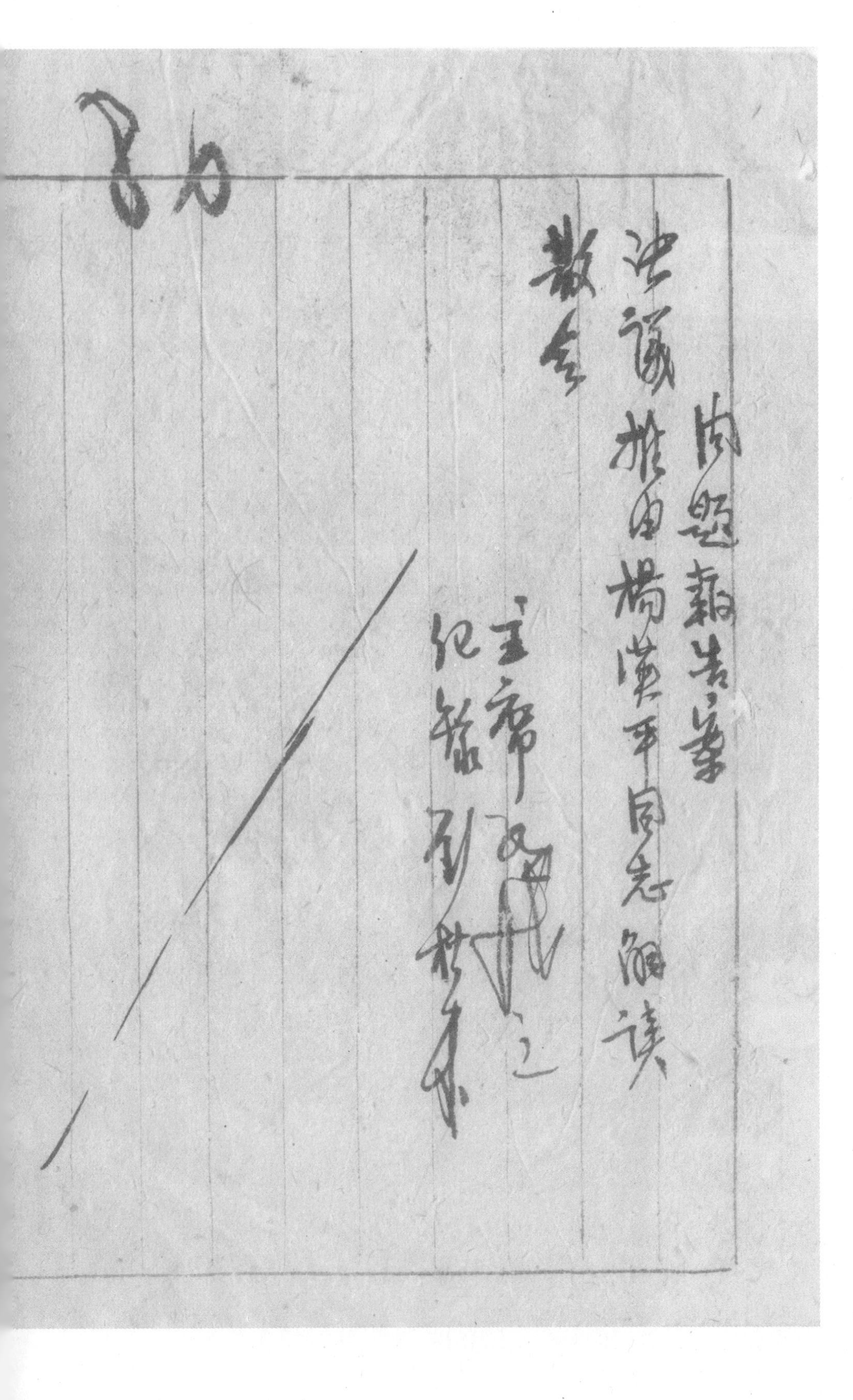
问题报告案
决议　推由杨汉平同志朗读
散会
主席 [illegible]
纪录 刘秋来

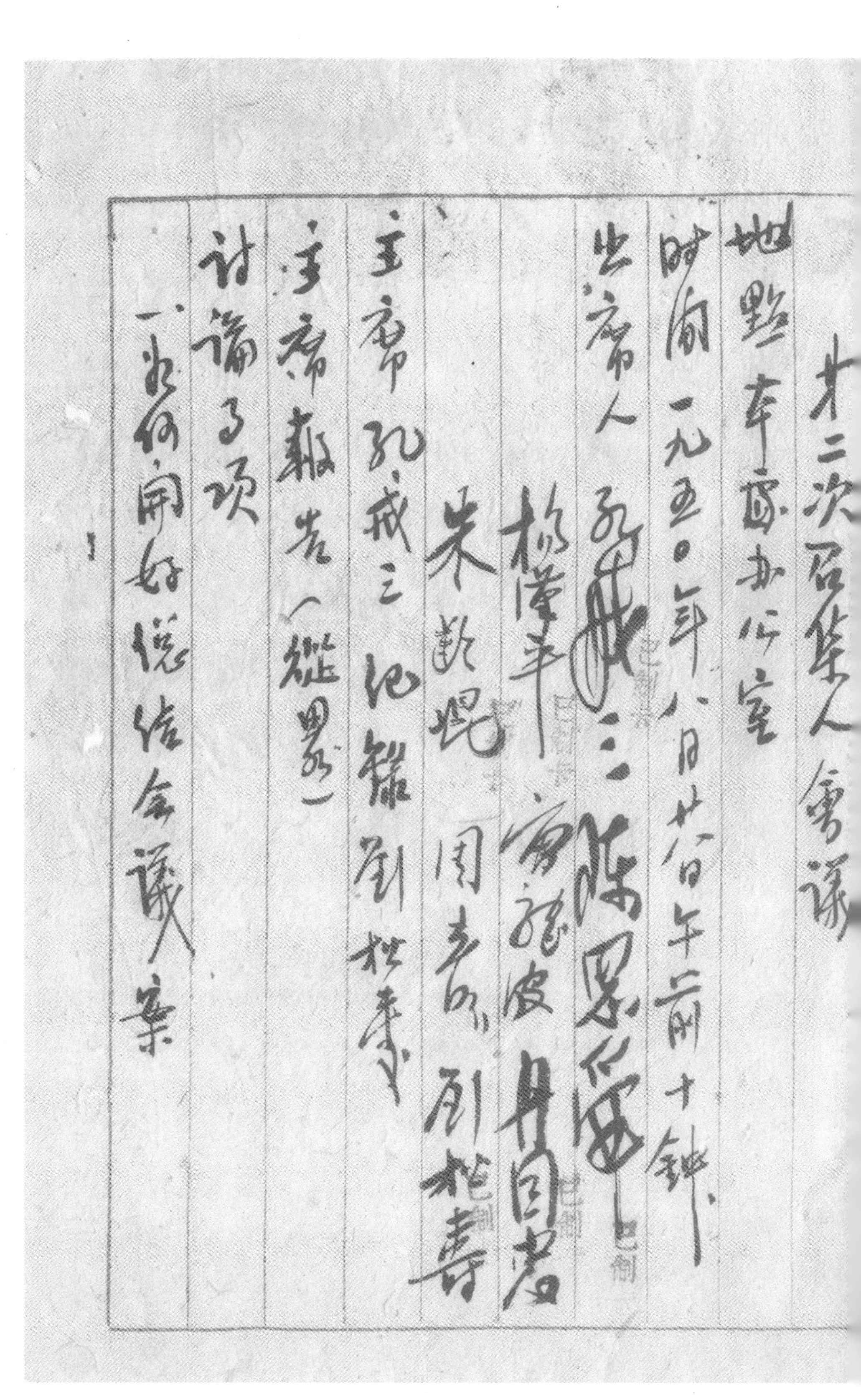

第二次召集人會議

地點　本處办公室

時間　一九五〇年八月廿六日午前十鍾

出席人　孙成三　陈界仁
杨澤平　曾龍波　冉自君
朱歡崐　周壽初　刘祚壽

主席　孙成三　記錄　刘杜秦

主席報告（從略）

討論事項

一、如何開好總結會議案

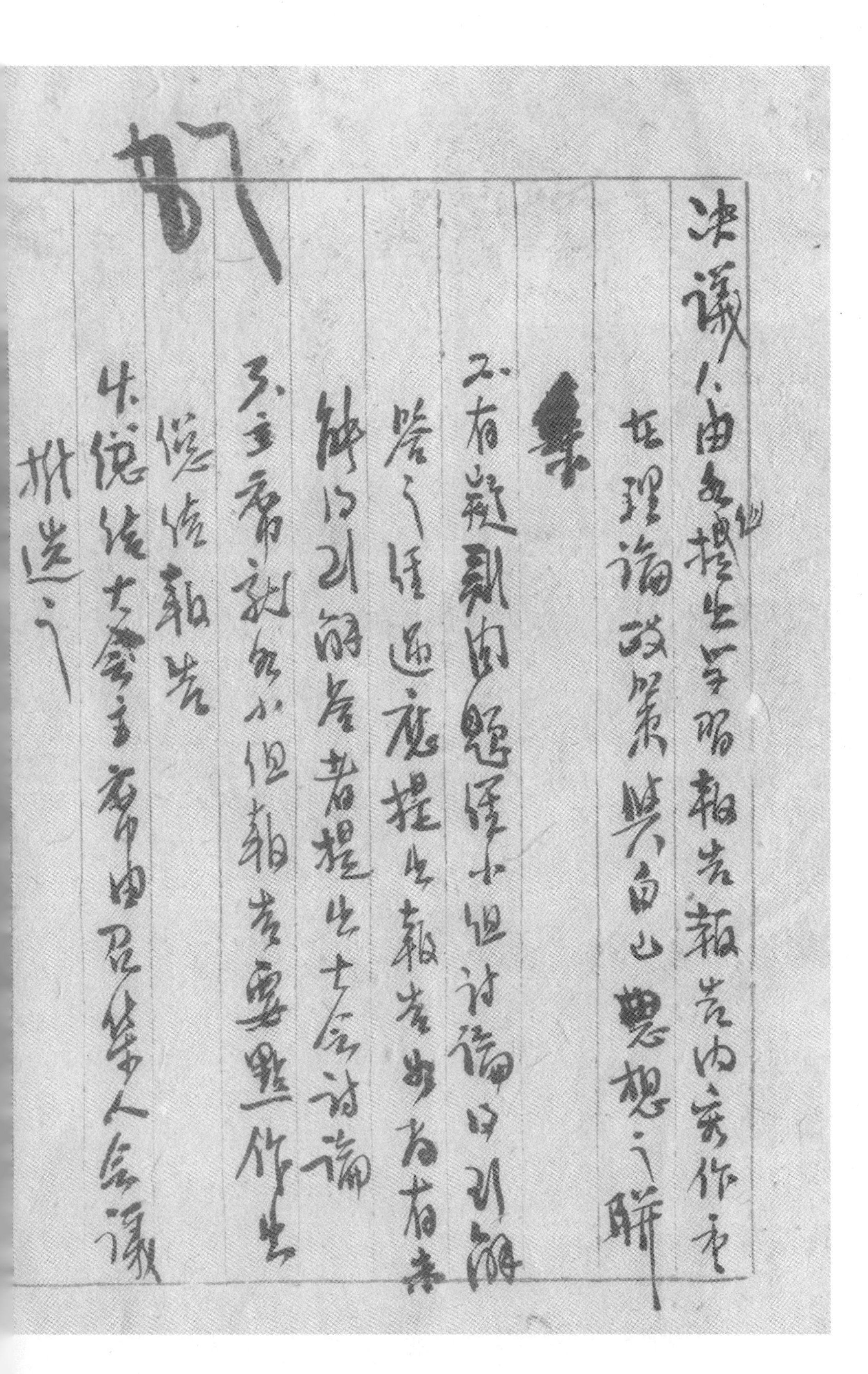

决议：1.由各提出学习报告，报告内容作重在理论政策与自己思想之联系。
2.有疑难问题经小组讨论的了解答之，经过应提出报告，如有未能作了解者，提出大会讨论。
3.主席就各小组报告要点作出总结报告。
4.总结大会主席由召集人会议推选之。

华西实验区合作供销处会议记录　9-1-227（148）

二、參加參觀名額決定

決議：廿一組陳思舜、廿二組朱崇崑、廿三組楊漢章、廿四組劉松壽

三、本次總結大會時間及主席如何決定

決議：總結大會決定明日（廿九日）午後三鐘，主席推由孔戒三擔任

四、檢討會議后檢討內容及會議

华西实验区合作供销处会议记录　9-1-227（150）

时间案

决议　以检讨生活公约为主时间法六

一、本日（八月廿八日）午后四钟

散会　主席　孔戒三

记录　刘树棠

第一次检讨会议记录

时间　一九五〇年八月廿八日午后四钟

地点　本处办公室

缺席　孔庆珠　李开三　李国桢　李兆琴

请假　罗继槐

华西实验区合作供销处会议记录 9-1-227（151）

主席孔戒三 纪录李本善

主席报告（从略）

讨论事项：关于如何检讨案

一、发展运用批评与自我批评的武器

二、检讨包括个人和生活，根据生活作风标尺

三、作典型的检讨

四、搜集批评与自我批评的文件，加以学习，以巩固思想上之基础

五、自愿者与典型检讨登记如后

华西实验区合作供销处会议记录 9-1-227（152）

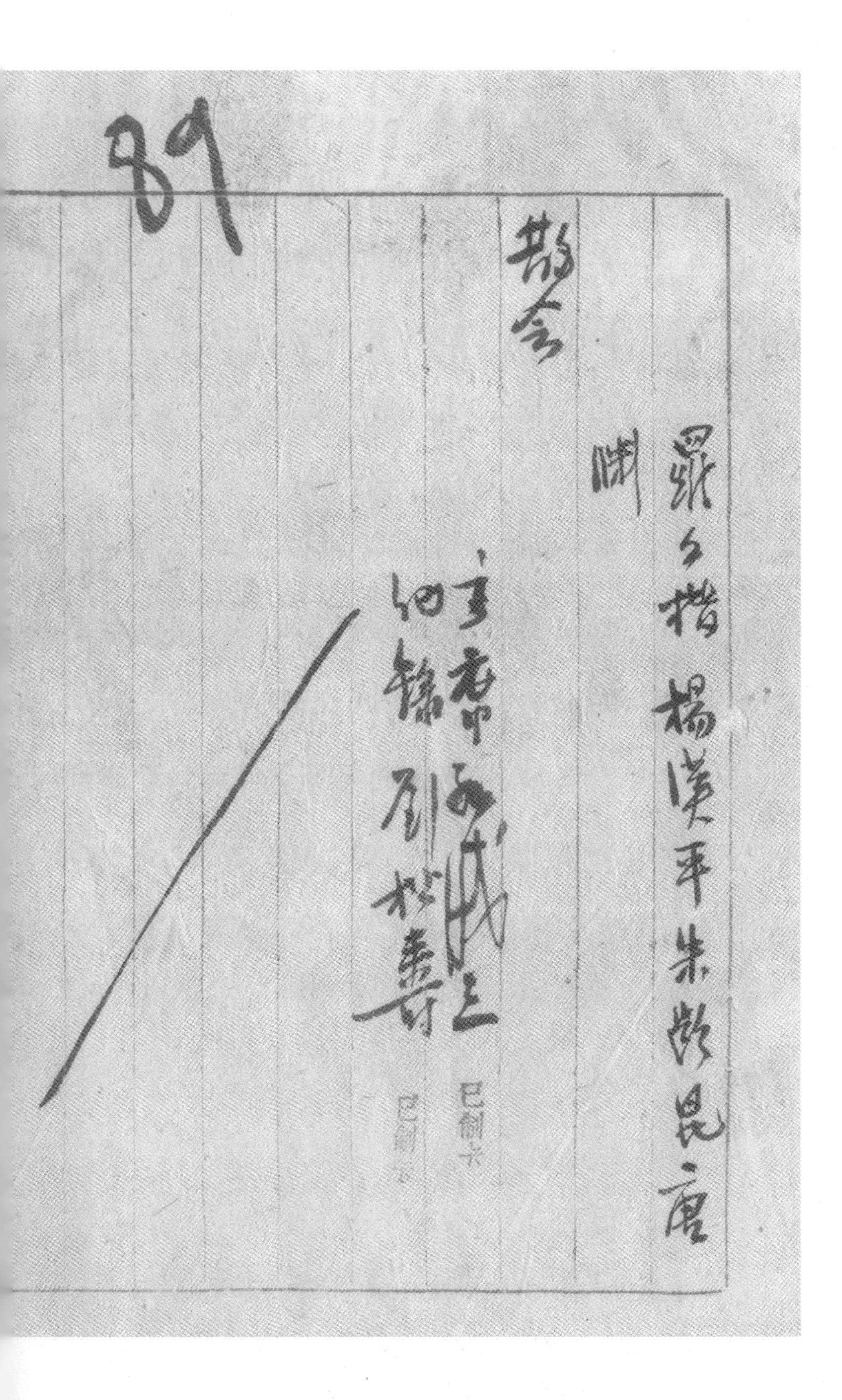

廿一次检讨会议纪录

时间 一九五〇年八月廿九日午後三钟

地点 本处大办公室

缺席

请假 李贯三 罗树塘 李国桢 李玑琴 唐琳

主席 孔戒三 纪录 刘松寿

主席报告（从略）

进行报告

一、廿一小组报告（陈思舜）

1.典租业主已与其他田主收回撤租

2.农贷发放骗解放後穷入地主、佃、刻

华西实验区合作供销处会议记录　9-1-227（154）

90

结分退发

3. 已退佃之佃户押金当时受压迫剥削已净现在能否追赔

4. 防止地主将财逃避伪装穷苦应採何种方式

二、廿二小组报告（朱崇民）

1. 革命军人租谷要求政府帮忙继续为害人民阻挠土地改革如何裁制

2. 主佃双方均系革命烈士家属佃有大量土地维持生活减租退押如何进行

3. 减租退押应结合，合谈为什么要根据二五减租

4. 以前用法币之押金如何折算退还

5. 典当土地者无力收回土地在现阶段中

三、第三组报告（周敦仁）

1. 是否可以不经过向霸租退押过程以实行土地改革，能发生如何效果？

2. 典地赎回，免减及大减实施，反霸对象有无分别？以前业老押如何退，地主对已退佃未退押的押金如何退？

3. 土改不主张分浮财以免侵害工商业，由地主收剥削所得积向工商业投资，有之土地不足退押，如以工商业资金退退，又影响工商业，如何解决？

四、第四小组报告（罗俶文）

1. 小土地税与农业税之比率

2. 破产地主、富农、地主之区别

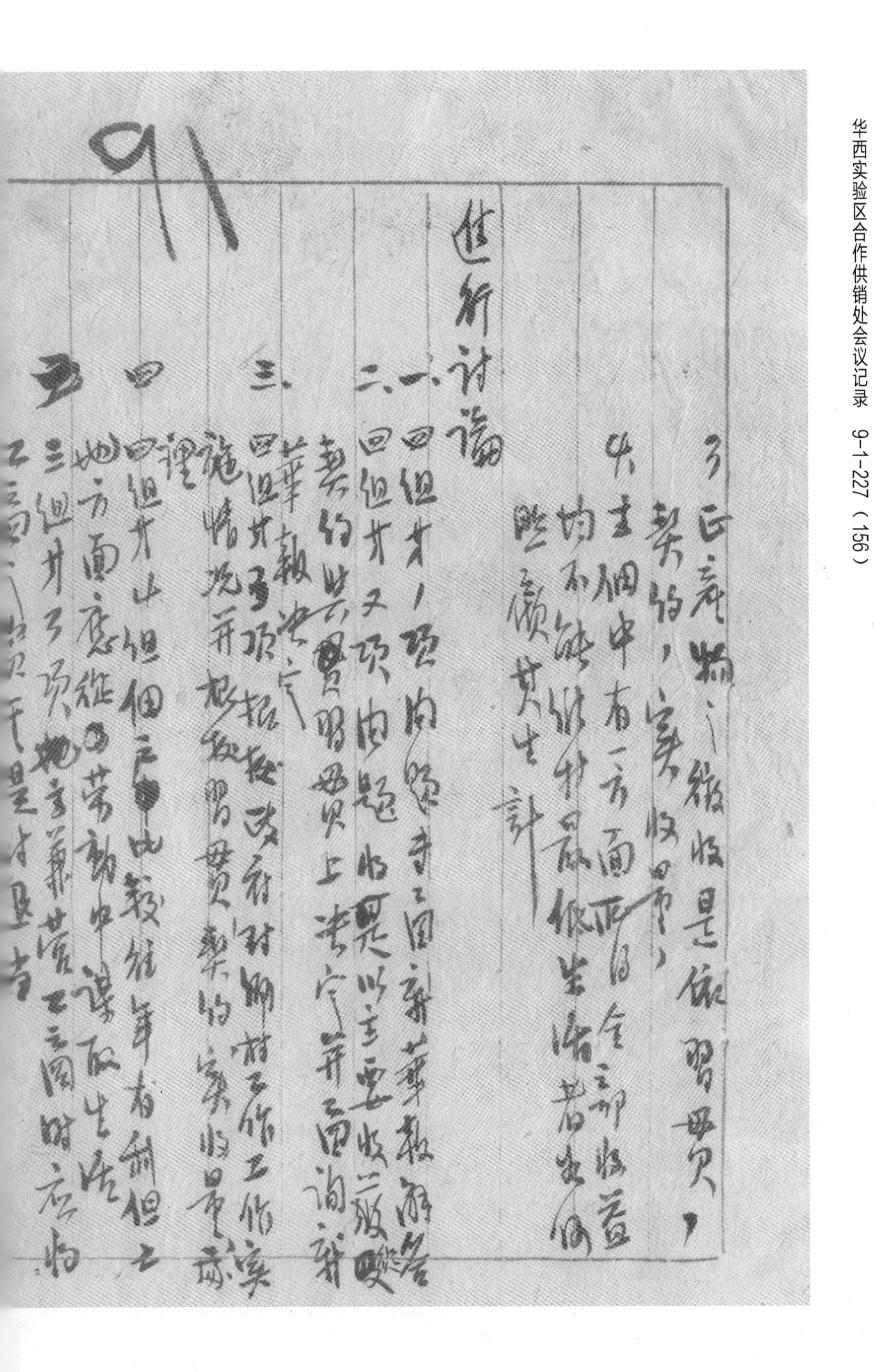

乡区产物、缴收是照收入，契约、实收田赋，

失去个中有一方面所得全部收益均不能维持最低生活者应照顾其生计。

进行讨论

一、四组第1项问题由新华报解答

二、四组第2项问题如果以主要收入变卖契约以外财物买卖上决定并函询新华报决定

三、四组第3项拟改为村乡村工作实施情况并拟于买卖契约实收日实施理

四、四组第4项组个人比较经年有利但在地方为应从事劳动中谋取生活

五、三组第3项地主兼营工商时应将不动[illegible]只是否

华西实验区合作供销处会议记录　9-1-227（156）

七、三组廿1项　暂不采用此种制度但
是应看环境而也可提出

八、四组4项　视地方借付能力决定价格
收回时以实物折价为原则

九、二组廿5项　根据实况合理调整

十、二组廿7项　以双方谈话圆解决为原则
如有困难依照章程由物会协助
公所区署……及请设法解决二五减租
保以乃乡比为基数去了之廿五
订调

十一、二组廿五项　具体情况合理调整

十二、二组廿1项　依法处理

十三、一组廿二项　依据具体情况合理调整

十四、一组廿7项　依据具体情况合理调整

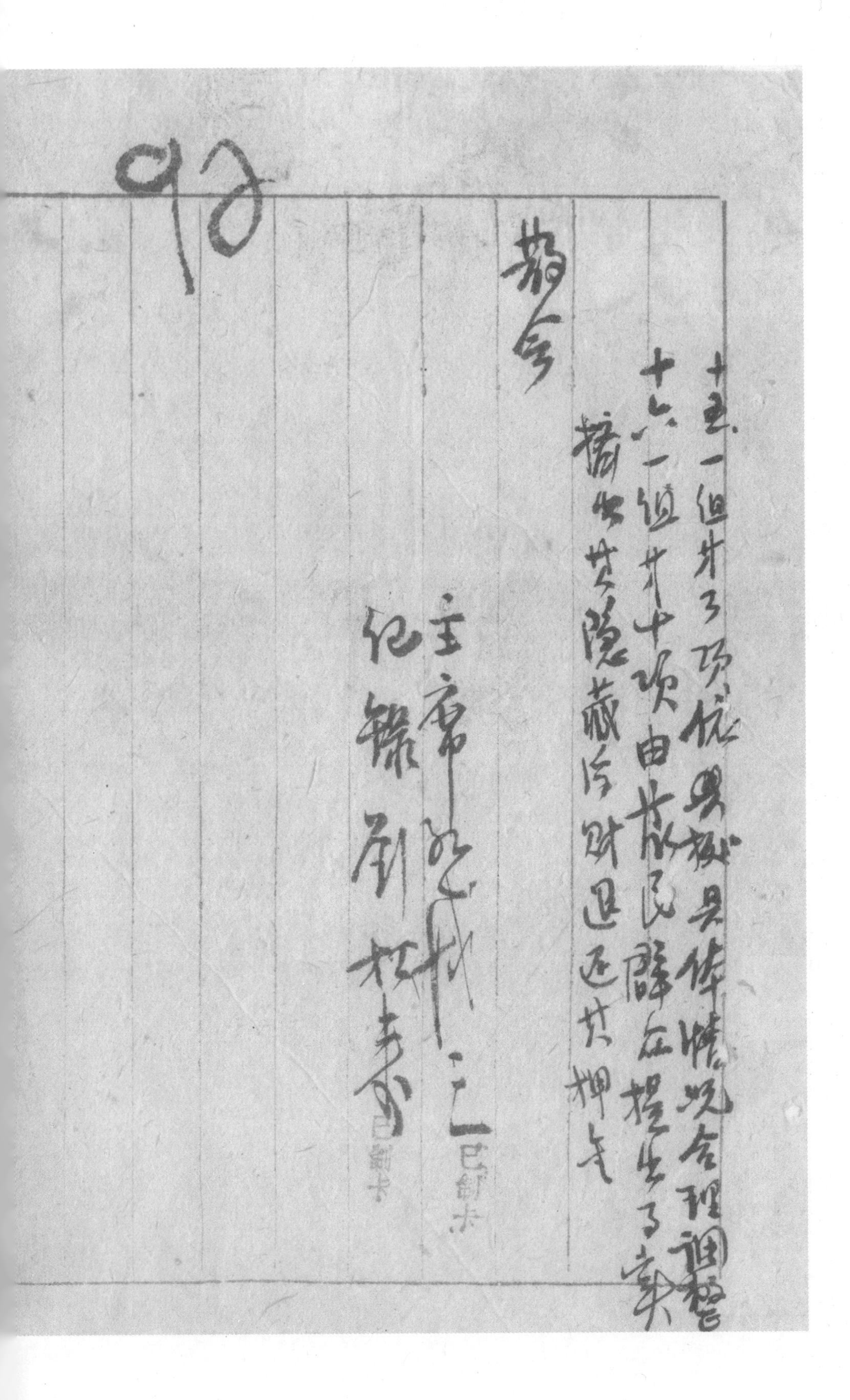

97

十五、一组廿3项俟果报县待情况合理调整
十六、一组廿十项由农民解决提出了案
据此共隐藏后财退还其押金

散会

主席 孙则让 已制卡

记录 刘松寿 已制卡

华西实验区合作供销处会议记录 9-1-227（158）

第三次召集人会议

时间 一九五〇年八月卅日午后五钟

地点 主任办公室

出席人 孔戒三 朱龄晓 周国宪 唐承勋 周志府 杨荣春 陈少藩 刘桂寿

主席 孔戒三 纪录 刘桂寿

主席报告（从略）

讨论事项

一、整理白中销撤组退押结帐案

华西实验区合作供销处会议记录 9-1-227（159）

华西实验区合作供销处会议记录　9-1-227（160）

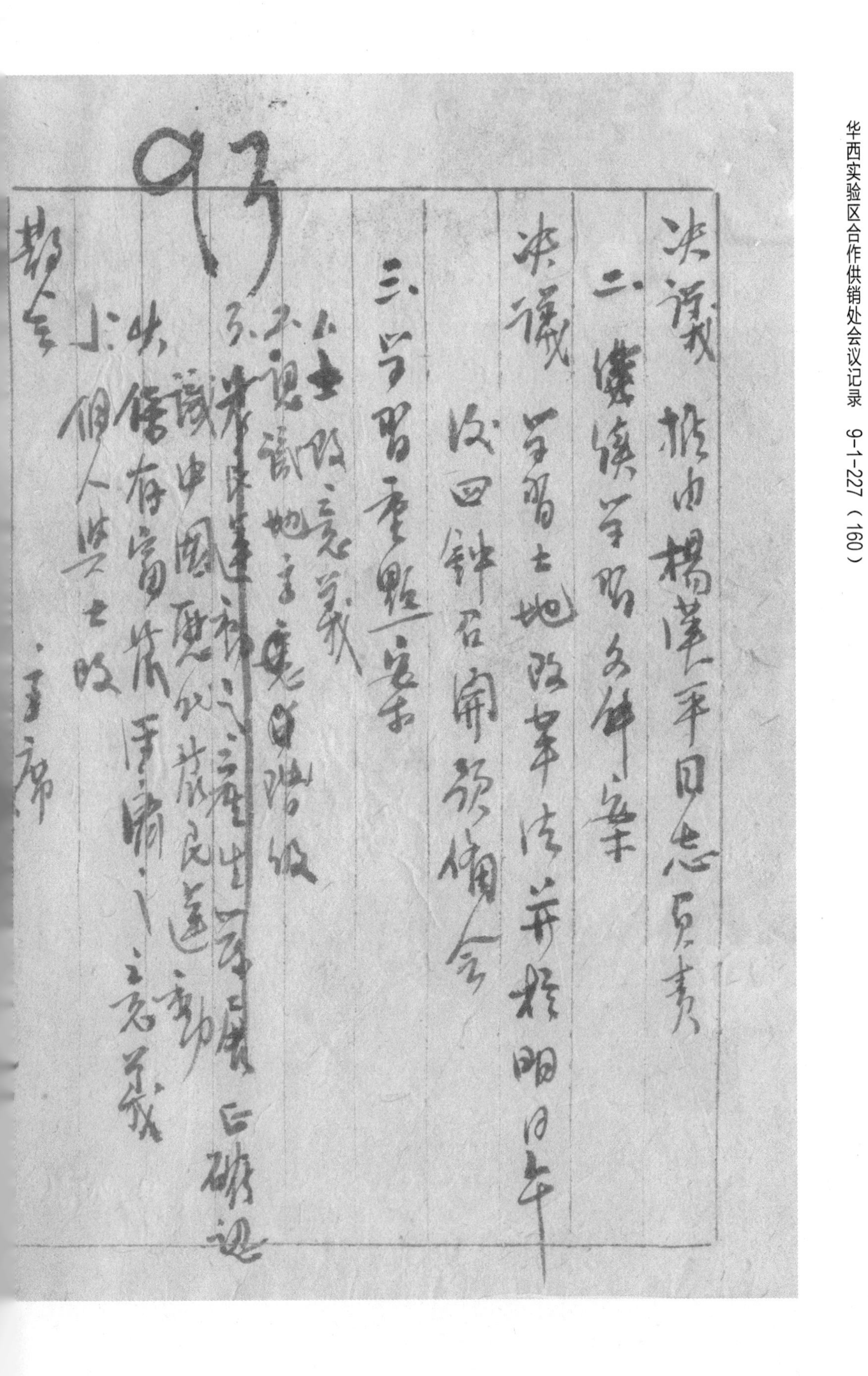
97

决议　推由杨汉平同志负责

二、讨论学习文件案

决议　学习土地改革法并拟明日午后四时召开读书会

三、学习重点案

1.土改意义

2.认识地主是剥削阶级

3.只有推翻封建土地制度生产力才能进展

认识中国历代农民运动

4.保存富农经济之意义

5.个人与土改

散会　　主席

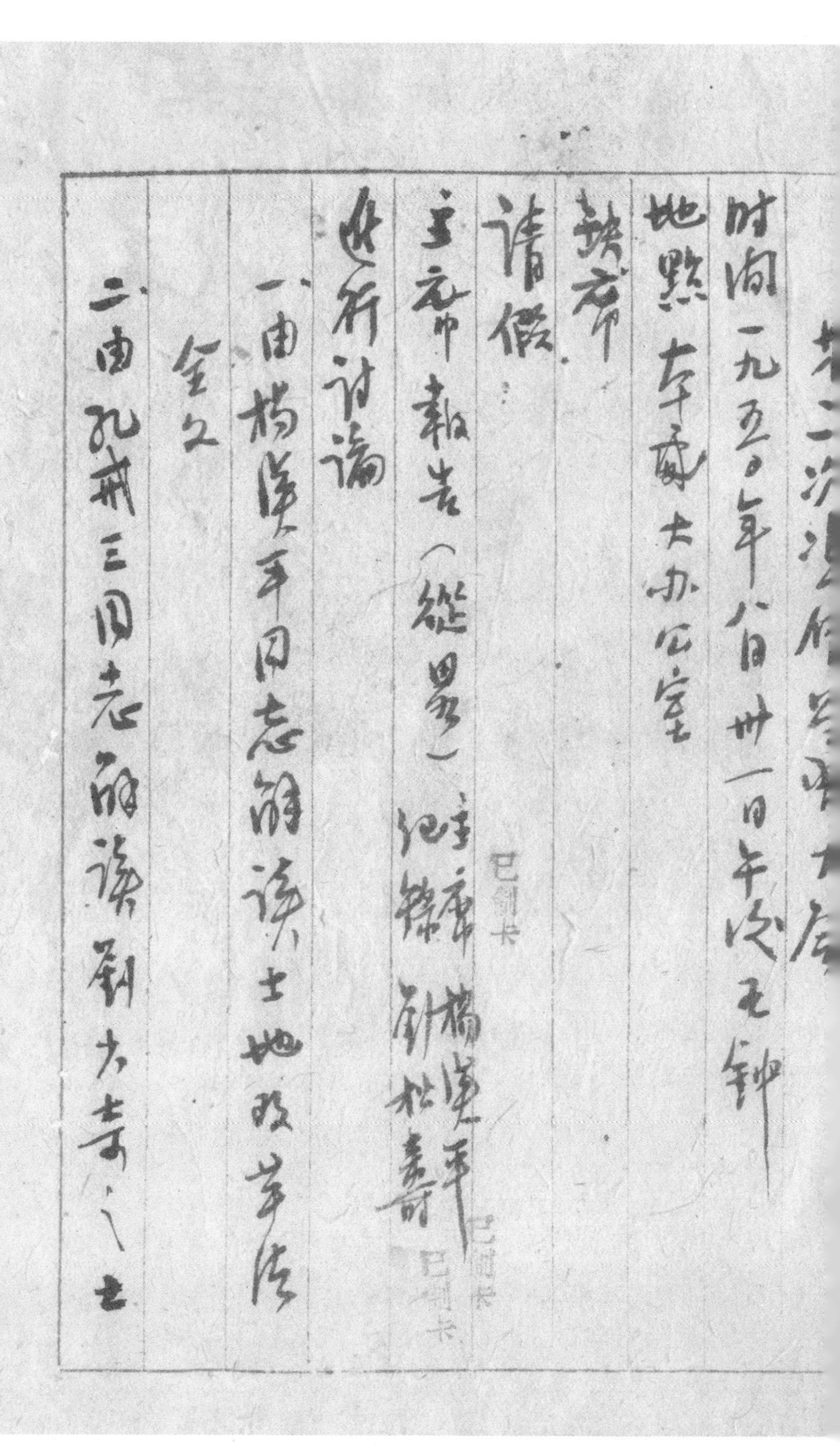
第二次供销处会

时间　一九五〇年八月卅一日午后五钟

地点　本处大办公室

缺席

请假

主席报告（从略）　主席　杨汉平　记录　刘松寿

进行讨论

一、由杨汉平同志解读土地改革法

全文

二、由孔祥三同志解读刘大寿八十

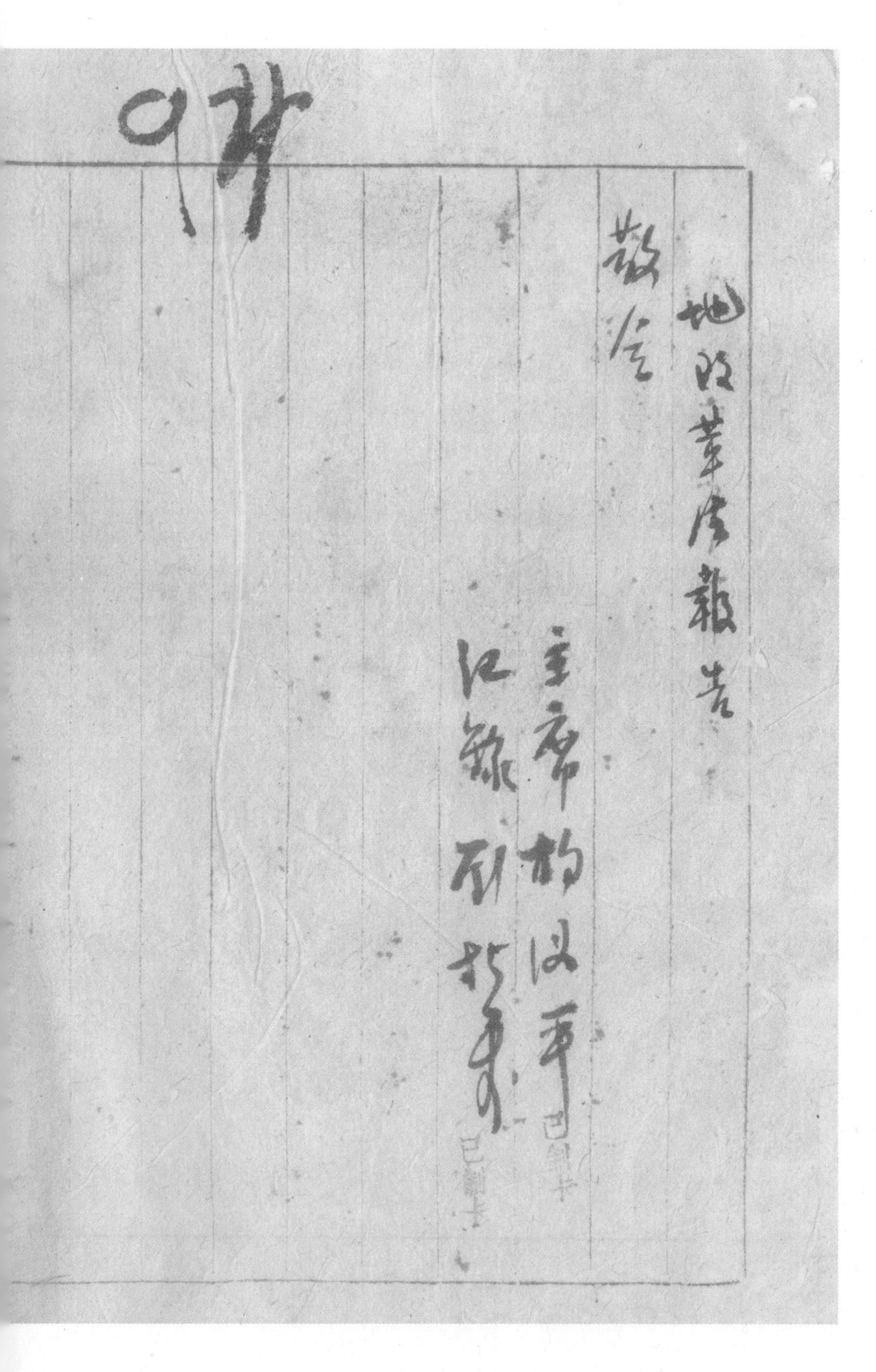

地政業務報告

散會

主席 胡以平

記錄 劉於東

已制卡

已制卡

华西实验区合作供销处会议记录 9-1-227（162）

第二次检讨会议纪录

时间 一九五〇年九月七日午后五钟

地点 本处办公室

缺席 罗树藩（已制卡） 冉德全（已制卡） 杨汉平（已制卡） 李子固（已制卡） 杨[illegible]

请假 吕[illegible]（已制卡） 李[illegible]芬（已制卡）

出席 孔成三（已制卡） 纪录 罗文楼（已制卡）

主席 郭敏志（已制卡） 批评与自我批评乃就是为了加强团结，搞好工作，联系群众，好好尊重别人的意见，并尊重别人的批评，其主要目的的[illegible]地坐[illegible]的条件的

罗文楼自我检讨：秘书业务等方面的缺点

唐[illegible]对罗文楼的检讨：[illegible]及有学习秘书态度不

孔成三对罗文楼的批评：还存着小资产阶级的作风

华西实验区合作供销处会议记录　9-1-227（164）

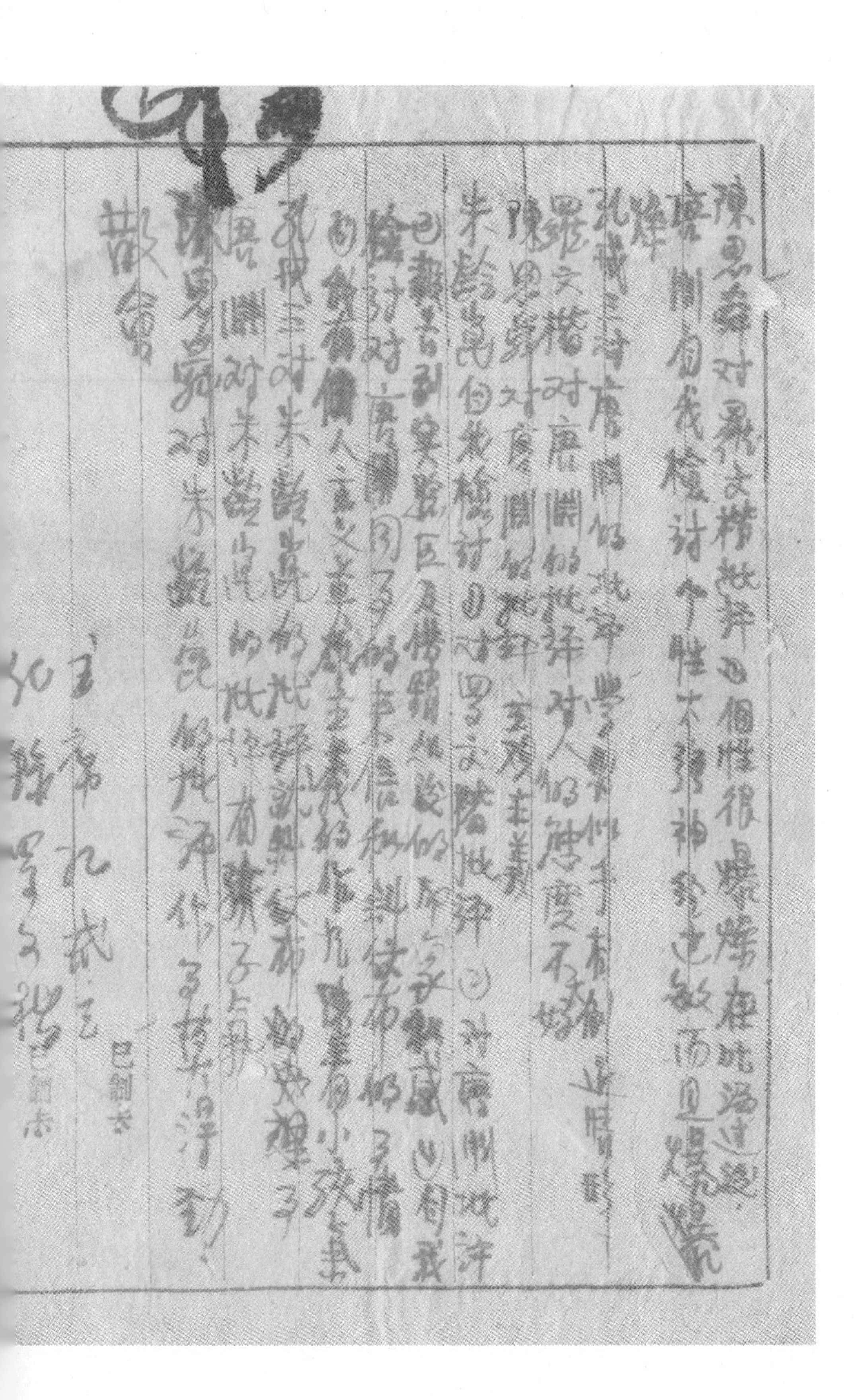

存查

9

督導軍布增產各項規章辦法書表

目次

华西实验区合作社物品供销处璧山分处督导军布增产各项规章办法书表　9-1-100（16）

10

華西實驗區合作社物品供銷處璧山分處公函　璧供業字第一七四號

三十八年九月二十八日

事由：為奉　孫主任面諭各點函請查照由

逕啟者　奉

孫主任面諭

1. 所有機織合作社及機戶一律須承織軍布，已貸紗之並訂約織布社員如不織布送交者及已貸紗而不簽約承織者以貽誤軍需論罪，由供銷處查明呈請核辦。
2. 機織合作社社員及非機織社社員現仍織二四布者，供銷處仍照收至九月底截止，在九月底前改裝法改織二八寬布，十月起即全收二八布。
3. 機織合作社社員織花布或其布匹者均須停工改織四十布，如留過轉納會内供銷處作抵押借貸。
4. 通知社員并轉知織工在承織軍布期間工人不能

华西实验区合作社物品供销处璧山分处督导罕布增产各项规章办法书表　9-1-100（17）

[illegible]员非社员人数参加组织生产小组前往璧山照

政府委託供銷處照所定規格予以收撥

6、社員訂約後如再增加機台暫不貸生活用品

紗如貸週轉紗以每一機台貸一斤為限

7、凡社員每一機台每月交布在二十疋以上者所交

之布一律按每疋二十八支計算

8、將所有辦法通知各區輔導員轉知各合作社

社員并由供銷處將全部辦法公佈

等因奉此除分別通知外相應函請

查照為荷　此致

機織合作社

主任

副主任

华西实验区合作社物品供销处璧山分处督导军布增产各项规章办法书表 9-1-100（18）

11

輔導機織生產合作社加強軍布生產方案

（甲）、目標

一、促進各社軍布生產如期完成承織數量

（乙）、工作要點

一、監督各社依照規定遵用周轉紗務使確能發揮周轉效益不得挪用情事

二、督促各社社員如期如數交足承織數量并鼓勵增產交必要時得換戶抽回機台及織造工作進行情形

三、切實稽核各社日用品配供紗轉發情形嚴防負責人之違用社侵佔社員權益

四、核查各社社務業務之得失隨時予以矯正如有舞弊情事時應以書面提請核辦

五、指導各社建立會計制度務使帳目清楚各帳冊記載同時登入示範社及表證社員藉資觀摩

（丙）、實施辦法

一、就承織軍布機織社分佈區域劃分輔導區如次：

第一區 包括城南鄉屬王皇廟、盛家溝、漁棚坡、劉家灣、東嶽廟及城中鎮屬龍王廟、靜星崖等七社

第四區　鄉屬嚴家堡等大鄉與縣屬部分鄉屬單布生產小組

包括城西鄉屬彭家溪、張家橋及福祿鄉屬大水井之

第五區　鳳橋、丹鳳等五社與城西鄉屬單布生產小組

包括河邊鄉屬新店、鄧家場、獅山、金鼓灘、响水灘等

第六區　包括蒲元鄉屬上蒲元場、馬家橋、上磨灘、回龍

冲及接龍場屬五峯山、青木鄉青興等七社

第七區　包括北碚管理局所轄金剛、朝陽、澄江等三社

二、每區設輔導幹事一人巡迴工作，所需之任用以聘請華西區辦事處及璧山縣政府合作工作人員兼任為原則，除公旅費外不另支薪。

三、各區輔導人員應照以上所列各要點切實執行，務期達成之目標。

（丁）其他

一、本方案提經處務會議通過後有效，并自三十八年九月一日起實施。

华西实验区合作社物品供销处璧山分处督导军布增产各项规章办法书表　9-1-100（20）

（20）

华西实验区总办事处军布增产座谈会纪录

时间　卅八年九月十七日午后四时

地址　总处会议室

出席人　郭准堂　傅志纯　陶一琴　周洪昌

李国桢　孔戒三　纪录　李国桢

主席　郭准堂

报告事项　从略

讨论事项

一、如何增产案

决议

(1) 已订约之社由辅导区及供销处派员监督每二日必须缴布一疋，贷纱而未缴纱军布社员一律收回贷纱

(2) 军布小组有贷底纱虽须确有即期开工可能且能有可靠保证者

(3) 每一织户每月交布超过十三疋以上者可加以奖励，办法由供销处拟订

(4) 各区负责督导织布之辅导员由供销处酌给津贴，每月按原支旅费加一倍（驻乡辅导员三元四角，不兼校长一元七角）

(5) 用处主任名义手令通知各区辅导员及办事切实负责，并每旬呈报辅导区内各社交布数量，如不能如期交[illegible]

[illegible]

華西實驗區機織生產合作社承織軍布懲獎辦法

一、華西實驗區合作社物品供銷處璧山分處為獎勵各機織合作社承織軍布增產增交起見特訂定本辦法

二、各機織合作社送交布疋於約定繳紗時如不足承織數量按約訂辦理有超過承織數量者按所送多寡分別次第予以獎勵其獎勵辦法另訂之

三、各機織合作社社員每人機出承織軍布送交數量每月達十四疋者其所交數量按每疋加給獎紗一排如交送數量不足約訂時每少一疋即扣紗二排獎懲紗量均於契約終止時結帳後分別扣發之

四、各機織合作社及社員已向華西實驗區貸紗而不訂約承織軍布或訂約不能履行者一經查出即截留其應借週轉紗及未還用品配貸紗并收回貸紗開除社籍移交縣局政府按照誤軍布罪懲辦

五、本辦法經處務會議通過後公佈實施并呈報華西實驗區總辦事處轉請有關縣局政府備案

华西实验区合作社物品供销处璧山分处督导军布增产各项规章办法书表 9-1-100（22）

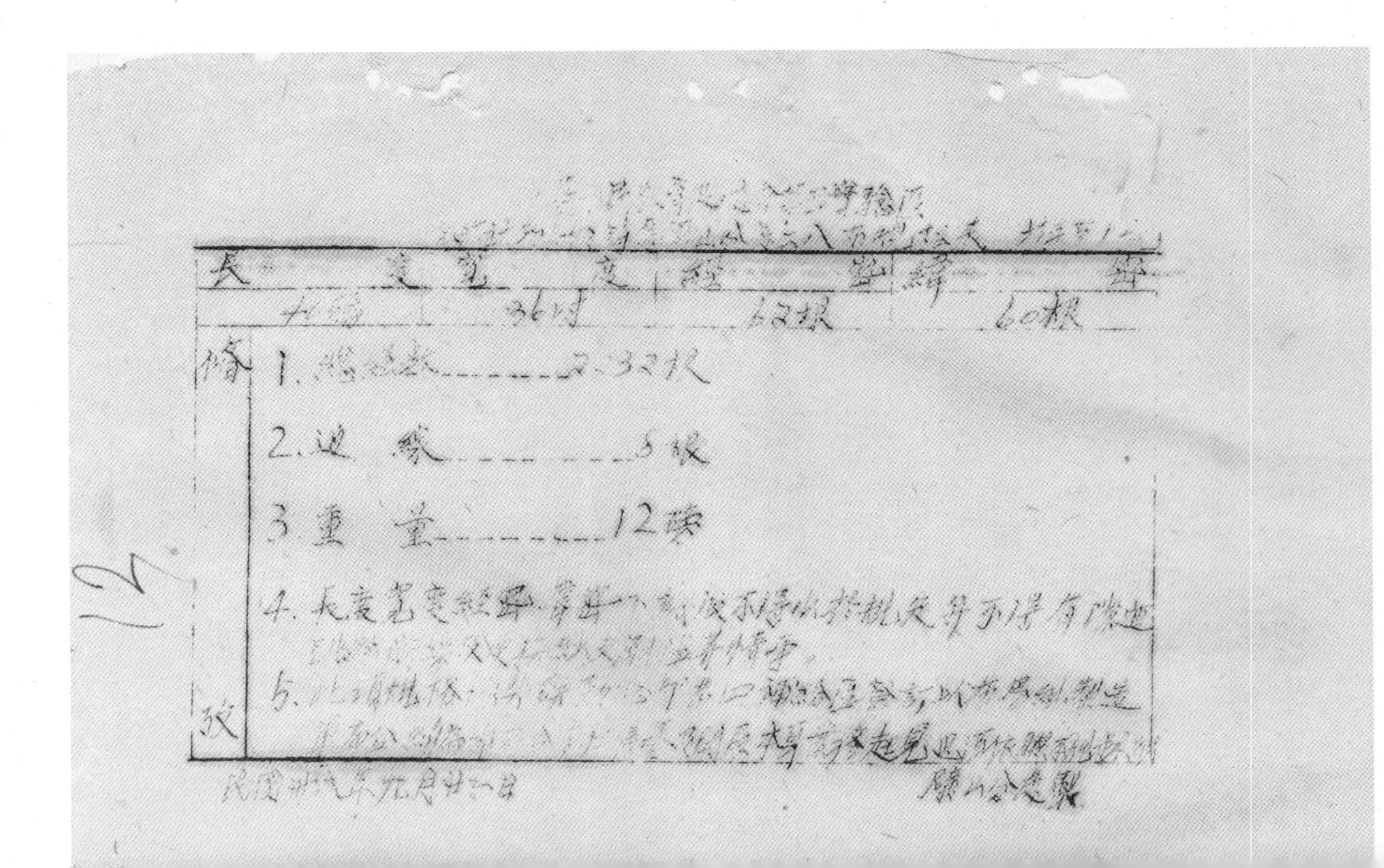

長度	寬度	經紗	緯紗
40碼	36吋	62根	60根

備考：

1. 總經數……2232根

2. 邊紗……8根

3. 重量……12磅

4. 長度寬度經紗緯紗 [illegible] 不得少於規定 [illegible] 不得有 [illegible]

5. [illegible]

民國卅七年九月廿二日

璧山分處製

不合規格布匹和紗扣法如次：

1.長度　短一至三吋扣紗半排　短三至六吋扣紗半排
六至十二吋扣紗一排　十二至十八吋扣紗三排
十八至廿四吋扣紗四排　廿四至卅吋扣紗五排
卅至卅六吋扣紗六排　卅六吋（一碼）以上者不收

2.寬度　窄一至二分扣紗三排　窄二至四分（半吋）扣紗三排
四至六分扣紗四排　六至八分扣紗六排
一吋（八分）以上者不收

3.稀密　短一根者扣二排　短二根者扣四排
三根者扣六排　四根者扣七排
五根者扣九排　六根者扣十排
七根者扣十三排　八根者扣十四排
九根者扣十五排　十根者扣十七排
十根以上者不收

4.鬆密　照稀密短者扣紗計算，同短至二根以上者不收

本辦法自十二月起實行

和甫

华西实验区合作社物品供销处璧山分处督导军布增产各项规章办法书表　9-1-100（24）

14

華西實驗區機織合作社承織軍布配貸週轉紗辦法

一、華西實驗區合作社物品供銷處璧山分處配貸承織軍布之機織生產合作社週轉紗悉依本辦法之規定辦理

二、機織合作社配貸週轉紗數量按各社承織軍布合約上載明之織機台數每台貸放廿支紗壹束另十支五排〔據案#加各社產量激增須增加週轉紗時供銷分處得視實際需要增貸之〕

三、機織合作社借貸週轉紗須具殷實鋪保或人保證供銷分處核對屬實者為合格

四、機織合作社貸得之週轉紗係專作收換社員交布之用如查覺有挪用情事或不能照合約規定承織數量按期送布者得由供銷分處提前收回貸紗之一部或全部

五、為防制機織合作社挪用週轉紗供銷分處得隨時派員稽查各社庫存及賬籍各社不得拒絕或隱藏

六、機織合作社所貸之週轉紗供銷分處於機收布足最後一個月內分期扣還每次按送繳布足一匹即扣紗一支至原則其餘尾之數於最後一次扣清

华西实验区合作社物品供销处璧山分处督导军布增产各项规章办法书表 9-1-100（25）

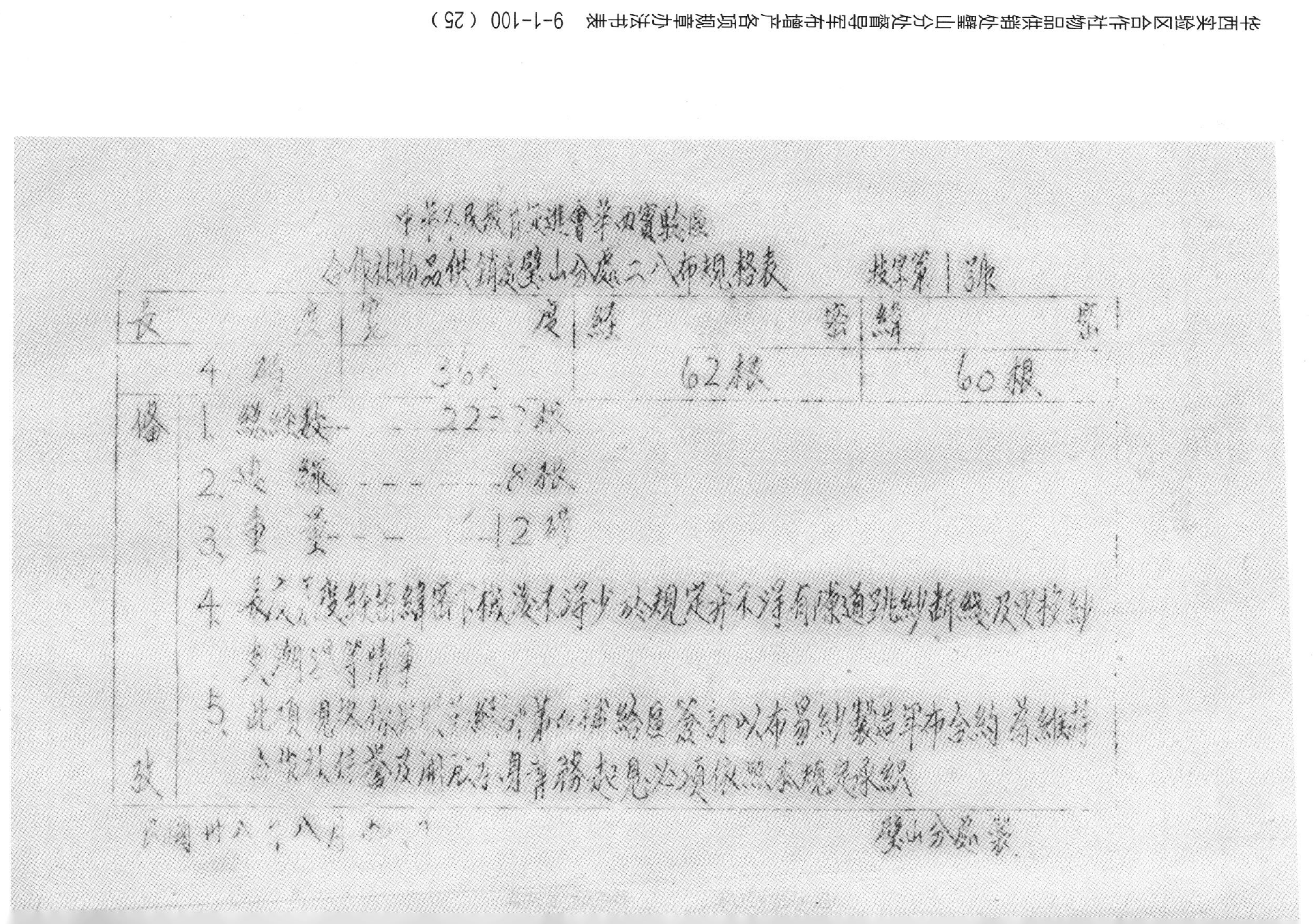

中華平民教育促進會華西實驗區

合作社物品供銷處璧山分處二八布規格表　　技字第1號

長度	寬度	經密	緯密
4碼	36吋	62根	60根

備考：
1. 總經數……223[illegible]根
2. 邊線……8根
3. 重量……12磅
4. 長度寬度經緯密下機後不得少於規定並不得有隙道跳紗斷綫及更換紗支潮浸等情事
5. 此項規格係根據第四補給區簽訂以布易紗製造軍布合約為維持本社信譽及關係本身業務起見必須依照本規定承織

民國卅八年八月四日　　璧山分處製

华西实验区合作社物品供销处璧山分处督导军布增产各项规章办法书表　9-1-100（26）

15

華西实驗區合作社物品供銷處璧山分處（以下簡稱甲方）
縣　　鄉　　機織生產合作社（以下簡稱乙方）借貸生活
用品紗合約

一、甲乙兩方為防止生活費用高漲而影响織換軍布數量特訂立本合約

二、甲方貸給乙方之生活用品限於食鹽菜油食米三种按乙方訂約承織軍布機台數計算

三、甲方照每一織機兩月所需人工之生活用品計算以食鹽六斤菜油四斤食米黃谷一老石為準

四、甲方為免採購運輸分配生活用品之增加成本按每一機台折貸乙方生活用品紗一箱（廿支）由乙方轉貸承織軍布社員自行採購

五、乙方已訂約有　　部織機向甲方借生活用品紗　　并正

六、乙方借得之生活用品紗須按承織軍布機台數全數貸給承織社員不得有扣除留辦事業手續由乙方自行辦理之

七、乙方借得生活用品紗後不得有挪借理由而延緩或短繳

九、乙方以　　為保證人如不能履行本合約所訂條件時得由保證人負完全責任發生訴訟行為時并自願放棄先訴抗辯權

十、本合約一式二份雙方各執一份為憑

華西實驗區合作社物品供銷處璧山分處主任

璧山縣　鄉　機製業生產合作社理事主席

監事主席

契　約

保　證　人

住　址

對　保　人

中華民國三十八年　月　日訂

华西实验区合作社物品供销处璧山分处督导军布增产各项规章办法书表 9-1-100（28）

16

機織合作社收布送布辦法

一、機織合作社收接社員布疋及向華西實驗區合作社物品供銷處璧山分處送繳布疋悉依本辦法規定辦理之

二、機織合作社收接各社員布疋時應分別予以登記並填入送布清單內以便為轉送供銷分處複檢不合格而退還時之查核及將來分配盈餘之依據

三、機織合作社收接各社員布疋時應作簡單之初驗工作檢驗其布頭布尾有無社員之名章如發現有跳紗隙道濶度及長寬度少於丈八者即予拒收以免增加往返運輸費

四、社員布疋經初驗合格後即將應得紗支全數付給送布社員倘所送布疋經複驗退出時該社下一次送布時扣還此項棉紗

華西实验区合作社物品供销处璧山分处督导军布增产各项规章办法书表　9-1-100（29）

責辦理之

六、織紙合作社向供銷分處送布換紗時須將布疋數量填具送布手摺交須加蓋理事主席之印章與原蓋印鑑須相符合

七、社員織成布疋不得逕運向供銷分處繳送或私自運往市場銷售

八、織紙合作社向該供銷分處送繳布疋時須持帶送布手摺及送布清單，如有送布疋不合規格布疋權利之說損失換布數量有錯誤時之負責

九、社員繳紗布疋數量不能按期送繳時織紙合作社應嚴加督催以免延誤契約致遭損失

十、織紙合作社須有詳查之織戶若其織布送繳布疋所依用之人員費用由全體社員負擔之

十一、本辦法經理事會通過施行并提交社員大會追認修改時同

华西实验区合作社物品供销处璧山分处督导军布增产各项规章办法书表 9-1-100（30）

17

华西實驗區合作社物品供銷處璧山分處

單布生產小組設置辦法

——第六次處務會議通過——

一、本處為發動散漫織户承織單布完成預定數量起見，特訂定本辦法。

二、單布生產小組之定名，應以縣名居首，鄉名居二，小地名居三，末後以單布生產小組六字結尾。

三、凡本區機織生產合作社以外之織户，自願承織單布有十人以上之聯合，即可發起設立。

四、單布生產小組應推定正副組長各一人綜理組務

齡住址及業務區域現有機台數及每月產量填具
登記表送請本處核定備查
六、單布生產小組承織單布須向本處完成訂約手
續并遵守一切約定
七、單布生產小組及組員履行契約成績優良得予
在不抵觸合作社法之原則下申請優先組社或優
先參加當地之機織生產合作社為社員。
八、本辦法經處務會議通過施行并呈報華西實
驗區辦事處備查

华西实验区合作社物品供销处璧山分处督导军布增产各项规章办法书表 9-1-100（32）

18

军布生产小组承织契约

县　　乡　　军布生产小组自愿承织华西实验区合作物品供销处璧山分处订购之军布并愿遵守下列各项条件：

一、本组有机台　　部共　　部月产布　　尺每月共产布　　尺兹愿订承织数量为　　尺正

二、布匹规格为长四十码宽二十七英吋经密六十八根纬密六十八根棉纱品质不得有脱道跳纱烂边等情　如经发现即由供销分处检验不合要求另行处罚

三、承织之布于三十八年十月三十一日以前照供销分处所发之标准宽幅规格如数交足不得自行向外销售

华西实验区合作社物品供销处璧山分处督导军布增产各项规章办法书表　9-1-100（33）

四、收得之布由供销分处照联勤总部规定每尺换给棉纱及其另求支付标不得有任何索求附换之棉纱亦由联勤总部所发之原棉纱为限如无不合标准情事不得挑选或扣伐

五、本组以　　为保证人如不能履行上列各项条件时保证人负完全责任并共同愿由供销分处照联勤总部所定标准议处理

县　　乡　　保证人朱春[illegible]乡长

保　　长

副乡长

中华民国　　年　　月　　日

华西实验区合作社物品供销处璧山分处为调查璧渝两地市场价格事致总处函　9-1-100（128）

85

華西實驗區合作社物品供銷處璧山分處文稿

送達機關	總處
地址	
來文別字號	呈
承辦單位	業務股
會章	
收文字號	
發文字號附件	第　供業字046號

事由：

主任：
秘書：七、十三
副主任：
股長：七、十三

交辦	擬稿	繕寫	校印	封發	歸檔
月日	七月十三日	月日	月日	七月十三日	年月日號

查璧渝兩地物價隨時波動，並為求洞（兩地）市場之真情（俾相互瞭解）暨加強業務之聯繫起見，擬就價格調查表兩種，余一種由本處業務股負責周查，逐日填表呈

华西实验区合作社物品供销处璧山分处为调查璧渝两地市场价格事致总处函　9-1-100（129）

報處，另一式由

鈞處印製，每日改由專員調查行情人員填報。茲檢

附調查表樣式一份，隨文賫呈，請予

鑒核。

謹呈

華西實驗區合作社物品供銷處

附呈璧縣市場及主要日用品價格調查表樣式一份

主任 [illegible]

副主任 [illegible]

华西实验区合作社物品供销处璧山分处为调查璧渝两地市场价格事致总处函 9-1-100（130）

86

查璧山与重庆两地市场货物价格随时变动，以缺乏联系致业务之推进殊感困难。兹为加强本处与总处之联系及两地市场之相互了解，特就价格调查表两种一份，由本处业务股派员调查，逐日填具一份呈送总处备用，是否可行，谨签

核示

附表式二份

七月十三日

品名	牌号	单位	价格			价格变动原因	备考
			最高	最低	平均		

1、本表系於六、十六、廿六日午后填写寄发，如各货价格有剧烈变动，应用快邮或电报随时通知　2、各货之趸售及零售价格差别过大时，应分别调查填列　3、纱布粮棉等以璧山所需要及出产者为主，日用品则米油盐煤糖等为主　4、[illegible]价格变动原因，应将市场吐纳、银根松紧、[illegible]情形详为填注　5、本表寄交业务处，应经调查人签盖后即可寄发

经理　　副经理　　业务　　调查　　制表

华西实验区合作社物品供销处璧山分处为调查璧渝两地市场价格事致总处函　9-1-100（131）

华西实验区合作社物品供销处璧山分处为调查璧渝两地市场价格事致总处函　9-1-1oo（132）

華西實驗區合作社物品供銷處璧山分處紗布價格調查日報表

品名	牌號	單位	價格			折合銀圓數	價格變動原因	備攷
			最高	最低	平均			

1. 本表須於當日午後寄發，如物價格如有劇烈波動，應用快遞或電報電話通知
2. 價格變動原因欄應將銷路旺滯、原料漲落之實[illegible]及其他原因詳細說明
3. 每一貨品之躉售及零售價格差別過大時應分別填註
4. 本表經調查人簽蓋後[illegible]寄發，以免因手續遲延[illegible]時間

主任　　副主任　　業務　　調查　　製表

华西实验区合作社物品供销处璧山分处为委托办理并通知棉纱及款项收付情形致周洪昌函 9-1-100（133）

89

華西實驗區合作社物品供銷處璧山分處文稿

送達機關地址	周洪昌
文別	函
來文字號	
承辦單位	
事由	為委託代辦棉紗暨款項之開撥收付請予查照由
收文字號	
發文字號附件	璧供業字第二〇号
主任	周錫
副主任	六廿
股長	六廿
封發	六月廿日
主任	6月廿日

茲委託

台端代理本處與宜賓辦事處在瀘辦理棉紗及款項之開撥收付事宜之處奧余曾知直

华西实验区合作社物品供销处璧山分处为委托办理并通知棉纱及款项收付情形致周洪昌函 9-1-100（133）

貴辦事處姜主任來 敝處妥為洽商外相應函
達希予
查照為荷
此致
周先生洪昌

主任李〇〇
副主任全〇〇

华西实验区合作社物品供销处璧山分处与璧山县机织生产合作社换布合约　9-1-100（1）

1　100卷

華西實驗區合作社物品供銷處璧山分處換布合約

璧山縣　　鄉　　機織生產合作社

華西實驗區合作社物品供銷處璧山分處（以下簡稱甲方）為推廣璧山縣機織生產合作社（以下簡稱乙方）之產品特向聯勤總部黃曲補給區司令部訂立承製軍布合約交由乙方織製雙方特訂立本合約并願遵守條件如左

一、乙方以現有織機　1782　六部每部月產布　　疋以一六個月計共產　　疋

二、乙方所織製布疋由甲方以六十支棉紗收換其棉紗牌號以聯勤總部所撥之紗為標準如聯勤缺紗忠存全數願繳聯勤及其附件等為限甲方用任何一種換布乙方不得挑選或拒絕

三、甲方換布規格以長四十碼寬二十六英寸經密每英寸六十二根緯密每英寸六十根重十二磅以六十支棉紗織製者為合格不得有稀疏紗潮濕等情事乙方所繳布交甲方會同聯勤總部檢驗不合格者即予拒收

三、乡村手工业·华西实验区合作社物品供销处

华西实验区合作社物品供销处璧山分处与璧山县机织生产合作社换布合约　9-1-100（2）

失效費用變動有關[illegible]
之調整布增減

五、乙方承織之布匹於本合約簽訂之日生效於三十八年十〇月三十一日以前分批如數交足在承製期間不得藉故延誤或私自對外銷售如因此致甲方不能履行其對聯勤總部之合約時乙方應負擔甲方所負之損失

六、乙方以　　為担保人如不能履行本合約所訂條件時由担保人負完全責任發生訴訟時并放棄先訴抗辯權

七、本合約一式三份由甲乙兩方及担保人各執一份為憑

華西實驗區合作社物品供銷處璧山分處主任　　（簽）（蓋章）

璧山縣　　鄉　　機織生產合作社理事主席

監事主席

經理

担保　　人

住址

中華民國三十八年　　月　　日

华西实验区合作社物品供销处璧山分处关于运纱一事的证明书、代电　9-1-104（22）

華西實驗區合作社物品供銷處璧山分處文稿

送往机關地址：蘇稷園

文別：證明書

來文字號

承辦單位

會

收文字號

發文字號附件

事由

主任

副主任

秘書

股長

已制卡

交辦　月　日

擬稿　月　日

繕寫　月　日

校印　月　日

封發　三月六日

歸檔　字　號　年　月　日

华西实验区合作社物品供销处璧山分处关于运纱一事的证明书、代电 9-1-104（23）

此致

主任

副主任

华西实验区合作社物品供销处璧山分处关于运纱一事的证明书、代电　9-1-104（14）

8

華西實驗區合作社物品供銷處文稿

送達機關	蘇穆國
地址	
文別	證明書
來文字號單位	
承辦單位	總務股
會	
章收文字號	
發文字號附件	
事由	
主任	
股長	
副主任	
幹事	

已制卡

交辦	擬稿	繕寫	校印	封發	歸檔	字號
月　日	月　日	月　日	月　日	月　日	月　日	年　日

华西实验区合作社物品供销处璧山分处关于运纱一事的证明书、代电　9-1-104（15）

华西实验区合作社物品供销处璧山分处关于运纱一事的证明书、代电 9-1-104（18）

10

華西實驗區合作社物品供銷處文稿

送達機關	璧山縣政府
送達地址	
文別	代電
來文字號	
承辦單位	
會	
章收文字號	
發文字號附件	璧供總字第 號

事由

主任 [illegible]

股長 已制卡

副主任

幹事

交辦	擬稿	繕寫	校印	封發	歸檔
月 日	月 日	月 日	月 日	三月廿二日	字 號 日期 年 月 日

璧山縣人民政府公鑒：[illegible]

[illegible]

[illegible]

华西实验区合作社物品供销处璧山分处关于运纱一事的证明书、代电　9-1-104（19）

杜贵州遵义县政府：我社初次运纱销售，特此电请

贵府赐给通行证，俾便运往遵义销售为荷。华

已制卡

西实验区合作社物品供销处璧山分处主任[illegible]

园林官[illegible]经理印

华西实验区机织合作社贷纱预算　9-1-123（47）

28

中華平民教育促進會華西實驗區機織合作社貸紗預算

科目	預算數量	備攷
原料底紗	一五〇件	與農民銀行換四六搭賬全數為二五〇件農行四賬為一〇〇件 本區六賬如上數
週轉紗	一七五件	與合作金庫換三七搭賬全數為二五〇件金庫三賬為七五件 本區七賬如上數
以紗換布	三九五件	撥交本區合作社物品供銷處璧山分處以紗換布供各社週轉并撥紗與代織底紗備繳被服廠軍用布尺
合計	七二〇件	

以上所需棉紗請撥給中國農民銀行一五〇件（由該行代運璧山交換）中央合作金庫一七五件（由該庫代運璧山交換）

其餘三九五件撥交供銷處璧山供銷分處

华西实验区合作社物品供销处璧山分处、华西实验区合作社物品供销处来凤驿办事处为更改织布规格等事宜的报告、函

9-1-131（9）

華西實驗區合作物品供銷處來鳳驛辦事處用箋

报告　民國卅八年八月十二日于来凤办事處

本處本日開始於來鳳驛換布、據老有編布經驗者談、本處規格表所定、大台布緯線每市寸為八十六根、事實絕編不夠、其原因是、(一)本地台紗奇缺、不用台紗作緯線、就編不夠八十六根、(二)間或有少許台紗、其價值比十六支紗高、則編布無利、(一斤十六支紗還不到一斤三台紗者)為此是否可將規格表修改：大台布經緯線全用十六支紗、其緯線並改為每市寸六十五、六根、以便編布而利交換、不然恐此間所存十六支紗甚難換出也、究應如何辦理　敬祈

华西实验区合作社物品供销处璧山分处、华西实验区合作社物品供销处来凤驿办事处为更改织布规格等事宜的报告、函
9-1-131（10）

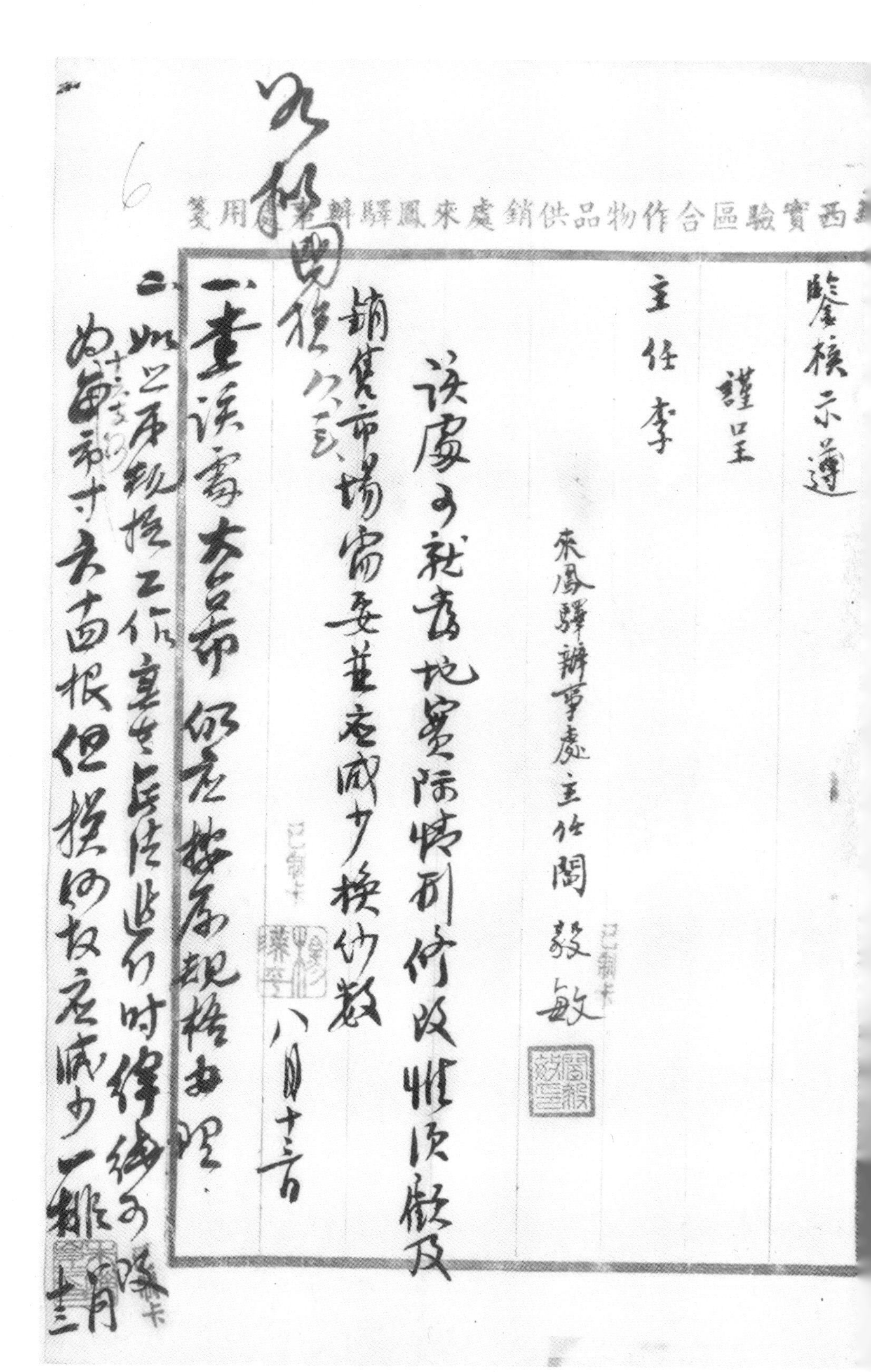

華西實驗區合作社物品供銷處來鳳驛辦事處用箋

鉴核示遵

谨呈

主任 李

来凤驿办事处主任 阎毅敏

已制卡

该处可就当地实际情形何改，惟须顾及销售市场需要并应减少换纱数

八月十二日

一、查该处大部份应按原规格办理。

二、如已开始按工作室生产之时，纬线可改为每市寸六十四根，但按何故应减少一根。

十三

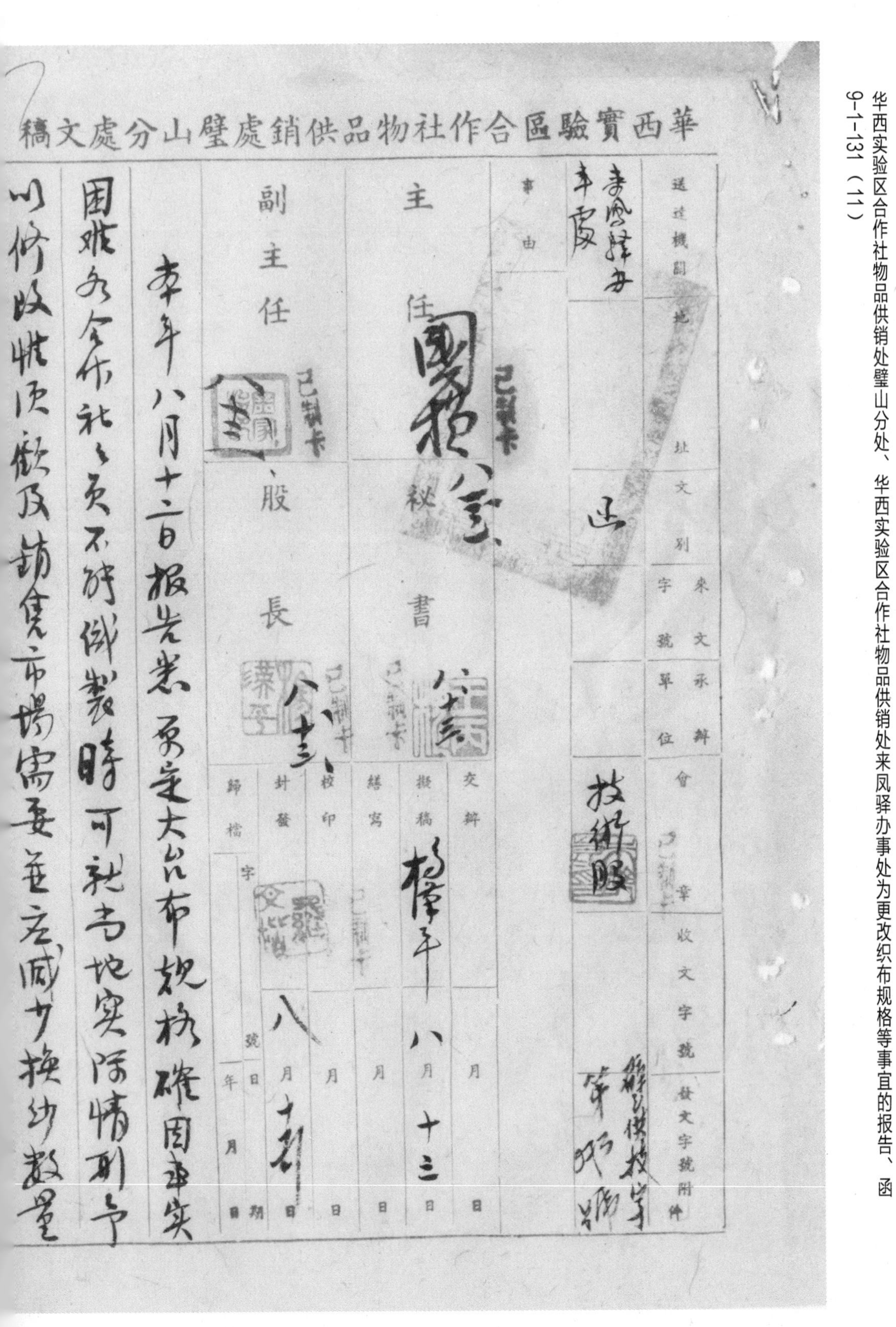

華西實驗區合作社物品供銷處璧山分處文稿

送達機關地址：來鳳驛辦事處
文別：函
承辦單位：技術股
發文字號附件：銷供技字第　號

主任
副主任
股長
秘書

擬稿：楊　八月十三日

本年八月十二日報告悉。原定大白布規格，確因本實際困難，各合作社社員不能依照製造時，可就當地實際情形予以修改，惟須顧及銷售市場需要並應減少換紗數量

华西实验区合作社物品供销处璧山分处、华西实验区合作社物品供销处来凤驿办事处为更改织布规格等事宜的报告、函

9-1-131（11）

将何以改之规格报本处备查并乞参详

查照为荷

此致

合作社物品供销处来凤驿办事处

主任 李○○

副主任 ○○○

华西实验区合作社物品供销处璧山分处、华西实验区合作社物品供销处来凤驿办事处为更改织布规格等事宜的报告、函

9-1-131（12）

华西实验区合作社物品供销处璧山分处、西南区冬服筹制委员会关于以纱换布相关事宜的往来公文　9-1-131（95）（96）

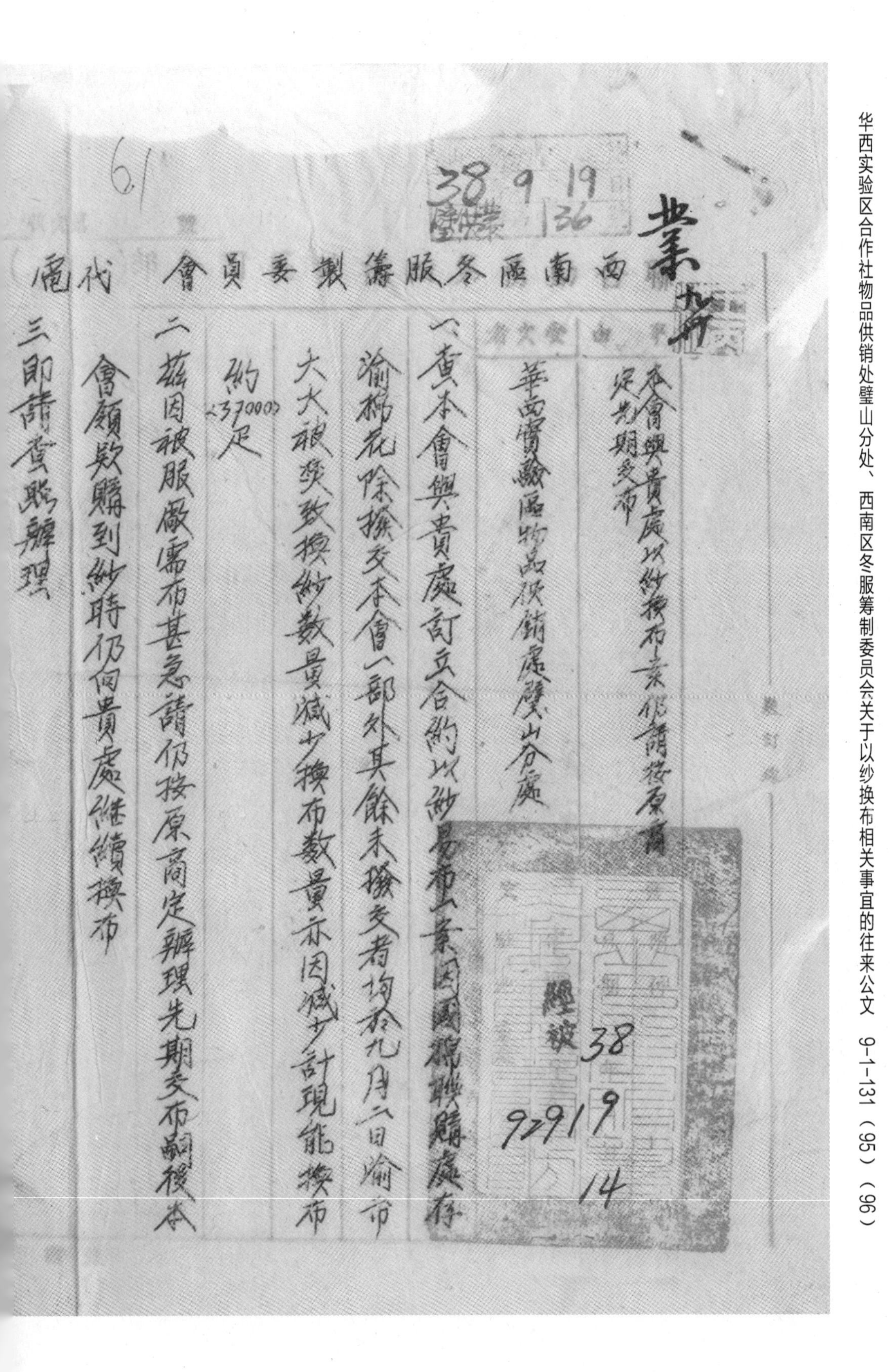
西南區冬服籌製委員會代電

事由：本會與貴處以紗換布業經請按原商定先期交布

受文者：華西實驗區物品供銷處璧山分處

一、查本會與貴處訂立合約以紗易布一案因國棉聯購處存渝棉花除撥交本會一部外其餘未撥交者均於九月二日渝市大火被焚致換紗數量減少換布數量亦因減少計現能換布約（37000）疋

二、茲因被服廠需布甚急請仍按原商定辦理先期交布嗣後本會須賒購到紗時仍向貴處繼續換布

三、即請查照辦理

华西实验区合作社物品供销处璧山分处、西南区冬服筹制委员会关于以纱换布相关事宜的往来公文　9-1-131（97）（98）

四、本件抄副本送重庆被服厂

兼主任委员 邱渊

华西实验区合作社物品供销处璧山分处、西南区冬服筹制委员会关于以纱换布相关事宜的往来公文 9-1-131（99）

案准 贵会本年九月十四日滨总字第九二九一九号代电为

存纱被焚换布数量减少廿万三千七尺定廿日准此查

现所减之数当本处决定期完成

贵会被服厂布匹……

此 贵会所订……

前由相应复请查照为荷

华西实验区合作社物品供销处 共业字第一七五号

卅八、九、廿

华西实验区合作社物品供销处璧山分处、西南区冬服筹制委员会关于以纱换布相关事宜的往来公文　9-1-131（93）

1、改织原纱订为三万七千疋决如期完成

2、机织社均为手工业除将原纱每一订纱机加紧织製外尚恐不能先期交足

3、四纱订数量交足后何时以本处存纱继续换布并请先供应该会

判送冬查照

已制卡

九、二十

华西实验区合作社物品供销处璧山分处、西南区冬服筹制委员会关于以纱换布相关事宜的往来公文　9-1-131（94）

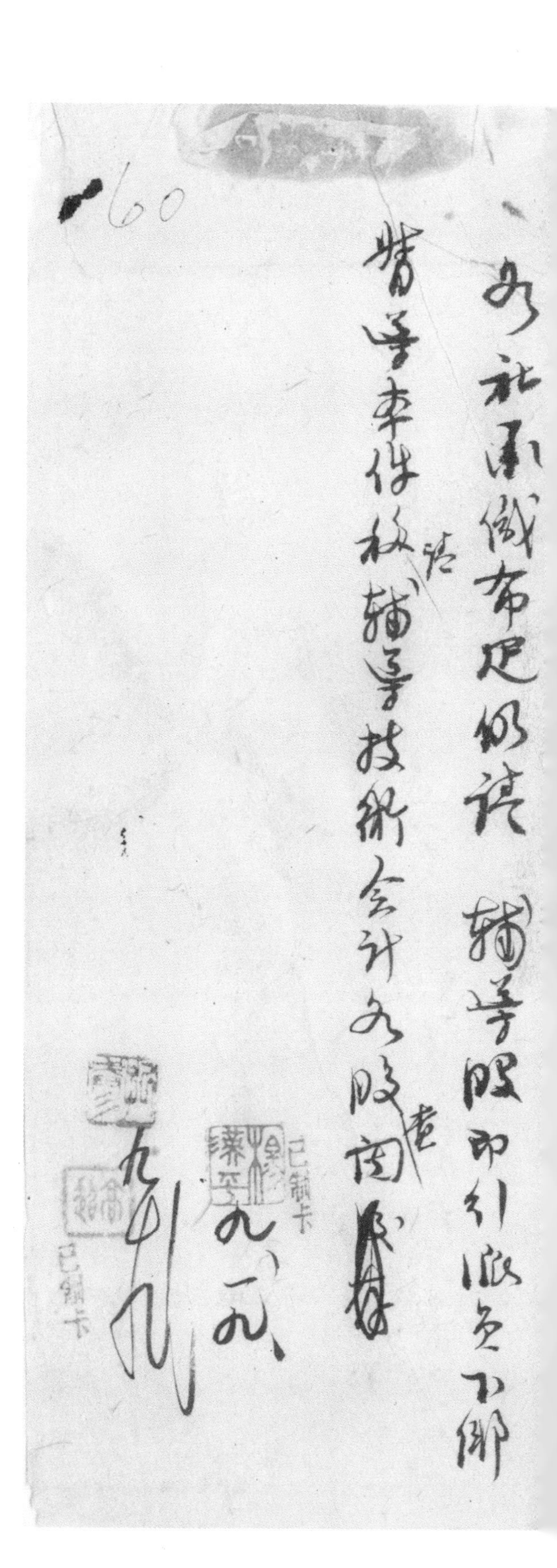

华西实验区合作社物品供销处璧山分处、西南区冬服筹制委员会关于以纱换布相关事宜的往来公文 9-1-131（91）

5-8

華西實驗區合作社物品供銷處璧山分處文稿

送達機關地址：西南區冬服籌製委員會

文別：公函

來文字號：理被字九二九一九號

承辦單位：業務

會章：輔導股

收文字號：璧供業字136號

發文字號：璧供業字　號

事由：為催定改減單布為三萬七千疋本處決如期定成請查照由

主任

副主任

秘書 已制卡

股長 已制卡 九廿一

交辦　月　日

擬稿 已制卡 九月廿一日

繕寫　月　日

校印　月　日

封發　月　日

歸檔　字　號　日期　年　月　日

案准

貴會本年九月十四日理被字第九二九一九號代電為

存紗被褥換布數量減少約為三萬七千疋等由准此查現

华西实验区合作社物品供销处璧山分处、西南区冬服筹制委员会关于以纱换布相关事宜的往来公文　9-1-131（92）

所收藏之数量本处决如期完成以

贵会被服亟需布匹急需除即再行大量发动织户承织

俾能先期交布外如按约订数量交足后本处仍以所有存纱照

贵会所订规照折及换纱数量继续换布融通

贵会购到棉纱（需）欲继续换布时本处决仍先供应准电前由相应

函复

查照为荷

此致

西南区冬服筹制委员会

主任　李〇〇

副主任　汪〇〇

华西实验区合作社物品供销处璧山分处、中国农民银行璧山办事处关于棉纱相关事宜的往来公文 9-1-131（27）

璧山中國農民銀行用牋

逕啓者 案奉 敝 重慶行電稱 查該處所存廿支綠飛艇其中壹拾大包（卅件）係華西實驗區所有託由本行代運希即取據發還該處報備等因除由本行特約倉庫照撥外相應函達 至希洽照憑據提取以便轉報為荷 此致

華西實驗區

中華民國 8 年 7 月 20 日

华西实验区合作社物品供销处璧山分处、中国农民银行璧山办事处关于棉纱相关事宜的往来公文　9-1-131（26）

茲續撥棉紗壹拾大件正

此致

農民銀行璧山辦事處

華西實驗區合作社物品供銷處璧山分處　具

卅八、八、十五

华西实验区合作社物品供销处璧山分处、中国农民银行璧山办事处关于棉纱相关事宜的往来公文　9-1-131（20）

38年8月10日
璧快業　043號

中國農民銀行璧山辦事處函

12

發文字號	璧字第40號
發文日期	38年8月8日
附件	
事由	為准實驗區函撥棉紗(100)大件請洽辦由
擬辦	請會計股註帳後再通知倉庫照辦　八月十日
批示	照辦
備	農行收紗收據轉傳票

主閱　業會辦
主管
經辦
民國　年　月　日收到

收文第　　號

华西实验区合作社物品供销处璧山分处、中国农民银行璧山办事处关于棉纱相关事宜的往来公文 9-1-131（21）

逕啓者頃准

中華平民教育促進會華西實驗區卅八年八月五日合字第七七六號函開：「接准貴處本年七月十三日璧字第卅七號函略為貴我雙方配搭貸放棉紗弍佰大件本處應撥交一佰伍拾件其中一百件即由璧山本處存儲棉紗就近撥交一節查此項棉紗已撥存璧山供銷分處倉庫除分函該處照撥外即希逕向該處洽撥見復為荷」等由准此相應檢附收據一紙即請

查照惠撥查上項棉紗茲以敝處特約倉庫容量有限擬暫行寄存

貴處倉庫請煩

查照賜撥以憑隨時提取貸放為荷！此致

璧山供銷處倉庫

附件 收据壹紙 印鑑片壹只

中國農民銀行璧山辦事處

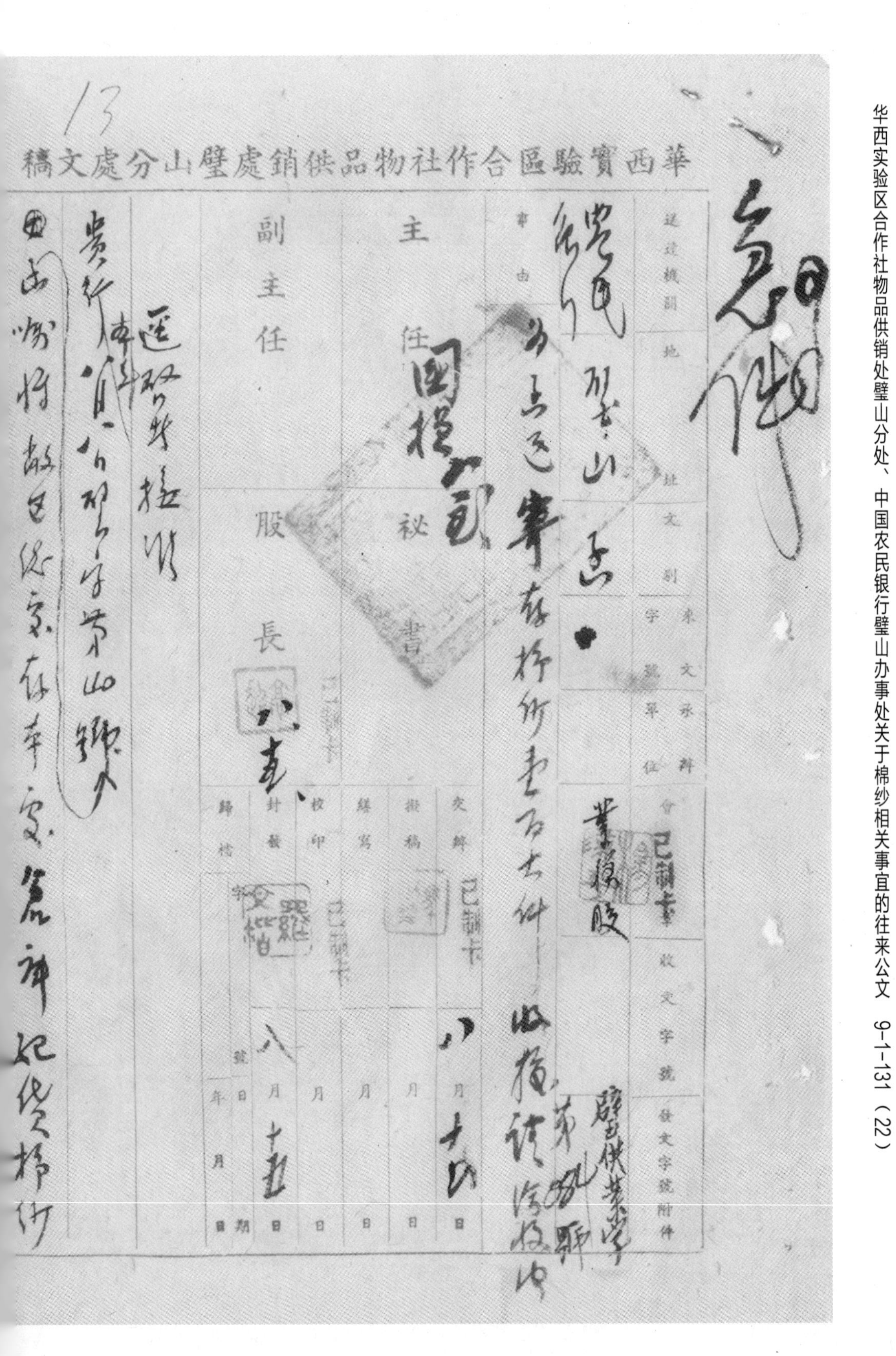

13

華西實驗區合作社物品供銷處璧山分處文稿

送達機關地址	文別	來文字號	承辦單位	收文字號	發文字號附件
璧山農民銀行			業務股		璧供業字第　號

事由

主任　秘書

副主任　股長

交辦	擬稿	繕寫	校印	封發	歸檔
八月十五日	月日	月日	月日	八月十五日	字號 年月日期

华西实验区合作社物品供销处璧山分处、中国农民银行璧山办事处关于棉纱相关事宜的往来公文　9-1-131（23）

来函大悉。敬述种种（?）

实行并拟于明日寄存，请给收据以凭随时

提取货款，并将附收据及印鉴片各一纸，请照

查照。惟棉纱业经通知敝处接收存

后，该款已结束外，相应检同正式收据

一纸随函附奉，即希

查照结复为荷。此致

璧山农民银行

附收据一纸

合作社（?）敬启

月　日

华西实验区合作社物品供销处璧山分处、中国农民银行璧山办事处关于棉纱相关事宜的往来公文 9-1-131（28）

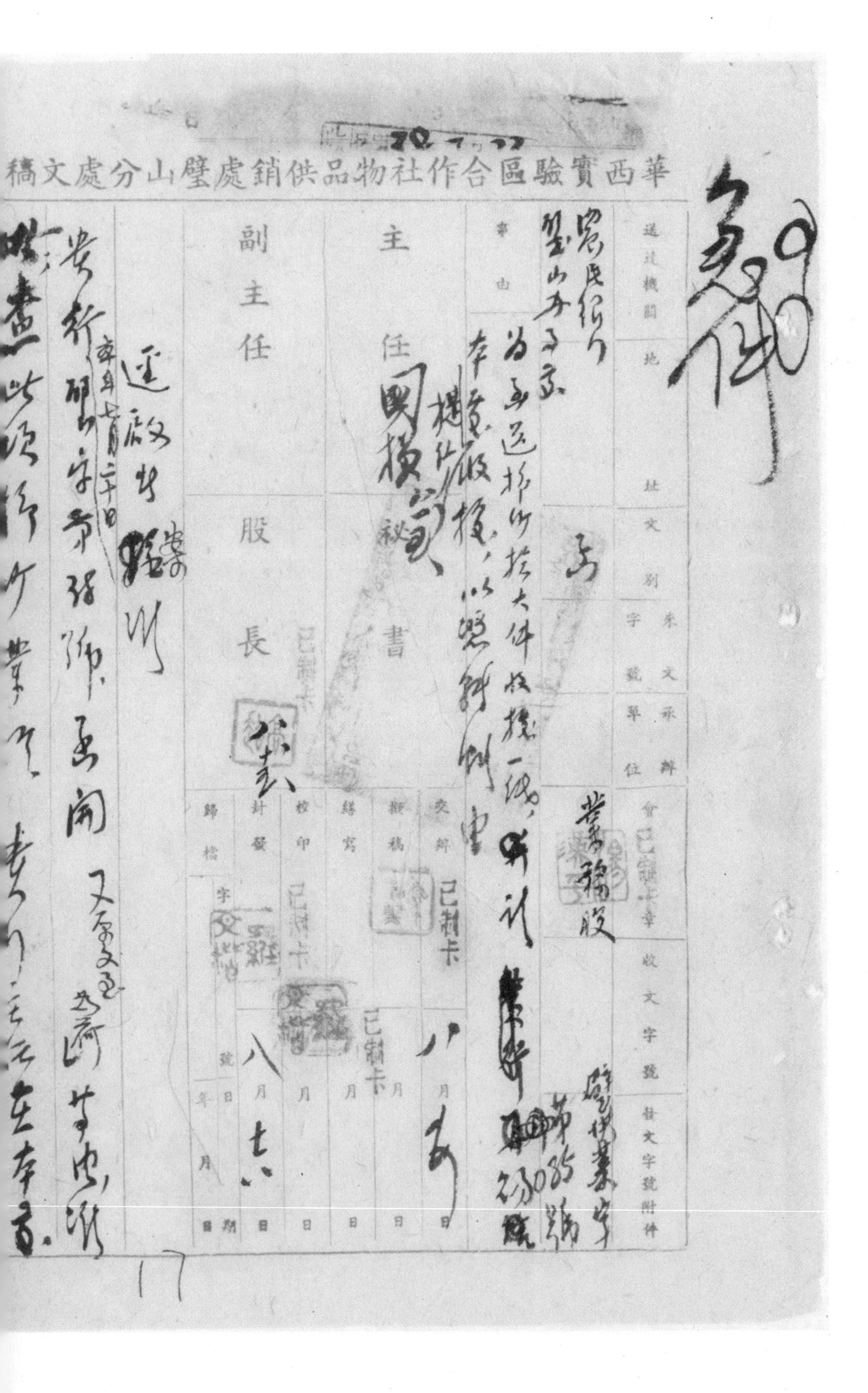

華西實驗區合作社物品供銷處璧山分處文稿

华西实验区合作社物品供销处璧山分处、中国农民银行璧山办事处关于棉纱相关事宜的往来公文　9-1-131（29）

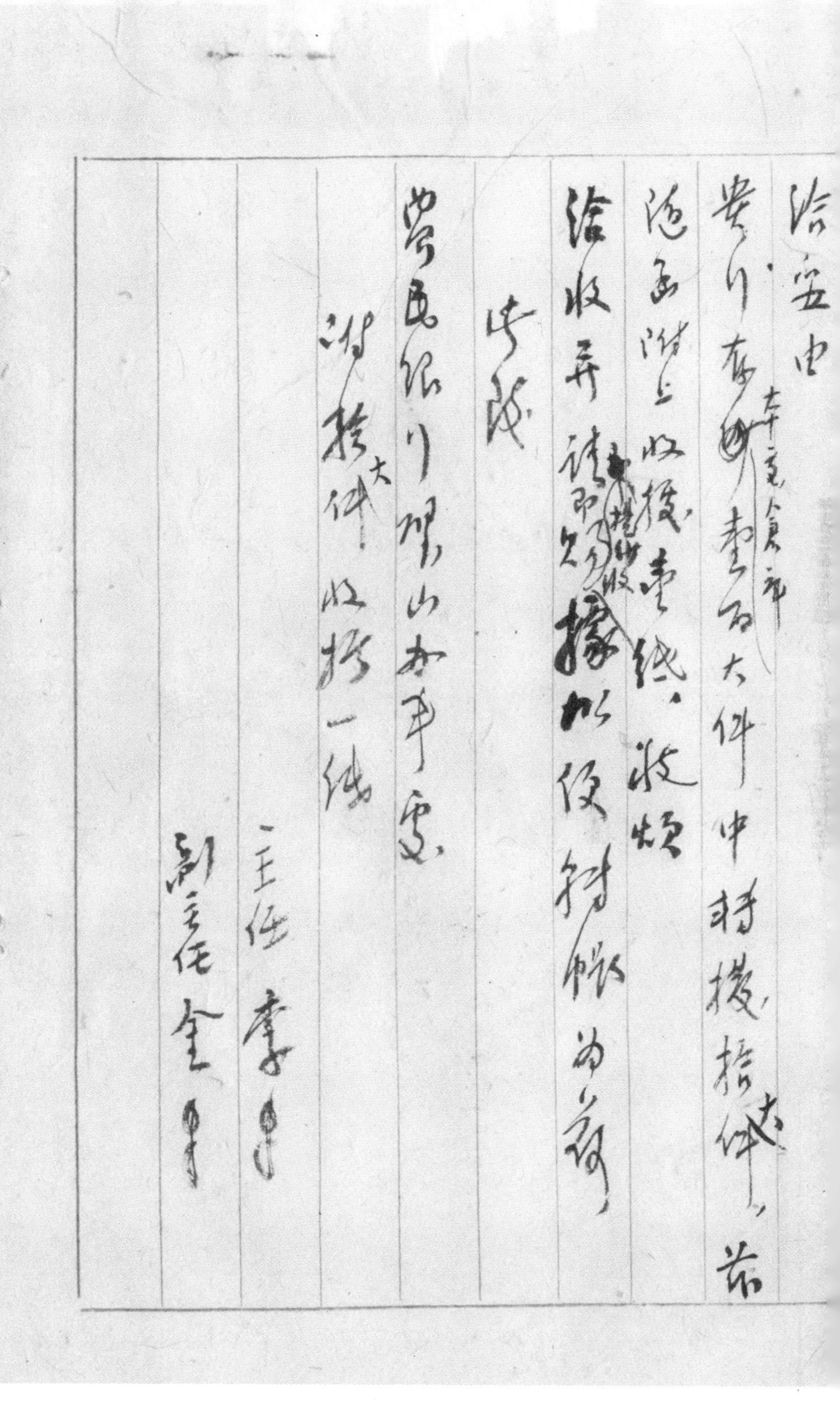

洽启者

贵行本年李竟人章棉纱壹百大件中，计拨棉纱大件，兹

随函附上收据壹纸，收后

请即将棉纱拨收据收付帐为荷，

此致

农民银行璧山办事处

附据大件收据一纸

主任　李〇

副主任　金〇

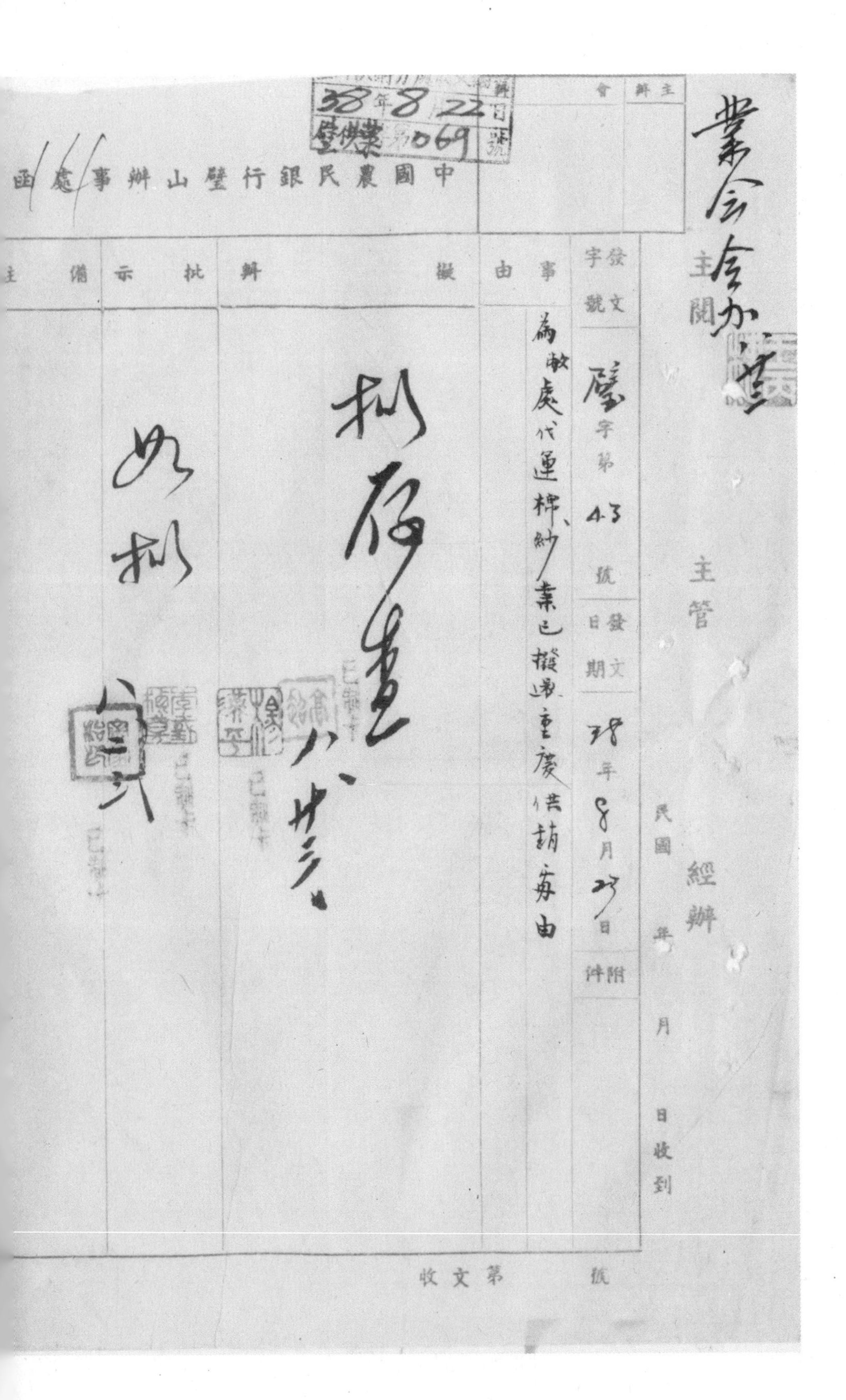
中國農民銀行璧山辦事處函

38年8月22日 璧供業069

業會辦

發文字號：璧字第43號

發文日期：38年8月23日

事由：為敝處代運棉紗業已撥運重慶供銷處由

批示：擬存查 八廿三

備註：如擬 八廿三

收文第　　號

华西实验区合作社物品供销处璧山分处、中国农民银行璧山办事处关于棉纱相关事宜的往来公文　9-1-131（24）

华西实验区合作社物品供销处璧山分处、中国农民银行璧山办事处关于棉纱相关事宜的往来公文　9-1-131（25）

逕啟者茲准

貴處璧供業字第八五號函附棉紗拾大件收據一紙洽撥敝行前代

貴處運璧棉紗壹拾大件等由准此查上項代運棉紗項据敝

重慶行吳襄理錫貴面稱早已在渝撥還　貴重慶供銷處

相應函復查希

洽照為荷此致

璧山供銷處

（原附件已函退華處高[illegible]先生）

中國農民銀行璧山辦事處

华西实验区合作社物品供销处璧山分处关于指导机织生产合作社召开社员大会办理承织军布更换注意事项　9-1-131（205）

120

複寫

指导机织生产合作社召开社员大会办理承织军布更换注意

注意事项：

甲、宣传资料

一、阐述建立合作组织与业务经营之重要性，并说明本区机织合作组织之现况与业务发展之理想远景。

二、介绍华西实验区合作社物品供销处璧山分处之组织内容、任务及其业务经营活动与建立合作组织系统之关系。

三、宣扬华西实验区合作社物品供销处璧山分处之民主组织选举制度，鼓励社员踊跃参加一切业务活动。

四、说明此次承织军布对于机社员生产力之伟大效力并

拿出另一樣儿以明可以獲盈利數以資保證

乙、操作技術與業務問題

一、宣佈二八軍布之規格。

二、宣佈退布收換辦法。

三、宣佈領紗周轉使用辦法。

四、宣佈算布收布送布辦法。

丙、指導簽訂承織契約

一、首先説明華西實驗區合作社物品供銷處璧山分處與聯勤總部西南區軍服管製委員會簽訂承織軍布合約之經過與內容。

华西实验区合作社物品供销处璧山分处为借用棉纱一事致中国农民银行璧山办事处函　9-1-131（66）

39

逕啟者：奉文函以廿支棉紗告罄，現因事關
機織社貸紗尚缺，肆拾玖疋需要，擬請
貴行暫借若干，俟本處紗到後即行歸還，相應函請
查照惠予借用為荷
此致
中國農民銀行璧山辦事處

貴行借用廿支棉紗四十九疋，上開棉紗准於旬內送還不悮，此致

文戳　啟　卅八、十二、十四

卅八、十二、十四　發

華西實驗區合作社物品供銷處璧山分處用箋

华西实验区合作社物品供销处一九五〇年业务计划　9-1-196（110）

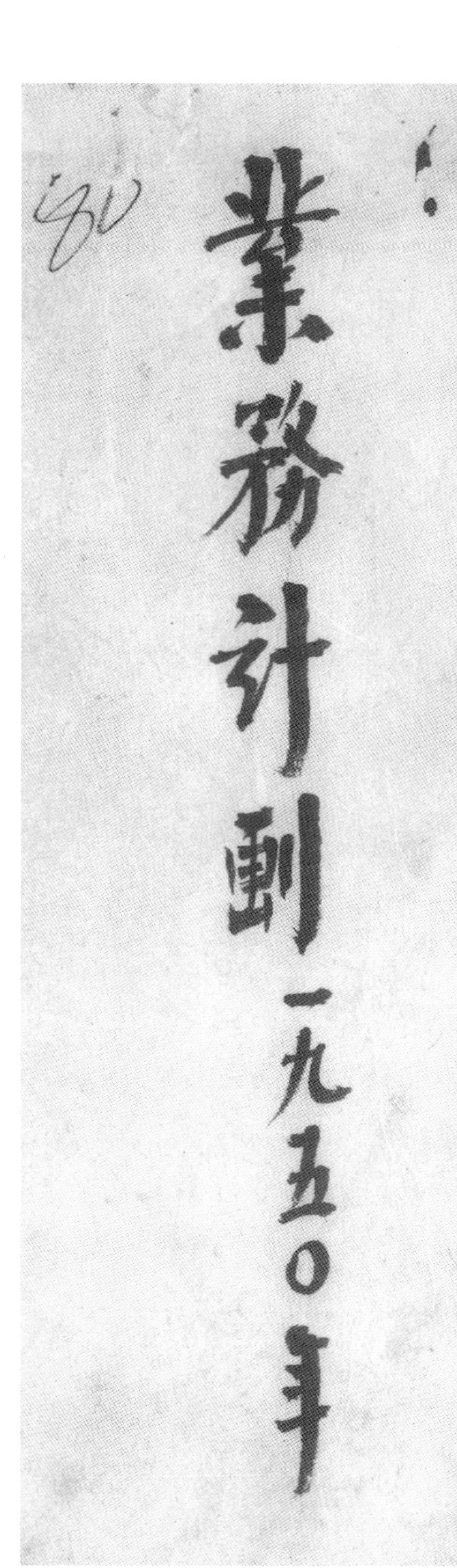

华西实验区合作社物品供销处一九五〇年业务计划　9-1-196（111）

華西實驗區合作社物品供銷處一九五〇年業務計

璧山北碚兩地機聯生產合作事業，歷來受人來倡扶助，已奠定了群众組織生產的基礎，因為過去受社會種種的限制，致未能達成預期的境地。今當新的時代開發，本處發展生產繁榮經濟之總目標，擬定一九五〇年業務計劃，我們要付出最高熱忱和最大的努力，使這一事業走向更高發展階段。

首先是整理舊社，健全各級聯合機構。為了使合作社的利益能與同基本群众的利益密切結合，就必須徹底檢查各合作社的領導成分，建立真正的社員民主管理制度，以保證生產的參加群众在合作社中的領導地位。這一工作擬於本年深入開始，使總導各社重新改選理監事並將一般無生產工具生產技能之社員和有操縱把持行為的份子淘汰出去，同時吸收當地未入社的從事生產的基本群众為新社員，使每一單位合作社都能鞏固地發展起来，更進而領導建立各級聯合社機構，以期集中力量解決各社業務經營上的一然採取貸實收實分或貸放原料辦法扶助各社貧苦織戶從事生產,據各區現有社員貸戶約佔十分之三計,鐵機社員應為九九〇戶,木機社員應為八、三八九五戶,照鐵機織戶每戶貸給棉紗三件,木機織戶每戶貸給棉紗八件,共需貸出原料棉紗四、三六五件,即八〇九件另五件,此項貸款應於本年貸款到期收回後隨即陸續貸出,至於機押貸款過渡貸款,當視事業的需要而隨時辦理。

第三、改善調節勞資關係來激發和鼓勵生產的增高。各社織戶積數年的經營發展,事實上,除一部份社員仍保持其副業經營形態外,已有不少社員因業務之逐漸擴展,現已進入工廠經營階段,因此遂開有勞資之分,此種糾紛發生,雖然這並不佔着何的比重,可是今後在勞資兩利原則下,補助兩方協商治定勞資契約合約,使能互相協調充分發揮生產力量,以免在產品暢銷季節發生工人要求[illegible]

华西实验区合作社物品供销处一九五〇年业务计划 9-1-196（113）

62

導致過份增高成本，而影响銷售，給生產一樣打擊。

第四 我們要在這一年度試辦實驗工廠，創造良型紡因為手工紡布事業之推進，必須以生產技術改進與提高，才能在市場找到光明的出路。本年內在條件許可擬創辦小型實驗工廠一所，從事紡織業改良之示範推廣，以給養改型創造紡織機，再進而普遍推廣，促進各社產品之標準化，並向市場樹立商標信譽，爭取銷路。

至於本年度的產量，如原料供給與產品銷路有辦法，則現的紡織業合作社共八十六社，其中有四十二社的紡布機為鐵機（寬布機）共四千四百七十三部，四十四社的紡布機為木機（窄布機）共四千六百八十五部，造九千八百五十八部寬窄紡布機，因為大部是他們都勤與來，因為他們多是以農村副業的方式來從事織造，織營不免受農事季節性的閒忙的影响，照機有五千部機多能照常工作，即寬窄布紡機各有二千五百部，寬布鐵機每台每月以生產十匹布計，便

华西实验区合作社物品供销处一九五〇年业务计划　9-1-196（114）

於六八原白布七千尺屬於六四原白布八千尺是各色花布
六三萬五千·双五百尺的窄布產品，中有六千尺屬於甲种四
八級迭布，有八千尺屬於乙种四八級迭布，有八萬尺屬於丙
种四八級迭布有八萬〇五百尺是屬於大白布。各种布尺產
量的多寡，完全以市場需要為轉移的。即以上述各种布尺的
產量計算，每一布尺所需的底本，則六八布為廿二支，六四布
及各色花布為十一支，甲种四八布為四支九排，乙种四八布
為三支八排，丙种四八布為二二支八排，大白布為二二支，則每月
需棉紗總量約為二百四十二件零十斤。
這六萬零五百尺布和二百四十多件棉紗，完全由供銷
處來負責供和銷，顯然是不可能的，假如是以總產量二分之
一的布尺——三萬尺寬窄布由合作社或社員直接向市
場銷售，以二分之一的棉紗——一百七十件直接向市場購
買，其餘的一半由供銷處來負責供銷，須盡最大的力量才能
完成這一任務。

华西实验区合作社物品供销处一九五〇年业务计划　9-1-196（115）

83

我們銷貨在銷售市場方面分下列五個路線

一、重慶線：各種布及都可以銷售，尤以寬布為主，布銷出後即購進棉紗，這一市場距離太近，利潤不一定高，是在業務成本的支付上也較其他各個路線的賣出或買或多或少都得與這一市場發生聯繫，因此這是很重要的路綫，而且重要的這市場的購貨者能採取訂貨方式，給我們能解決不少的問題，如資金週轉問題等。

二、川東線：這一路綫的市場以涪陵長壽及黔江流域為主，他如酆都石柱萬縣等，主要在銷售各種四八布。

三、川黔東線：銷售市場為遵義桐梓南川綦江等地，主要在銷售各種四八布及大匹布。

四、川黔西線：銷售市場為畢節敘永泸縣宜賓等地，以銷售大匹布為主，次及各種四八布。

五、西北線：銷售市場為臨洮天水蘭州寶鷄等地，以銷

华西实验区合作社物品供销处一九五〇年业务计划　9-1-196（116）

關於第(二)(三)(四)等路線除了去時運銷布疋，尚可配合消費業務於回程中購買桐油、菜油、食鹽、食糖等，而達成物資交流之目的，并避免中間商人的剝削。

供銷處與合作社社員及銷售市場的交易方式，除採取收買制外，則為委託制。即社員的產品可委託供銷處銷售，其所需原料亦可委託供銷處代購，商人須訂購某種貨品，亦可委託供銷處承製，除各項費用由委託者擔負，供銷處僅酌收少許之手續費。其次為抵押制，這是在產品滯銷時辦理之，必要時亦可作轉抵押，以調濟資金之運用。

88

买者，这些货品之需要，须通过此种调查，根据社员人数，加以推算。
。县以上联合社就需要专门与其他组织，社员社、县社的联系，以资计
。办事处社员需要合办各类生产业务的物品，如农具、肥料等，对于它认定，
季节，物价，收成等等不同的情况与因素，以求数额的社员需要的
为主。对于这些计划，我们需要了解农村的不同阶层社员的生产和收
入与生活支出，农村社员对于这种计划时要能照顾实际情况，如农村主要
农业的技术购买与农业副业产品的情况，大社员个人与他们需要与其
农业的。需要是不是以外的关系，在以上计划时不能机械地定很按
社员人数计算。

编制计划时要根据以及考虑：（1）合作社本身的资金能力、
力与经营能力，对社员的供销需要能解决多少；（2）国家
经济政策，包括国营贸易与工业部门需要收购与供销的对象、种类
、数量与价格以及可能协助的货款；（3）其他商业的发展情况；（4）
（4）前期供销情况。

在编制计划程序上，目前有两种办法：（1）是由县社参考各社员需要
社编制，逐级汇总合并。经全面考虑，共同作出决定，按各社需要来执行
供应数量。（2）是由大面下，编制概况计划，逐级（向下）发给

洽是在計劃[illegible]之前，先將全國[illegible]社或[illegible]大區總社根據上半年度經
營情況，本年[illegible]發展方針與國家經濟要求，擬出計劃指示[illegible]
與撥到數字，逐級下達，由基層社或聯社按據大概社指示[illegible]
報出計劃逐級匯合上報，經全國總社或大區總社修正批准再
逐級傳達下去。這樣就使計劃在統一方針統一領導之下，真正做
到自下而上與自上而下的密切結合。

（六）如何領導基層社做計劃

依目前情況，不少基層社尚未作計劃是大有因素的，根源在于有[illegible]
於基層社不能做計劃。（事實上各地經驗都說明基層社根本沒有
人[illegible]經營方針，真正為社員服務，按期需要而[illegible]業務計劃。[illegible]
有[illegible]問題是在於縣中級合作社領導幫助。組織者說，[illegible]
深入各地經驗，領導基層社作計劃最重要的是要掌握真實情況，選
擇少數較好的合作社，進行示範，[illegible]，倡導，創造典
型，交流經驗；組織會議，在具體[illegible]中，發動和推動[illegible]基層
社作計劃的結合。首先由縣[illegible]各決[illegible]和條件計劃[illegible]
[illegible]會議，利用與社[illegible]實際[illegible]動員，通

华西实验区合作社物品供销处一九五〇年业务计划　9-1-196（128）

通货[illegible]组织合作社，要能不合[illegible]的合作社，研究社务
的[illegible]，用几种[illegible]方式，一次两次几次，因此[illegible]
数[illegible]的计划到根据计划，由不准确到接近准确
[illegible]了全县各合作社都可以作计划。同时各县[illegible]
一、[illegible]计划，指导[illegible]各县社[illegible]
[illegible]的计划，也是一个[illegible]的办法。
[illegible]会计划，[illegible]
[illegible]一定的制度和办法来[illegible]
[illegible]计划制度，[illegible]
[illegible]提出计划，说明是一个很有效的[illegible]
[illegible]
实现作计划也起了一定的作用。

三、必需建立统一的计划工作制度

合作社经济是一个有[illegible]的整个国民经济的一个重要
的[illegible]部，因此不能[illegible]
作社的计划要[illegible]
部门的计划[illegible]

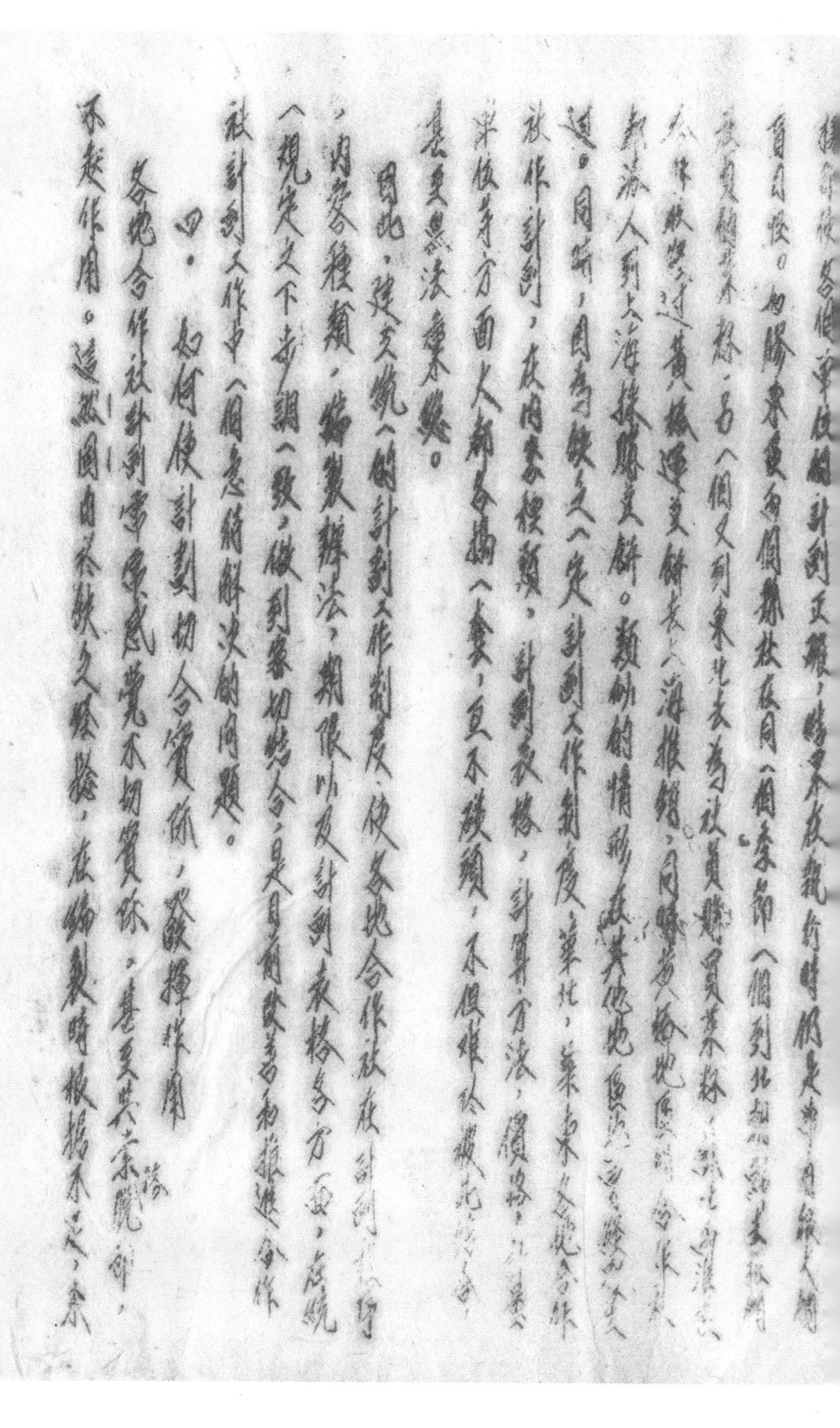

[illegible]各地单位的计划工作，特要求在执行时仍是由[illegible]自己决定。如瞬息变动的市场，月令季节（假到北[illegible]的[illegible]），或者由于[illegible]外部，如（假又到东北去为社员购买某种[illegible]）合作社，经过黄[illegible]运来饼来上海推销，同时为人[illegible]地区[illegible]都添入到上海推销美饼。类似的情形，在其他地区[illegible]适。同时，因为缺乏一定的计划工作制度，华北，华东[illegible]合作社作计划，在内容种类，计划表格，计算方法，颁发时[illegible]单位等方面，大都各搞一套，互不联系，不但难于汇报[illegible]甚至无法汇集。

因此，建立统一的计划工作制度，使各地合作社在计划[illegible]，内容种类，编制办法，期限以及计划表格等方面，在统一规定之下步调一致，做到密切配合，是目前改善和推进合作社计划工作中一个急待解决的问题。

四、如何使计划切合实际，发挥作用

各地合作社计划常常感觉不切实际，甚至[illegible]，不起作用。这虽因由于缺乏经验，在编制时根据不足，亦

华西实验区合作社物品供销处一九五〇年业务计划　9-1-196（129）

华西实验区合作社物品供销处一九五〇年一月份至八月份业务概况　9-1-196（45）

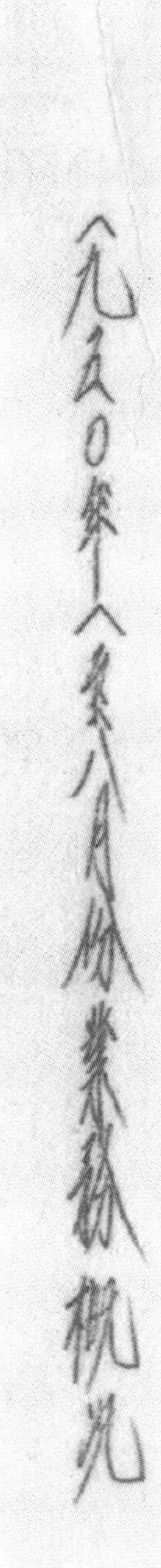

37

一九五〇年一月至八月份业务概况

华西实验区合作社物品供销处一九五〇年一月份至八月份业务概况 9-1-196（46）

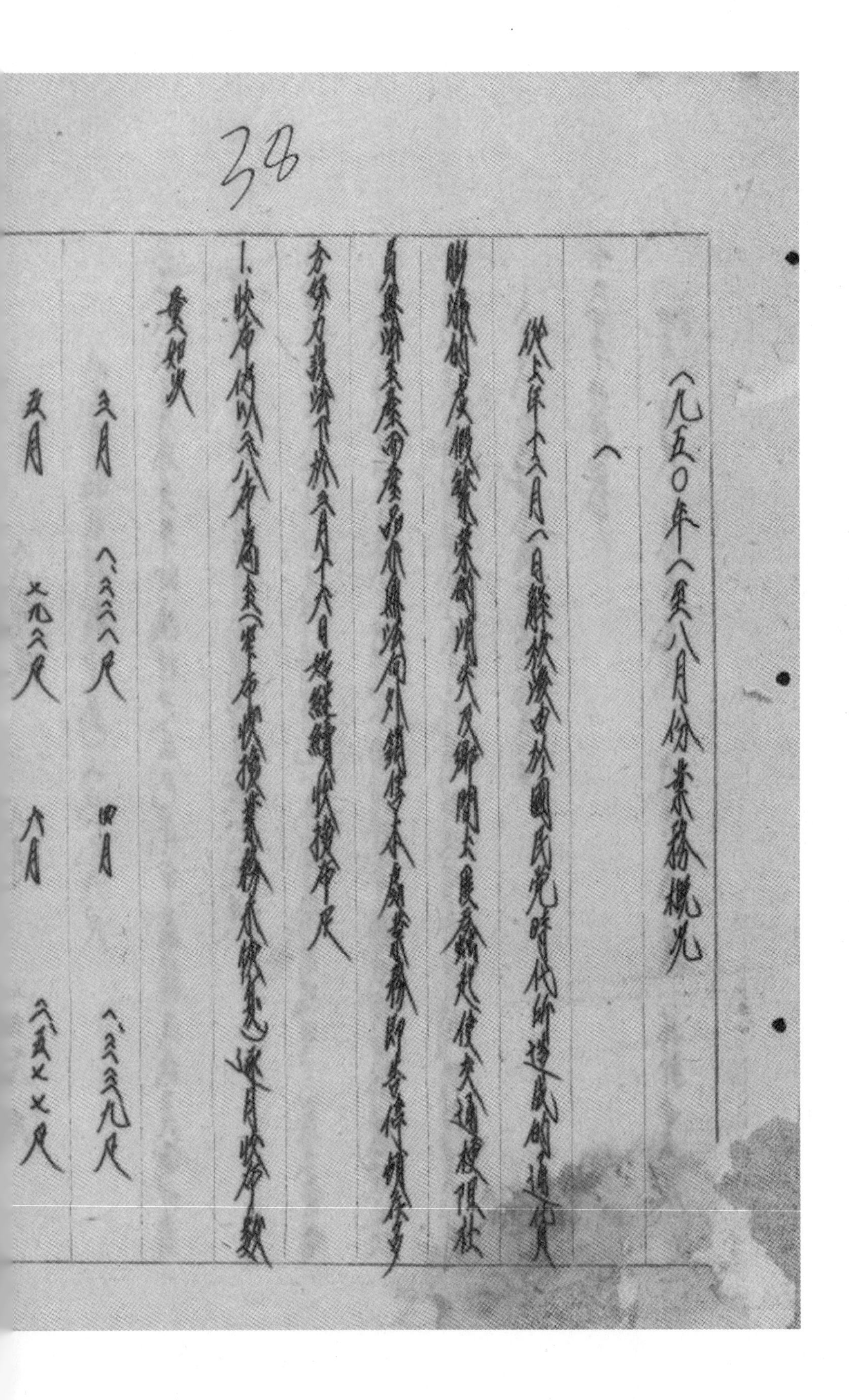

38

一九五〇年一至八月份業務概況

一

從去年十二月一日解放後由於國民党時代所遺留的通貨膨脹的后假銀元案流行頻繁以及鄉間土匪猖獗使交通梗阻社員經濟來源困難而產品不易銷售本處業務即告停頓參予合作方面業務下於二月十六日始繼續收換布尺

1、收布係以二八分存為主（按收布收換業務亦係如此）逐月收布數量如次

三月	一、二二八八尺	四月	一、二三三九尺
五月	七九二八尺	六月	二五七七尺

华西实验区合作社物品供销处一九五〇年一月份至八月份业务概况　9-1-196（47）

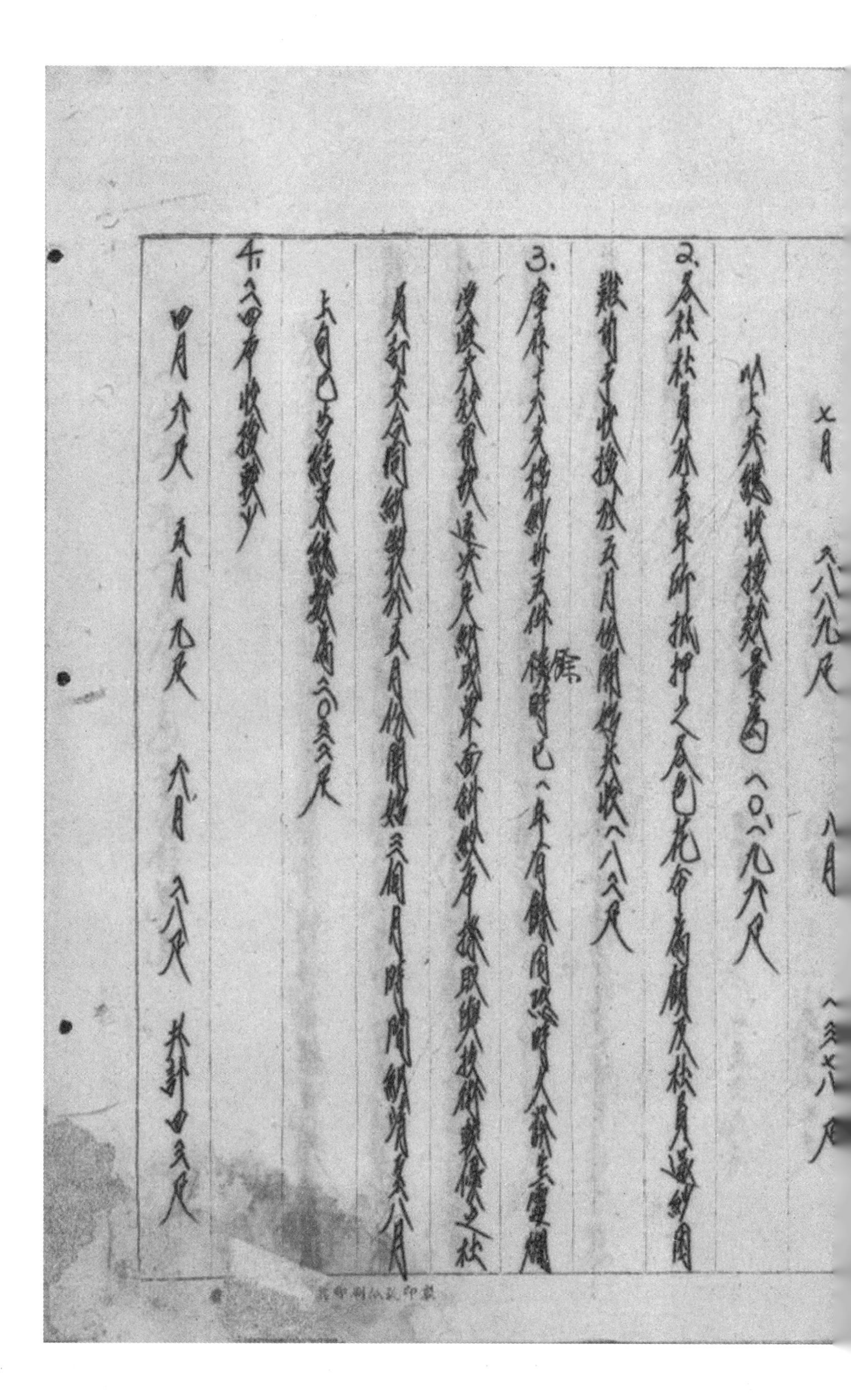

七月　二八八九尺　八月　八三七八尺

以上共计收换数量为一〇八九六尺

2. 各社社员分支所抵押之原色花布，由该支社员逐纱用丝制之收换，分五月份开始，共收八八三三尺

3. 库存十六支棉纱计五件，除将已一年有余，因[illegible]

[illegible]

上月已与织工织换数为二〇三三尺

4. 二四布收换数少

四月　六尺　五月　九尺　六月　二八尺　共计四三尺

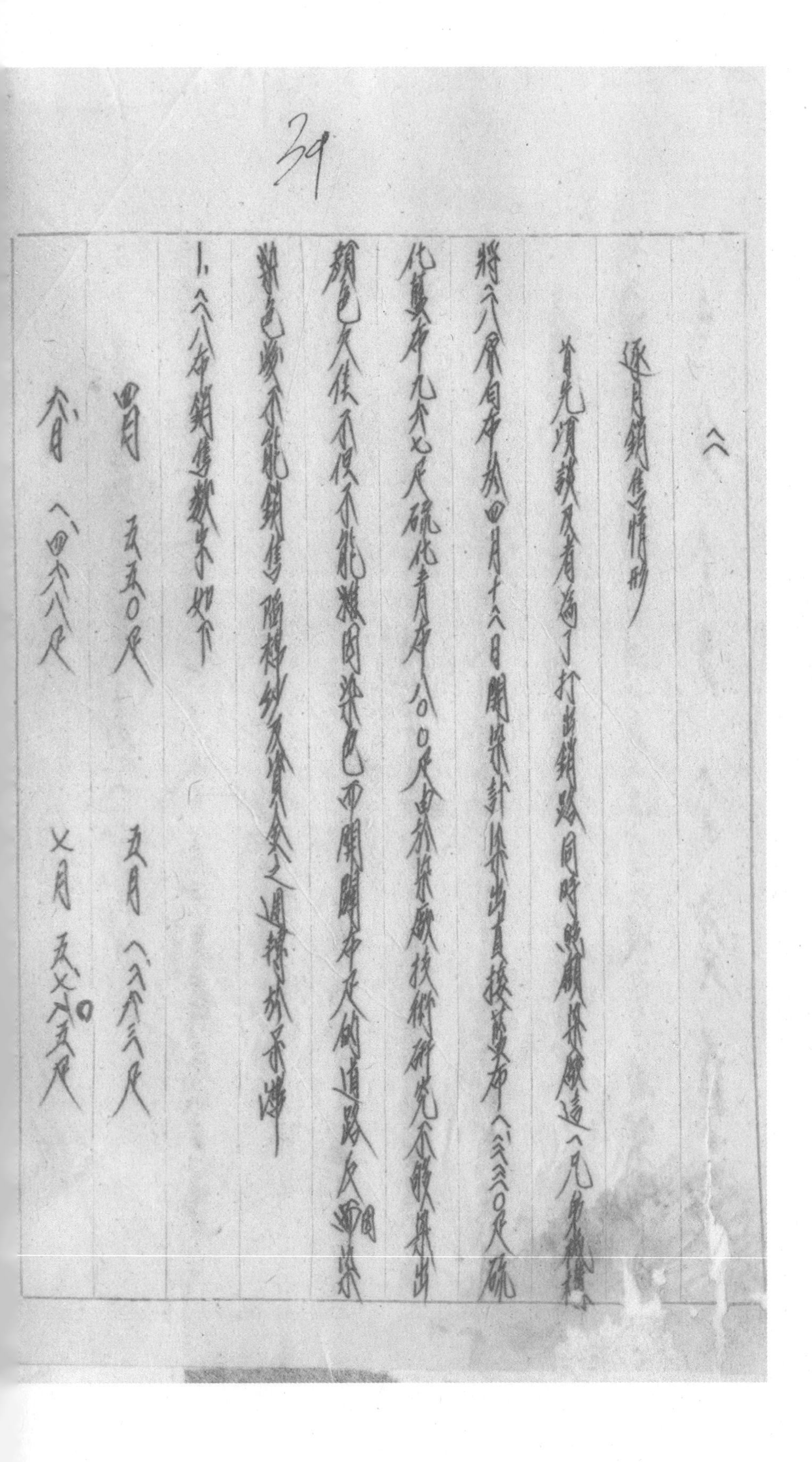

39

八

逐月销售情形

首先須顾及着為了打出销路同时照顧染織廠造八九号

將六八原白布於四月十六日開始計染出直接賣布六三三八〇尺硫

化藍布九六七尺硫化青布八〇〇尺由於染廠技術研究不够染出

顏色太差不但不能獲得染色而開闢布疋銷道路反而因染

對色澤不能銷售陷於資金之週轉於呆滞

1.六八布銷售數字如下

四月 五五〇尺　五月 六六六三尺

六月 一四六八尺　七月 五七八五尺

华西实验区合作社物品供销处一九五〇年一月份至八月份业务概况　9-1-196（48）

华西实验区合作社物品供销处一九五〇年一月份至八月份业务概况　9-1-196（49）

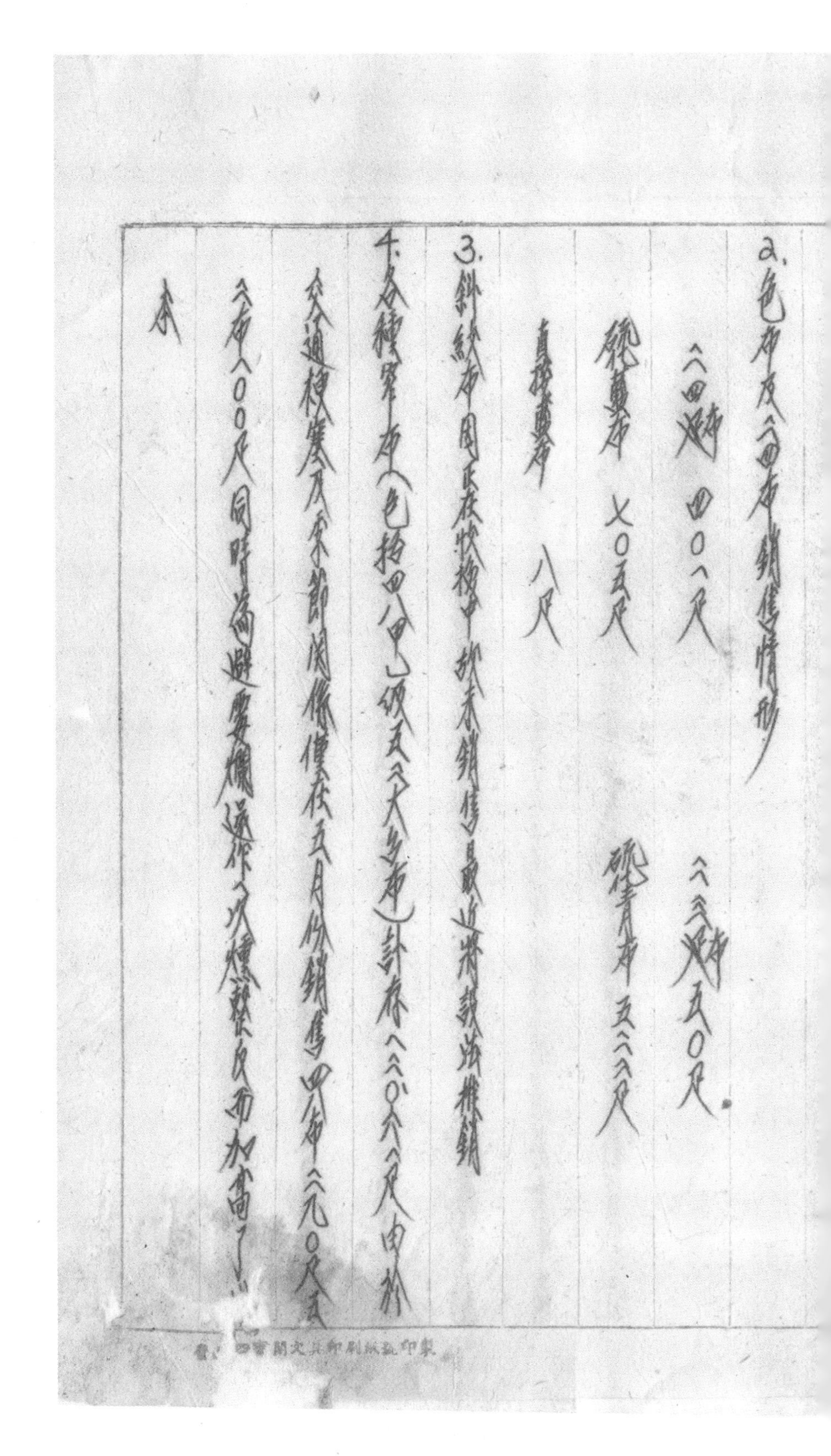

2. 色布及八四布销售情形

八四斜　四〇八尺　　八三斜　五〇尺

疏机布　七〇五尺　　疏机布　五八三尺

直接布　八尺

3. 斜纹布因在秋后秋节未销售，最近将设法推销

4. 各种窄布（色格四八口级及八六大乡布）计存八八〇八八尺，由于

交通阻塞及季节关系，使在五月份销售四八布八九〇〇尺，五

六布八〇〇尺，同时为避免积压，又作八次大量减价而加高了

本

华西实验区合作社物品供销处一九五〇年一月份至八月份业务概况 9-1-196（50）

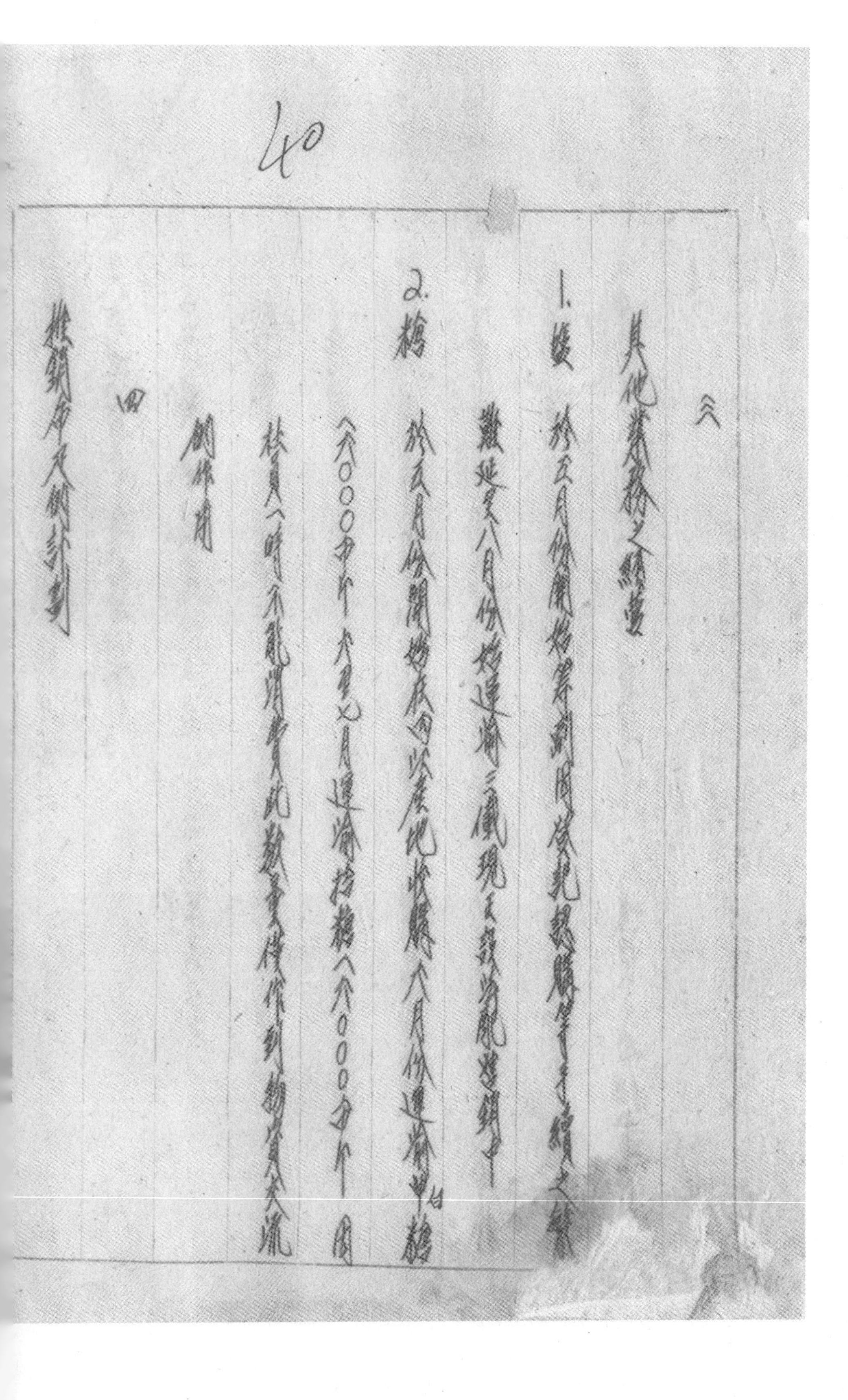

40

三、其他業務之經營

1. [illegible] 於五月份開始籌劃因資金短絀購買手續之繁難延至八月份始運渝二處現正設法脫銷中

2. 糖 於五月份開始在內江產地收購六月份運渝中白糖一六000市斤 至七月運渝桔糖一六0000市斤 同積貨一時不能消售此數量使作到物資交流的作用

四

推銷本處供銷計劃

1. 川东线——运渝府转销
2. 川黔线——运贵州遵义贵阳销售
3. 川南线——运泸县宜宾销售

华西实验区合作社物品供销处璧山分处公函　9-1-212（4）

华西实验区合作社物品供销处璧山分处公函　璧供业字第一七四一号

三十八年九月二十八日

事由：为奉　徐惠夫主任面谕各点函请查照由

奉　阅，缓存，三十八年九月廿三日

1.所有机织合作社之机户一律须承织单布，已贷纱者（并订约盖章者）如不织布送交者及已贷纱而不签约承织者以贴
误单需论罪由供销处查明呈请核办。

2.机织合作社社员及非机织社社员现仍织二四布者，其织
价仍照收至九月底截止，在九月底前设法改织二八
单布，十月起即全收二八布。

3.机织合作社社员织七九布或其布足者，须停工或
单布如当调转剩余交供销处作抵押借贷

华西实验区合作社物品供销处璧山分处公函　9-1-212（4）

5. 二八布及二四布由璧山縣政府[illegible]

出買賣，非社員在未組織生產小組前由璧山縣

政府委託供銷處照所定規格予以收撥。

6. 社員訂約後如再增加機台暫不貸其活週品

紗，如貸週轉紗以每一機台貸一斤為限

7. 凡社員每一機台每月交布至二十疋以上者所交

之布一律按每疋二十八支計算

8. 將所有辦法通知各區輔導員轉知各合作社

社員並由供銷處將全部辦法公佈

等因奉此，除分別通知外，相應函請

查照為荷　此致

機織合作社

主任

副主任

由加強布生產之節約消耗

註：本件於九月三日送達各社查照在案

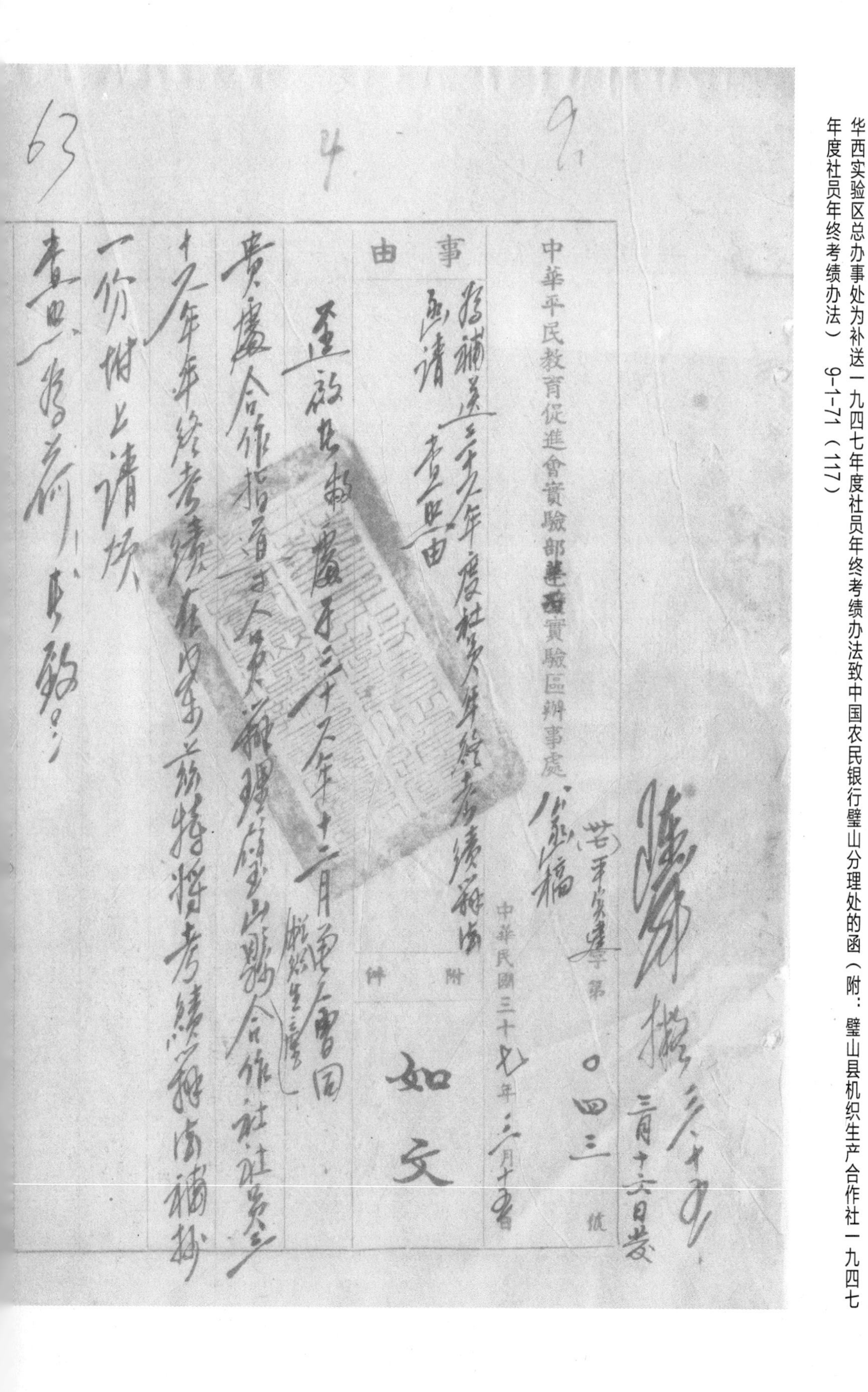

中華平民教育促進會實驗部華西實驗區辦事處 公函稿 平實建字第〇四三號

中華民國三十七年二月十日

事由：為補送三十六年度社員年終考績辦法函請查照由

附件：如文

逕啟者：查貴處于三十六年十二月曾同貴處合作指導員人員辦理璧山縣機織生產合作社社員三十六年年終考績在案，茲特將考績辦法補擬一份附上，請煩查照為荷。此致

华西实验区总办事处为补送一九四七年度社员年终考绩办法致中国农民银行璧山分理处的函（附：璧山县机织生产合作社一九四七年度社员年终考绩办法） 9-1-71（117）

附本處三六年社員年終考績辦法

主任孫

华西实验区总办事处为补送一九四七年度社员年终考绩办法致中国农民银行璧山分理处的函（附：璧山县机织生产合作社一九四七年度社员年终考绩办法） 9-1-71（117）

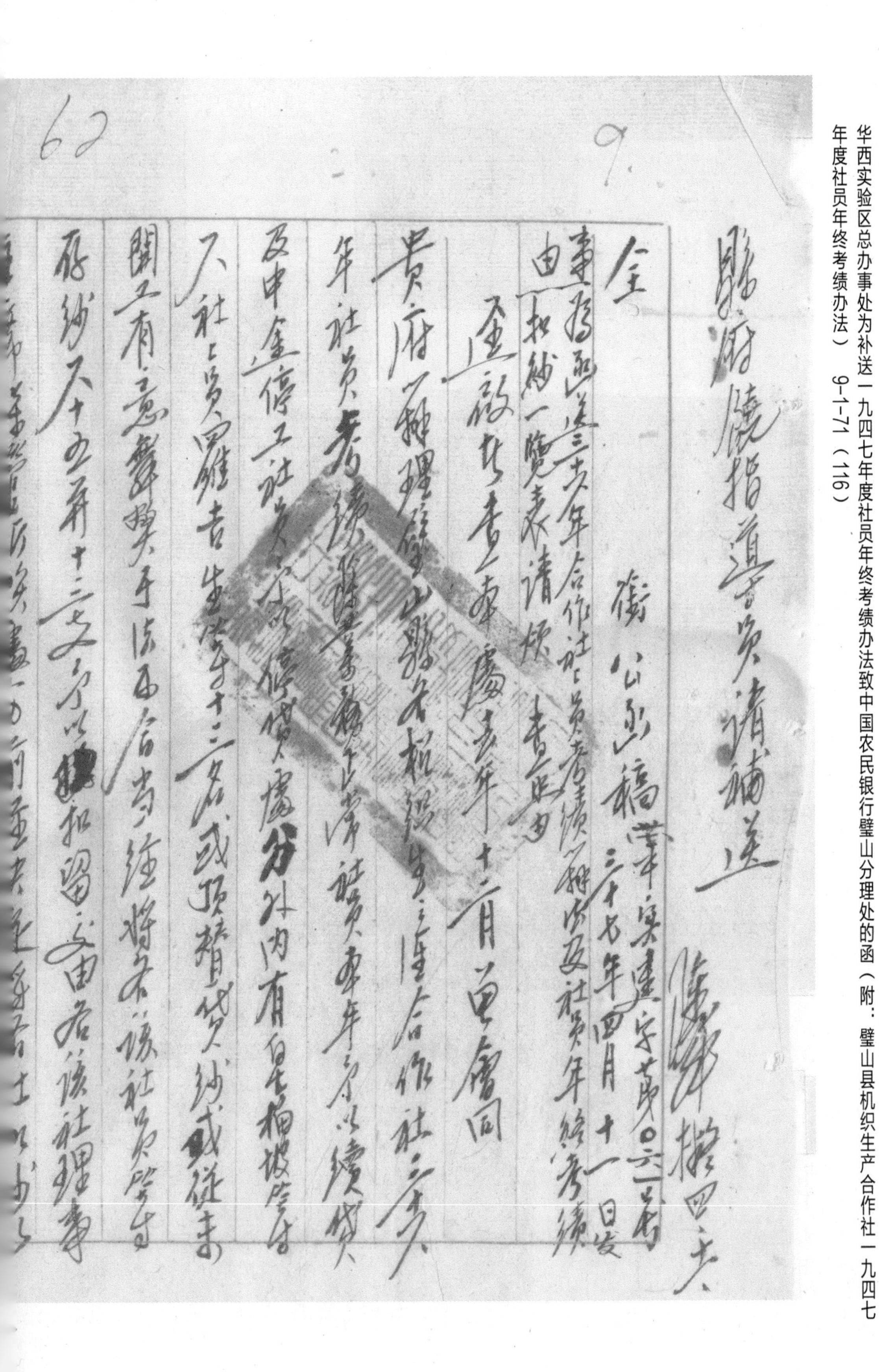

縣府饒指導員請轉送

陳經理 撥四六

全衔 公函稿 業字第[illegible]字第〇六一號 三十七年四月十一日發

事由：函送三十六年合作社社員考績辦法及社員年終考績機織一覽表請核[illegible]

逕啟者：查本處去年十二月曾同

貴府辦理璧山縣各機織生產合作社社員

年社員考績，[illegible]請貴處本年[illegible]

及中鑑停工社員[illegible]貸款分外，內有自[illegible]

入社社員羅雅吉等十二名，或頂替貸紗或從未

開工，有意[illegible]

存紗不十五斤十二支[illegible]由各該社理事

[illegible]

华西实验区总办事处为补送一九四七年度社员年终考绩办法致中国农民银行璧山分理处的函（附：璧山县机织生产合作社一九四七年度社员年终考绩办法） 9-1-71（116）

华西实验区总办事处为补送一九四七年度社员年终考绩办法致中国农民银行璧山分理处的函（附：璧山县机织生产合作社一九四七年度社员年终考绩办法） 9-1-71（116）

一小部分贷予农行借款本息清偿之余全数拨
充县机织生产合作社联合社教育基金。民
通知县联合社转知各社报查，兹特将三十六年考绩办法
及报表一览表各附上一份，函请
贵府查照办理！此致
璧山县政府
附三十六年合作社社员考绩办法及报表
一览表各一份
主任 孙 ○ ○

华西实验区总办事处为补送一九四七年度社员年终考绩办法致中国农民银行璧山分理处的函（附：璧山县机织生产合作社一九四七年度社员年终考绩办法） 9-1-71（118）

64

追缮20份

全衔（璧山县机织生产合作社）三十六年度社员年终考绩办法

一、本社为考核璧山县机织生产合作社社员三十六年度营业成绩起见特订定本办法

二、办理社员年终考绩人员由本社合作事业主管人员及中国农民银行璧山县政府合作指导人员会同办理之

三、考绩时间定于三十六年十二月十五日起至同月卅一日止由主办合作考绩人员分赴各社社员家内实地考核之并记录于考绩表内

四、社员考绩项目定列四项如左（考绩表格式另定之）

（1）贷款经营情形

（2）每月生产数量及全年生产总计

（3）织机台数与开工机台数之比较

（4）存纱存布数量

（5）全年盈利数或损失数

（6）社员有不合规定之情事

（7）其他

五、业务经营良好，生产布足符合规定社员之需，继续予以贷款助其发展

六、社员有违规情形，予一度予以停贷之处分

华西实验区总办事处为补送一九四七年度社员年终考绩办法致中国农民银行璧山分理处的函（附：璧山县机织生产合作社一九四七年度社员年终考绩办法）　9-1-71（119）

华西实验区总办事处为补送一九四七年度社员年终考绩办法致中国农民银行璧山分理处的函（附：璧山县机织生产合作社一九四七年度社员年终考绩办法）　9-1-71（120）

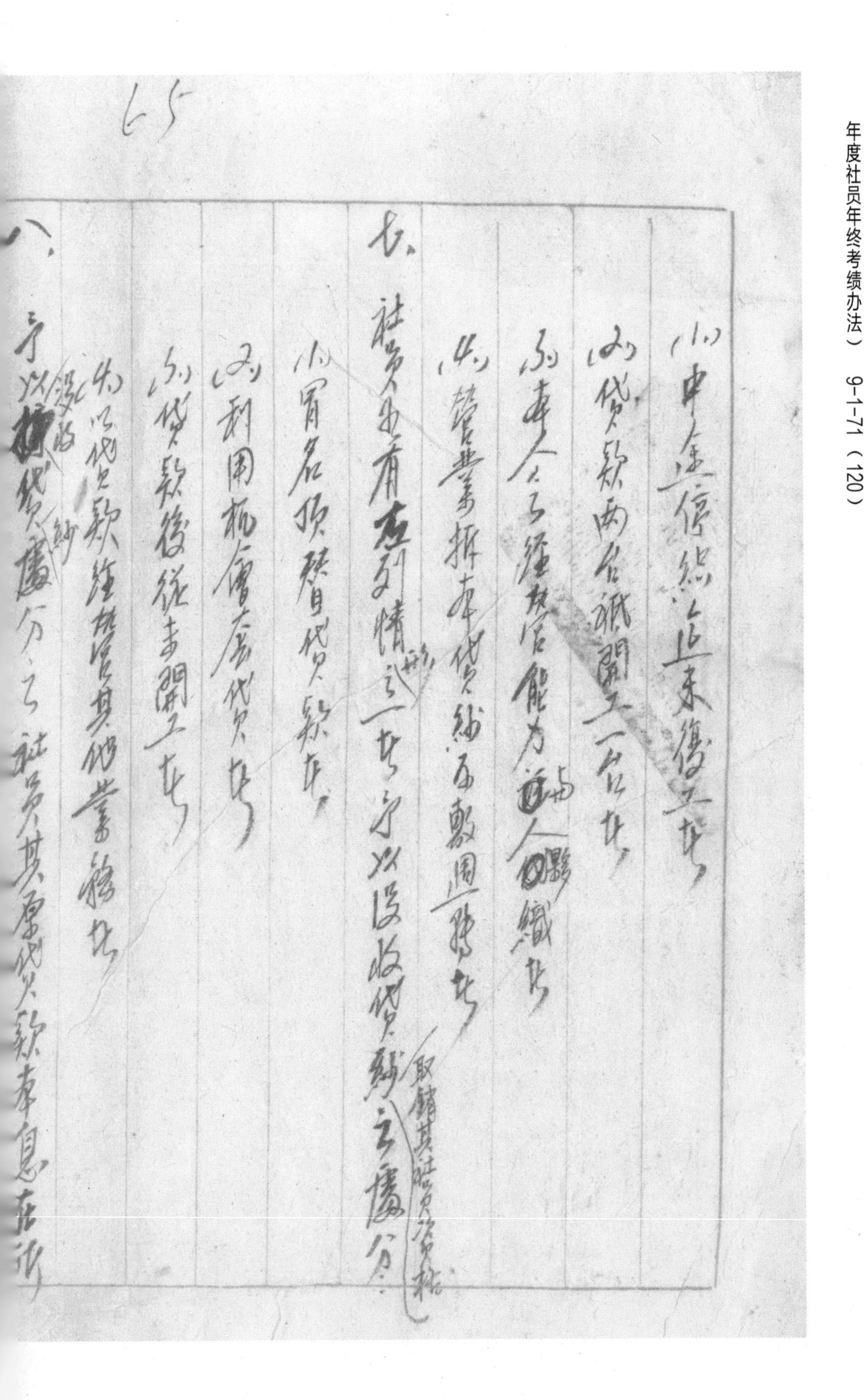

65

(1)中途停織或未繳工者，
(2)貸款兩台祗開工一台者，
(3)本人不經營管能力由人代織者，
(4)營業拆本使貸款不敷周轉者，

七、社員如有左列情形之一者，予以收回貸款之處分（取銷其社員資格）：
(1)冒名頂替貸款者，
(2)利用機會套貸者，
(3)貸款後從未開工者，
(4)以貸款經營其他業務者，

八、予以撤銷貸款處分之社員，其原貸款本息應

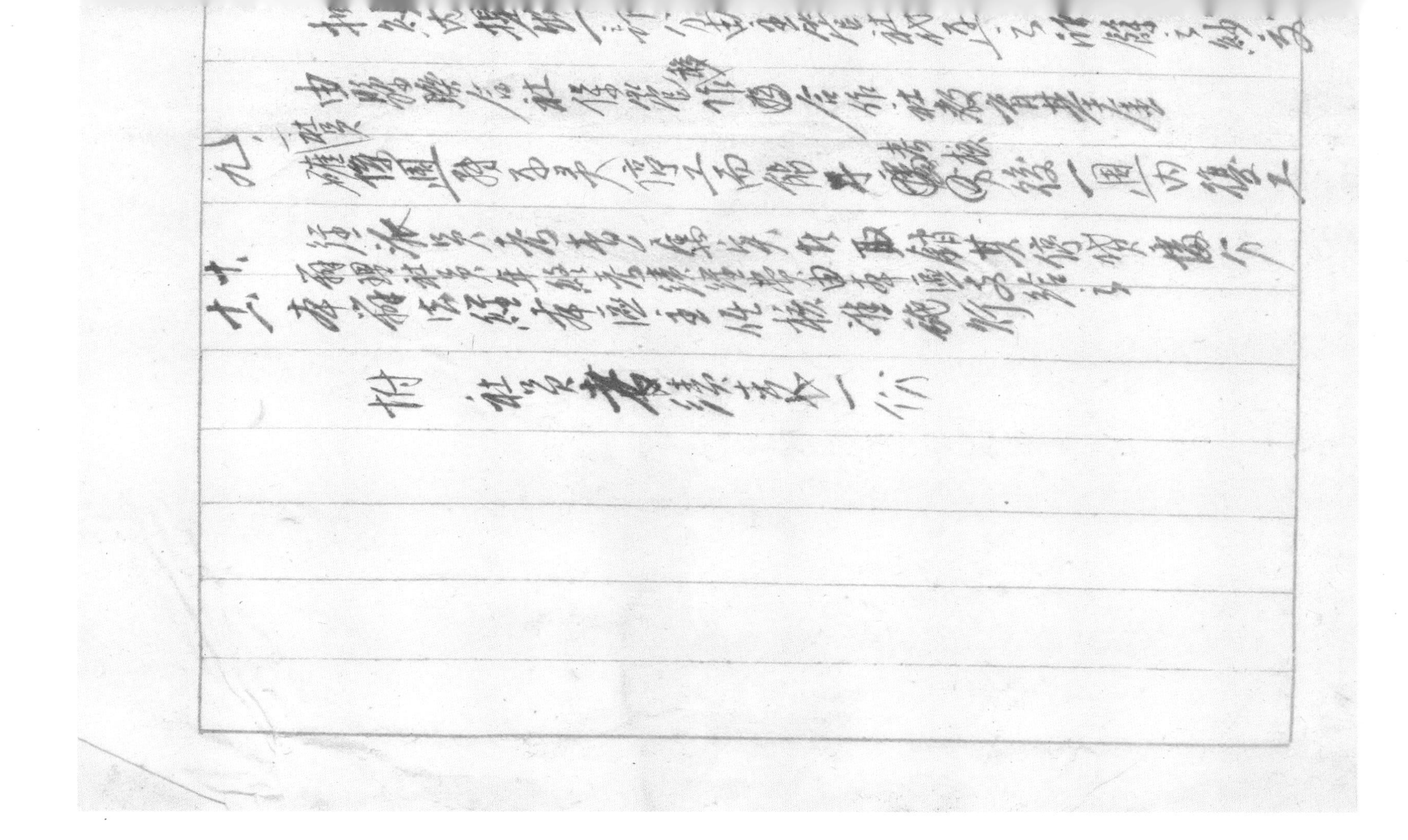
按[illegible]提取一三折分由主管社代存上项[illegible]
由县联合社保管作为合作社教育基金
九、社员确系遇有事故停工而能于考核后一周内复工
十、经派员考查属实者取销其停贷处分
办理社员年终考绩经费由本区予以补助
十一、本办法经本区主任核准施行
附 社员考绩表一份

华西实验区总办事处为补送一九四七年度社员年终考绩办法致中国农民银行璧山分理处的函（附：璧山县机织生产合作社一九四七年度社员年终考绩办法） 9-1-71（121）

51

璧山縣機織生產合作社協辦基本教育校務協進會組織及辦事規則

一、本規則根據璧山縣機織生產合作社協辦基本教育暫行辦法第四條之規定訂定之。

二、各鄉機織生產合作社協辦其業務區域内之國民學校或中心國民學校均應組織校務協進會負責辦理校務協進會冠以各該學校之名稱（如璧山縣城南鄉第九保國民學校校務協進會）。

三、校務協進會之組織除當地合作社理監事為當然委員外應另聘地方教育人士一至二人為委員共同組織之並就委員中互推一人為主任委員一人為會計一人為常務員召集會議及總負出納記賬之責。

四、校務協進會均遵照人民團體之規定列用圖記但須於啟用前將圖模一八分呈報璧山縣政府備查。

璧山县机织生产合作社协办基本教育校务协进会组织及办事规则　9-1-87（51）

璧山县机织生产合作社协办基本教育校务协进会组织及办事规则　9-1-87（51）

六、校務協進會收得社員教育補助費應掣給正式收據。

七、校務協進會對於教育補助費及其他經費之收支情形均應在學期終了時向社員大會報告，並呈報璧山縣政府備查；其應辦理報銷者並應照一般規定辦理之。

八、校務協進會對於校務之一切建議均應於會議決定後以書面通知校長辦理之，委員不得以私人資格干涉校務，必要時得請校長教員出席會議。

九、校務協進會協辦學校之步驟如下：（一）修建校舍（二）充實設備（三）提高教師待遇（四）供給學生書籍（五）發展社會教育（六）購置社田作為興辦教育及其他公益事業之財產。

十、校務協進會如向地方籌募款項須遵守政府之一般規定並專

璧山县机织生产合作社协办基本教育暂行办法 9-1-87（52）

璧山縣機織生產合作社協辦基本教育暫行辦法

一、為發動璧山縣機織生產合作社協辦基本教育以冀達成配合建設鄉村起見特訂定本辦法。

二、璧山縣機織生產合作社（以下簡稱合作社）協辦基本教育除法令另有規定外悉依本辦法辦理之。

三、合作社協辦基本教育暫以各社業務區域內之國民學校或中心國民學校為限。

四、合作社理監事加聘地方教育人士組織校務協進會協辦其業務區域內之國民學校或中心國民學校一所與學校當籌備創立校務協進會組織規則另訂之。

五、合作社協辦之國民學校或中心國民學校校舍須培修或新建至合用程度設備須次第購置至敷用程度其經費來源如左：

璧山县机织生产合作社协办基本教育暂行办法　9-1-87（52）

高其待遇，其經費來源除縣府及縣籌款外由合作社籌款補助之。

七、合作社協辦之國民學校或中心國民學校行政事務由校務協進會對璧山縣政府負責，技術方面接受實驗區之指導。

八、合作社補助協辦之國民學校或中心國民學校經費以合作社教育基金及各社社員所繳教育補助費為限。

九、合作社教育基金及各社社員教育補助費之籌集辦法暫訂如下：

各社社員因消極侵害組織或其他不合法情形照社章及社員考績辦法所規定之罰款悉數繳縣聯社保存生息作為教育基金。

各社社員對每一機台每月負擔米教育補助費五元，按月繳交該社業務區域內之校務協進會保管生息，補助協辦之學校。此項教育補助費並定自三十七年三月份開始收繳。

十、本辦法自三十七年三月份生效，如有未盡事宜由實驗區會同璧山縣政府召集縣聯社負責人以會議修改之。

华西实验区分区设置指导人员辅导璧山机织生产合作事业办法　9-1-87（50）

中華平民教育促進會華西實驗區分區設置指導人員輔導璧山機織生產合作事業辦法

一、本區為加強輔導力量以促進璧山機織生產合作事業之健全發展特訂定分區設置指導人員辦法。

二、凡機織生產合作社發展區域由本區指派專人常川駐鄉負各該鄉機織合作社指導監督之責。

三、駐區指導人員之職權如左：

1、關於合作社社務之督導考核事項。

2、關於合作社業務之指導監督事項。

3、關於合作社貸款之初審及核轉事項。

4、關於合作社帳務記載之指導及稽核事項。

华西实验区分区设置指导人员辅导璧山机织生产合作事业办法　9-1-87（50）

四、駐區指導人員於執行指導業務得列席合作社社務會並得定期召集合作社織社員舉行會議。

五、駐區指導人員每月應將轄區合作社社員生產情形並填報視導報告表一份於下月五日前送本區辦事處備查（視導報告表格式另訂）。

六、機織生產合作社社員每月應填報機織布產銷概況表二份，除以一份留存單位社外，一份送本處備查。單位合作社每月應填報月報表三份，由駐區指導員彙轉填寫並加意見核後於下月五日送本區辦事處並由本區轉送璧山農行及縣政府各一份備查（產銷概況表及合作社月報表格式另訂）。

七、駐區指導人員每月舉行會報一次，由本區召集之，並函請璧山農行及璧山縣政府派員出席共同交換意見。

八、駐區指導人員之旅費及辦公費由本區支給之。

九、本辦法經本區主任核准後施行。

华西实验区合作社物品供销处璧山分处举办机织生产合作社以布易纱业务暂行办法及规格表　9-1-91（44）

華西實驗區合作社物品供銷處璧山分處舉辦機織生產合作社以布易紗業務暫行辦法：

一、華西實驗區所輔設之機織合作社欲以其產品向合作社物品供銷處璧山分處（以下簡稱本處）掉換棉紗時，悉依本辦法之規定辦理

二、布疋之規格應依照本處之規定，否則即拒絕掉換

三、前項規格及每疋易紗數量由本處另行規定

四、各社社員之產品，合作社應照本處所定標準先行檢驗，合格者除於布頭寫明刻蓋社員姓名外，應由檢驗人及理事主席蓋章證明及加蓋合作社檢驗圖戳，不合標準者應即退還社員

五、經檢驗合格之布疋，應將其數量及每疋易紗數量分別填入各社員之手摺內

华西实验区合作社物品供销处璧山分处举办机织生产合作社以布易纱业务暂行办法及规格表　9-1-91（44）

七、各社交布易紗[illegible]經由本處[illegible]送[illegible]不得損傷或錯誤

八、合作社易紗之布須由本處技術股人員檢驗認為合格即填發檢驗憑單向合庫領取棉紗

九、合作社每次以布易紗時其所領棉紗應以其交布收據

十、合作社不得以非社員之產品持向本處易紗

十一、合作社以布易紗後應即將所領得之棉紗轉發社員不得稽延或挪用

十二、合作社以布易紗時一切費用由各社自行籌措

十三、本辦法如有未盡事項得隨時補充修訂之

华西实验区合作社物品供销处璧山分处举办机织生产合作社以布易纱业务暂行办法及规格表 9-1-91（45）

中華平民教育促進會華西實驗區
合作社物品供銷處璧山分處以布換紗規格表 抆字第 號

長度	寬度	經密	緯密
40碼	36吋	62根	60根

備
1.總經數——2232根
2.邊綫——8根
3.重量——12磅
4.長度寬度經緯密度下機後不得少於規定並不得有隙道跳紗斷綫及更換紗支、潮濕等情事
5.每疋布換20支棉紗26支
6.此項規格係與被服總廠首次簽訂以布易紗製造軍布合約為

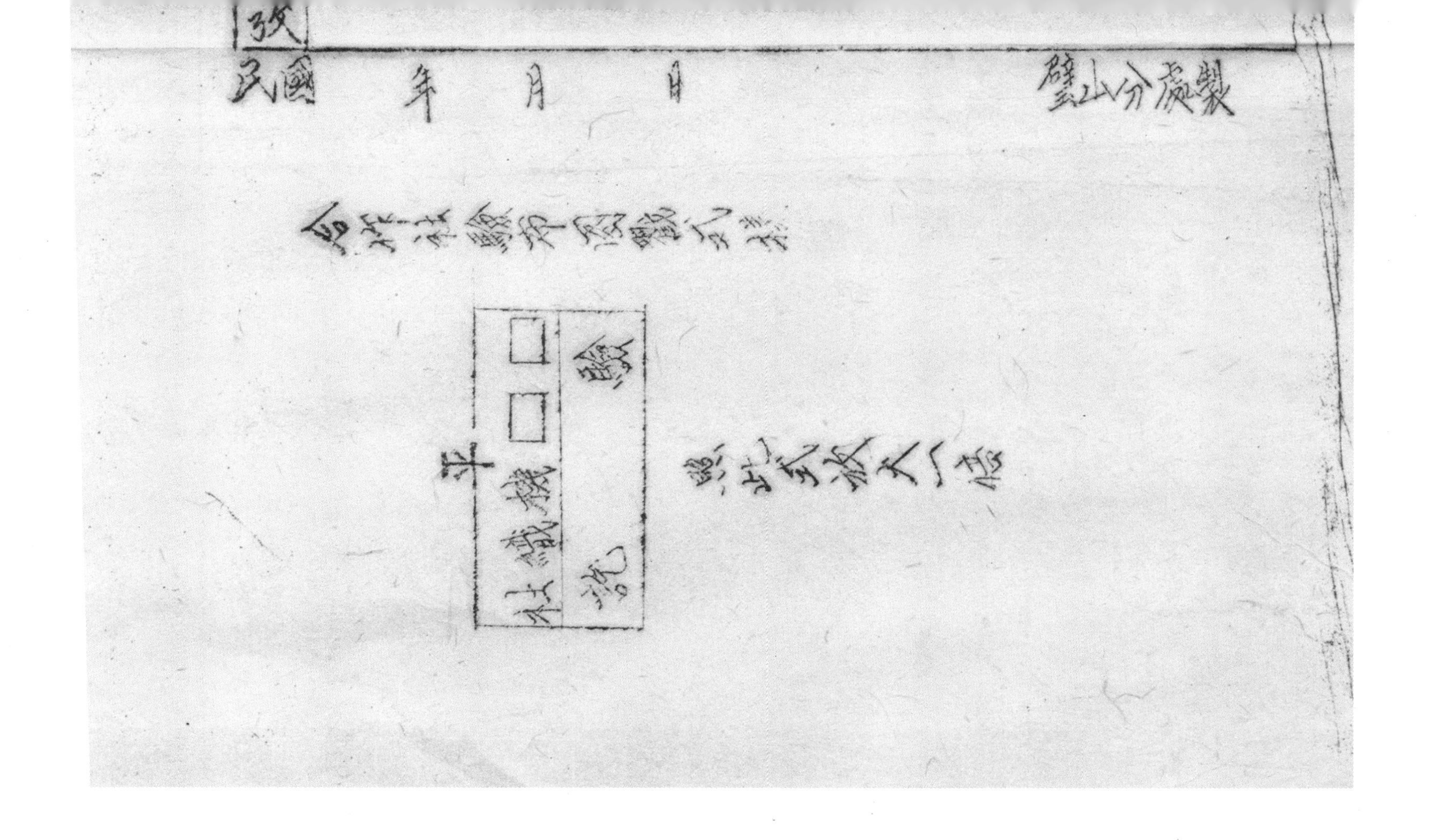

华西实验区合作社物品供销处璧山分处举办机织生产合作社以布易纱业务暂行办法及规格表　9-1-91（45）

华西实验区总办事处为检送机织生产合作社申请借纱处理程序致璧山县政府的函（附：借纱处理程序）（一九四九年五月）

9-1-91（46）

中華平民教育促進會華西實驗區總辦事處 函

平資合字第　號

民國三十八年五月　日

事由：為檢送機織合作社申請借紗處理程序一份希查照由

查各機織合作社貸紗注意事項業經函請查照辦理在案。茲為各社切實明瞭借紗手續起見，特再擬就機織合作社申請借紗處理程序一種，隨函附請查照辦理為荷。此致

璧山縣政府

附借紗處理程序一份

主任 孫則讓

已封發

華西實驗區機織生產合作社申請借紗處理程序

华西实验区总办事处为检送机织生产合作社申请借纱处理程序致璧山县政府的函（附：借纱处理程序）（一九四九年五月）
9-1-91（46）

社員借紗綢數表及合作社職員印鑑紙業務計劃各四份
請由輔導員指導填寫

三、社員請求借紗須先向合作社辦理借據並提出保證再由理監事依照規定將機模担保物品填入申請書担保欄內再將全部申請書表備文送輔導區辦事處

四、輔導區辦事處收到合作社申請借紗各項書表後應交由負責指導該社之輔導員切實調查審核並簽註具体意見再由區主任核校簽註後備文送總辦事處

五、總辦事處收到輔導區辦事處移送之合作社申請借紗書表後即簽註意見備文轉送農行核貸於必要時總辦事處或農行派員複查核再行核貸

六、合作社借紗書表經農行核定貸放後即由農行於三日內填發核准撥紗通知書二份連同借據備紗申請書及綢數表送借紗合作社

华西实验区总办事处为检送机织生产合作社申请借纱处理程序致璧山县政府的函（附：借纱处理程序）（一九四九年五月）

9-1-91（47）

36

七、合作社接到農行放紗通知書後，應將核定各社員借紗數額於合作社佈告處公告週知，並即選派妥人攜帶通知書、借據、保證物品及合作社圖記、条戳、理監事主席、司庫、經理之私章，前往農行辦理借紗手續。

八、借據經合作社填寫由農行核對無誤時，即將應送縣政府之放紗通知書連同借紗申請書表各一份，交由借紗社轉送當地縣政府合作室存查，並請求於借據上加蓋承認保證人印信後再送還農行，由農行填發出倉通知單向華西實驗區倉庫領紗

十、合作社領得借紗後於規定日期內照納數表所列數額辦繳各社責由總辦事處、輔導區辦事處、農行及縣政府派員會同監繳

十一、總辦事處於接到農行撥發通知書後應即將核准借紗社借紗數量及監繳日期通知區辦事處

十二、本程序自公佈之日起施行。

华西实验区总办事处为检送机织生产合作社申请借纱处理程序致璧山县政府的函（附：借纱处理程序）（一九四九年五月）

9-1-91（47）

华西实验区合作社物品供销处璧山分处收换不合规格布及扣除棉纱办法　9-1-131（187）

華西實驗區合作社物品供銷處璧山分處收換不合規格布及扣除棉紗辦法

一、本處為顧及各機織合作社週轉紗之柔活運用起見特收換不合規格布匹而訂定本辦法

二、各社送交本處經驗布員檢驗不合格者即照本辦法之規定辦理之

三、本處收換不合格之布匹及按原定換紗之標準加以扣除兹規定扣紗標準如左

1.長度　每匹短二寸至三寸者扣紗二排三寸至五寸者扣紗四排五寸至八寸者扣紗六排八寸以上者不收

2.寬度　每匹幅寬少三分以内者扣紗二排三分至五分者扣紗五排五分以上者不收

华西实验区合作社物品供销处璧山分处收换不合规格布及扣除棉纱办法　9-1-131（188）

4.緯密：緯密平均每吋在五十九根者扣紗一排，五十八根者扣紗二排，五十七根者扣紗三排，不足五十七根者不收。

四、各社經檢驗後不合規格布疋之復驗工作由本處另覓復驗員辦理。

五、各社不合格之布疋對扣紗數認為不滿意時，即以退布論，可自行處理。

六、各社有連續送交不合格布疋情事經本處通知予以警告後仍不改進者，即收回其所貸週轉紗之一部或全部。

七、本辦法自公布之日施行。

机织合作社的几种产品标准（包括宽布、窄布） 9-1-135（44）

機織合作社幾種產品標準

一、寬布（均採用廿支紗）

甲）二八布 長須足四十碼，寬須足市尺二尺八寸，經密每吋須足63根，緯密每吋須足61根

乙）二四布 長須足二二碼，寬須足市尺二尺四寸，經密每吋須足61根，緯密每吋須足60根。

二、窄布

甲）四、布 寬須足

机织合作社的几种产品标准（包括宽布、窄布） 9-1-135（45）

经密每吋60根，纬密每吋54根，全用廿支纱或十六支纱。

(乙)大台细布 宽须足旧尺一尺，长须足二十八方尺，重须足二〇两，经纱採用十六支纱，纬纱採用三合细纱。

(丙)大台粗布，宽须足旧尺九寸，长须足二十八方尺，重须足二三两，经纱採用十六支纱，纬纱採用合川粗纱。

华西实验区总办事处为严格办理借贷纱事致璧山各辅导区函　9-1-152（33）

中華平民教育促進會華西實驗區總辦事處代電稿

事由	受文者	年月日	附件	字號
		卅八年六月十一日發		字第四七九號

核判　核稿　擬稿　副本　份送達

华西实验区工作人员为派员核校收纱事呈孙则让的函及华西实验区总办事处关于此事的通知　9-1-152（36）

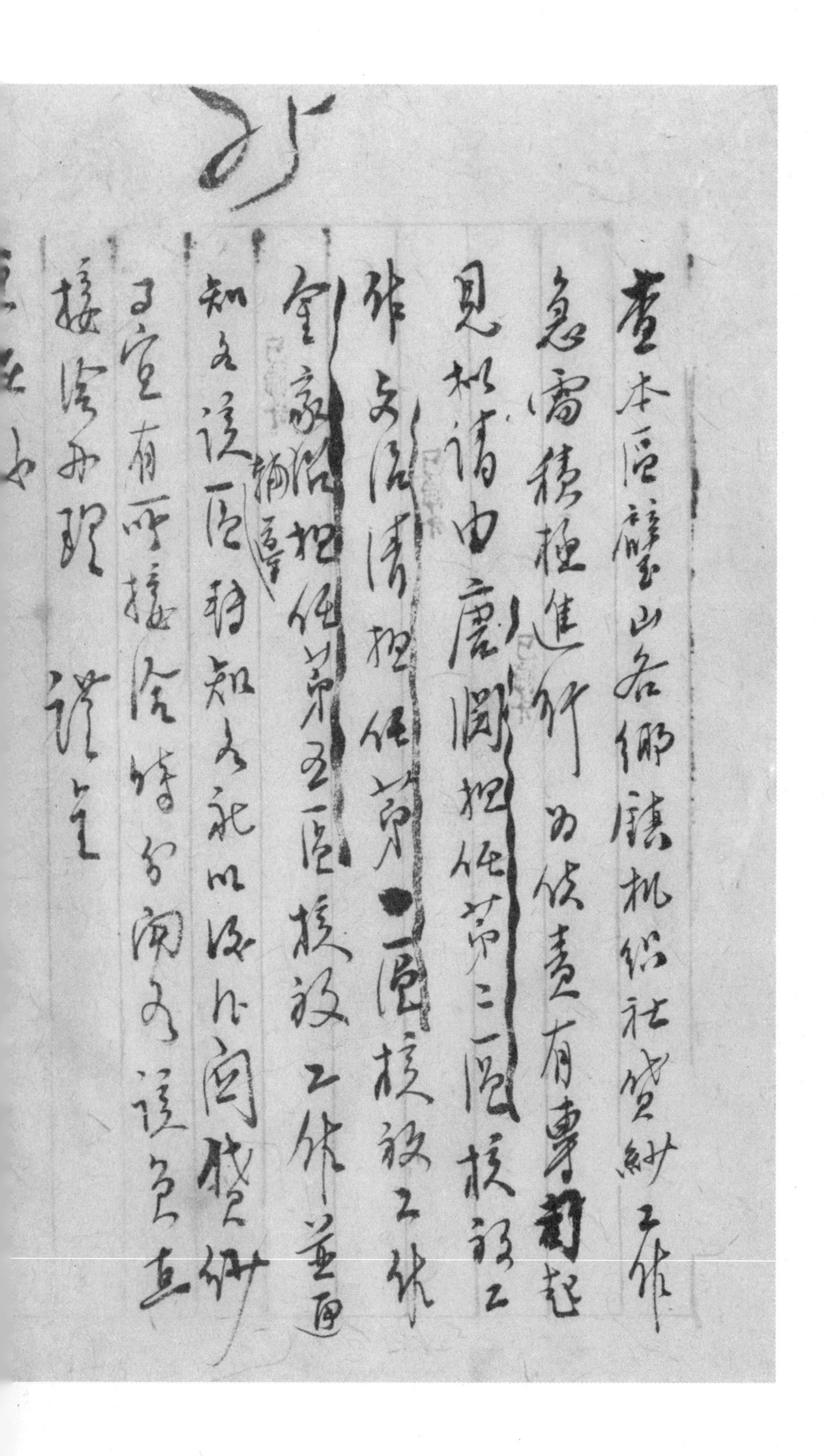
查本区璧山各乡镇机织社贷纱工作
急需积极进行，为使责有专司起
见，拟请由唐润担任第二区核校工作，
张文清担任第一区核校工作，
刘家治担任第五区核校工作，并通
知各该区转知各社以便协同核纱
事宜有所接洽，请分别通知该员等直
接洽办理。
谨呈

华西实验区工作人员为派员核校收纱事呈孙则让的函及华西实验区总办事处关于此事的通知　9-1-152（37）

如蒙核示。

张石臣　李国栋　谨呈

朱伯康先生

华西实验区工作人员为派员核校收纱事呈孙则让的函及华西实验区总办事处关于此事的通知 9-1-152（34）

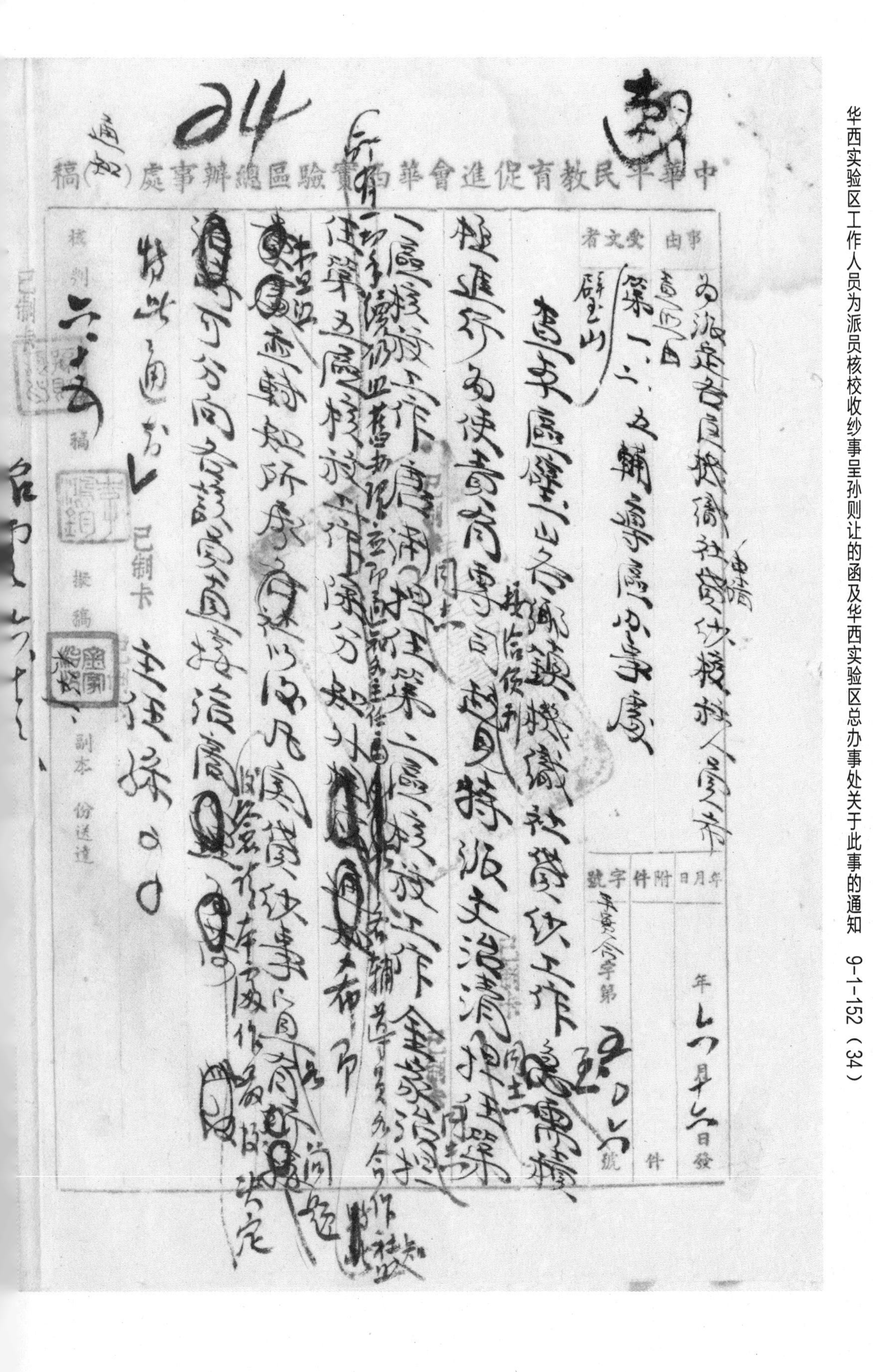
中華平民教育促進會華西實驗區總辦事處（通知）稿

事由 為派定各合作社貸紗校核人員希

受文者 第一、二、五輔導區辦事處

核判 繕稿 校稿 副本 份送達 已制卡

年 月 日發 附件 字號

中国人民银行璧山支行、华西实验区双方关于收回机织生产合作社贷纱本息办法 9-1-196（103）

中国人民银行璧山支行（行方）收回机织生产
中华平民教育促进会华西实验区（区方）
合作社贷纱本息办法

一、行区双方为收回机织生产合作社贷纱本息特订定本办法
二、各社贷纱本息以合作社集中收还为原则但得因事实需要由社员个别交还或同社数人联合交还
三、无论集中收还或个别交还均以（廿）支标准机纱为标准于必要时得应社员要求以成品抵缴成品之品质价格纱量照行区双方协订规格及换纱标准计算
四、收回机纱或成品均由区方合作社物品供销处负责收缴保管并得由行方派员会同检验加盖戳记
五、区方合作社物品供销处收回贷纱本息后即制发清单通知行方并填给收据交偿还人以资证明惟如系个人偿还社员应将此项收据交与所属合作社

中国人民银行璧山支行、华西实验区双方关于收回机织生产合作社贷纱本息办法　9-1-196（103）

七、成品抵償貸紗本息如有超額由區分合作社物品供銷處照其收布辦法找補

八、收回棉紗或成品由區分合作社物品供銷處負責保管但行方每月得提請撥其種類数量照原配貸率比例提取

九、借紗者於全部本息清償後即由區分合作社物品供銷處通知行區兩方發還其借紗合約與抵押品

十、本辦法經行區双方同意後實施

附　抵繳貸紗成品規格與核計標準一表　份

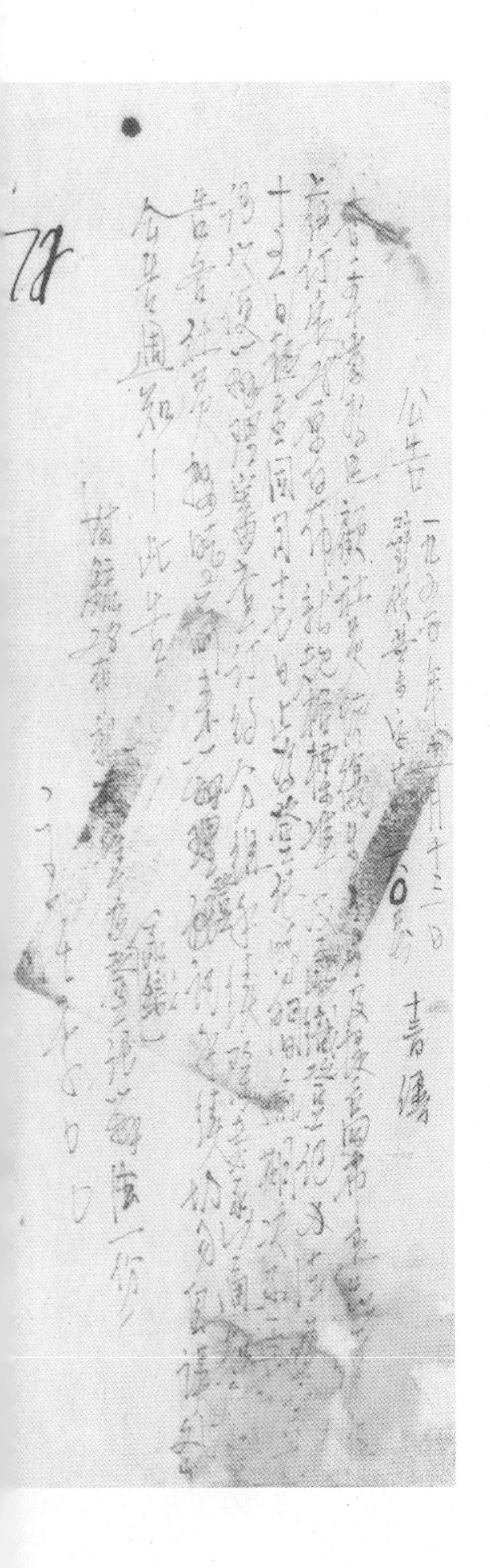

有关恢复生产、提高布尺品质及二八布规格标准、登记办法的公告 9-1-196（102）

华西实验区一九四七年推进璧山县机织生产合作事业报告书 9-1-84（28）

16

中华平民教育促进会华西实验区三十六年推进璧山县机织生产合作事业报告书

华西实验区一九四七年推进璧山县机织生产合作事业报告书 9-1-84（29）

17

中華平民教育促進會華西實驗區三十六年推進璧山縣機織生產合作事業報告書

一 璧山織布業概況

璧山為四川著名產布區域，據織布業公會之統計，全縣有鐵輪織布機約壹萬壹千餘台，木製窄布機三萬餘台，能運用鐵機之熟練技術工人約萬餘人，至於木機織布則為鄉間婦女之主要副業，十四歲以上之青年婦女均有此技能，出品以原白花布及線呢為主，運銷重慶及雲貴川边等地，產品數量因係散佈鄉間，由農民各自尋求市場，故無精密之統計，據調查除木機純織窄布外，鐵機織造原白花布線呢者各佔二分之一，故其產量尚可據此加以估計

木機織布因為婦女之主要副業，且純係利用農閑勞力，每年之作期約為五個

华西实验区一九四七年推进璧山县机织生产合作事业报告书　9-1-84（30）

月每機每月平均出產長四丈八尺寬一尺二寸五之土布三十疋三萬台織機月產九萬疋全年五個月共產四十五萬疋產品總值按當前重慶市價每疋平均按二十三萬元計算約值一千零三十五億元至於鐵機則因部份為農家副業部份為小手工業作坊其農忙時期停工約四個月每年平均可開工八個月計三分之一織機約三百五十台織條白布產品長四十碼寬三十六英寸或長四十碼寬三十二英寸者為主每機每月平均出產十五疋三百五十台織機月產五千二百五十疋全年八個月可產四萬二千疋按每疋平均價八十萬元計算每年條白布之總值為三百三十六億元其三分之一約三百五十台織造花布每機平均每月可出產長三十碼寬三十二英寸之各種花布約三十疋三百五十台織機每月可產壹萬零五百疋八個月共產八萬四千疋按每疋平均價五十萬元計算每年花布之總值為四百二十億

华西实验区一九四七年推进璧山县机织生产合作事业报告书 9-1-84（31）

18

元據現因係合紗之作業每一織機每月平均可出產三十碼長二十二英寸寬之成品二十四疋三百五十台織機八個月共產六萬七千二百疋每疋按平均價六十五萬元計算全年之總值共為四百三十六億八千萬元故全年璧山織布業之總收入共可達二千一百二十六億八千萬元故由於璧山有大量之織布工具及優越之技術條件故抗戰八年期間璧山紡織業曾有輝煌之成就於戰時軍需民用布疋以有力之貢獻但此輩織布農民大都自無資金僅仰賴於軍政部被服廠及花紗布局之發紗收布藉工資收入為生自抗戰結束之後花紗布局結束軍政部被服廠亦停止收布遂相繼被迫停業影響農民生活甚巨。

二、本區推進機織合作事業之經過

本區於去年十月成立後即決定以發展鄉村經濟實施民眾教育為兩

大中心之工作經濟方面則利用合作方式發展各地較具基礎之主要副業於去年十二月中旬先就璧山城南河边來鳳丁家青木各鄉經濟調查發現城南河边為璧山鉄機發達區域且農民所有織機大都停歇亟須予以救濟遂於十二月下旬派員至城南鄉從事該鄉織布業之考察並與該鄉地方自治人員及對紡織事業富有經驗之地方士紳共同商討決定以該鄉之王爺廟及戴家塘兩保試辦機織生產合作社二所並確定組社原則數點：

1、採副業經營方式織布之工作由社員分別於家庭內行之原料之供給其成品之推銷則由單位联合經營以加強合作組織之力量。

2、凡農民自有鉄輪機且能自織者為本社社員其自有機已而無人能

华西实验区一九四七年推进璧山县机织生产合作事业报告书 9-1-84（33）

19

自織者須參酌人數多寡，並需副業收入與其全家勞力足以維持全部織布工作之輔助勞動者（例如攪紗、經紗、絡紗、倒線等），始可為社員，每一社員之機台至多以兩台為限。

3、社員之出品由合作社規定號（標准）與生產品類，以完成產品之標准化與計劃化，並提高其品質以應市場需要。

4、合作事業之推行與民眾教育之推行相配合，發展合作社區域必須推行民教之普遍著有成效者。

根據以上諸原則，於本年一月十日組成王貴廟及戴家塘兩合作社，並於本年二月由本會撥貸款基金伍仟肆佰餘萬元購紗十九件，除每一社員貸予棉紗五斤外，並由兩社共同成立一聯合辦事處，將所餘棉紗

华西实验区一九四七年推进璧山县机织生产合作事业报告书　9-1-84（34）

俾其迅速於本年六月十八日成立各社並從事生產

三、璧山縣機織生產合作事業之擴展

推行之初，由於璧山紡織事業具有優越之技術條件，出品品質頗合市場需要，合作社所自行設計之寶錦牌商標原白布不久即獲市場樹立信用，本區遂以機織合作辦法實有大量推廣之必要，乃於本年四月中擬具計劃，由本區農業生產組[illegible]先生攜至四川農設處，何處長將該計劃轉四聯渝分處，四聯渝分處更發行機具貸助方案，幾度商討，決定貸予保證貸款十億元，抵押貸款十二億元，但按本區所定原則，每一社須貸予補助五千元資款，每一社員所需織機至多亦只兩台為限，業於本年七月該方案經四聯總處批准，本區乃商同農行璧山辦事處王主任

20

開始組社貸款計截至本年十二月三十一日止組成鐵機社十三社，木機社三一社，共社員九二一人，撥出二〇八九〇〇〇元核准貸款社十三社，貸出原料貸款九三八六三〇〇〇元，自三月份起至十二月三十一日止共產長四十碼寬三十六英寸及三十二英寸足原白布三萬二千二百二十五疋，按當前市價每疋平均價一二〇萬元計，又當總值為三百八十六億七千萬元。十二月成立農行璧山特約倉庫辦理抵押貸款，計核准九社，質押布九百五十疋，共貸出押款二八九九〇〇〇元。

本年十月因各單位社業務開展，需有縣級聯合機構以統籌各社供銷業務，遂由本區輔導正式成立璧山機織生產合作社縣聯合社，因過去城南河邊青木等鄉各單位社業務係由各鄉單位社共同設立一聯合辦事處辦理原料之供應及成品之運銷，自縣聯合社成立後即改為營業處，由縣聯社派人員辦

华西实验区一九四七年推进璧山县机织生产合作事业报告书 9-1-84（36）

聯及通過擬發合作貸款之辦法合作社社員大會通過之日起放款後實施之聯合辦事處檢查執行，但此係分鄉辦理，鄉與鄉間尚無密切之聯繫，且聯合辦事處之組織為臨時權宜之計，為加強合作組織之力量，適應需要，當前急需要機織社之聯合組織，遂於十月二十三日正式成立，現正積極展開業務中。

四、機織社貸款之效果

本年機織合作事業推行以來，其顯著之成效約有下述數點：

1、本年上期全璧山縣之城南河邊青木來鳳四鄉試辦民教，計設講習處三六六處，動員導生五四四人，畢業民眾共七二六一人，後由於機織合作社之配合組設，乃引起地方機關及民眾之教育興趣，縣參議會第一次大會通過璧山縣地方教育三年計劃大綱，並請縣府執行，縣府乃邀請各方面

华西实验区一九四七年推进璧山县机织生产合作事业报告书 9-1-84（37）

21

人士組織之三年計劃推行委員會負責劃進行後，於參議會第七次大會通過普設民教主任，全縣推行民教及機會合三千餘名作為民教主任會等業民教工作另進至一新的階段。本年十月甄選民教主任二六〇人，廣即設班訓練，訓練期間除注意教育課程之講授外，並加授合作法規、合作經營、合作金融、合作社之組織與登記等課程，使民教人員明瞭合作社之意義及辦法，為合作事業儲備人材。璧山全縣劃二六〇個學區，設民教主任二六〇人，第一期設傳習處三千處，動員導生約六千人，入學民眾總計七萬人，以表冊不齊，尚無精確統計，但民教工作之推行，全縣實為合作事業配合推行之必要與意義。

2. 由於機織合作事業之發展，使社員及其眷屬有二〇六〇人得到職業，並有

3、機織社貸出原料貸款九億三千八百六十八萬三千元配於五七六個機合每
機貸紗五斤共合七十一件零三十斤按當前市價每件三千六百萬元
計之約合國幣二十五億八千三百萬元即因原料漲價而九社員獲得
盈利達拾陸億四千四百三十八萬七千元每社員約獲利二百七十餘萬
元。

4、自本年三月一日起至十二月三十一日止共產布三六、二三五足按當前市價每
足長四十碼寬三十六英寸之原白布需棉紗二十四支八合國幣一二〇萬元每
足布需織工二個需國幣二〇萬元雜工三個（包括整經紡緯）需國幣二〇
萬元漿粉及機具折耗需國幣壹萬二千元整理費運費及資本子金

22

萬國幣二萬元則每匹布實需成本二一九〇〇〇元以目前布價一二五萬或一二六萬元出售尚有盈餘四萬至六萬元倘以四萬元為全年度出品之平均利潤則三三二五匹成品共可獲利壹拾叁億捌仟玖佰萬元再各社原料貸款定期為六個月歸還若以貸款之五七六機台預計其全期六個月之布匹生產量則每一機台一月可織長四十碼寬三十六英寸之原白布一十五匹計算全期可產布五一八四〇匹平均每布一匹以得之資勞力淨盈壽洋八萬元估計共可得本期貸款增產盈利四一四七二〇〇〇〇元。

五、本區對於機織生產合作社之輔導情形

本區對於機織合作社之輔導除由各保校民教部主任負責輔導各單位合作社之責外並由本區設置經濟輔導人員會同縣府合作指導

[illegible]

為每個指導分區設置合作指導人員並擬由本區會同農民銀行着派縣聯社會計一人以增強對縣級聯合社業務之監督並擬配合農民銀行璧山分理處及縣聯合指導室組織一合作訓練委員會以灌輸社員合作知識提高一般社員對合作事業之認識與信念並培養合作實務人才以健全合作社社務與業務經營上之基本幹部為使該項組織為一富有繼續之教育與指導機構計特擬具本區合作訓練計劃為實現該計劃於本年十月二十八日開始調訓城南八社河邊兩社青木一社之理事主席為期十日同時調訓十三社會計為期十五日農民銀行及璧山縣政府合作指導室從事合作社年終考績以檢討過去業務將來並協

23

辦各社年度結算動員督導人員八人赴河邊等三鄉費時二週計考核金鼓灘等一十三社社員四百三十九人除各社有一二社員因對不敷週轉及市場滯銷發生特殊困難當予以分別指示改進外一般成績均屬優良而各社正籌劃明年業務之擴發璧山機織合作事業正欣欣向榮展望前途非常樂觀。

华西实验区一九四七年推进璧山县机织生产合作事业报告书　9-1-84（41）

华西实验区推进璧山县机织生产合作事业概况书（一九四八年四月一日编） 9-1-77（36）

24

中華平民教育促進會華西實驗區推進璧山縣機織生產合作事業概況書（卅七年四月一日）

一、璧山織布業概況

璧山為四川著名產布區域，據織布業公會之統計，全縣有鐵輪織布機約壹萬壹千餘台，木製織布機三萬餘台，能運用鐵機之熟練技術之人約萬餘人，至於木機織布，則為鄉間婦女之主要副業，十四歲以上之青年婦女均有此技能。出品以原白花布及線呢為主，運銷重慶及雲貴、川邊、西北等地，產品數量因係散佈鄉間，由農民各自尋求市場，故無精密之統計，據稱除木機純織布外，鐵機織造原白花布、線呢者各佔三分之一，故其產量尚可據此加以估計。

木機織布因為婦女之主要副業，且純係利用農閒勞力，每年工作期約為五個月，每機每月平均出產長四丈八尺寬一尺二寸之土布三十疋，三萬台織機月產九萬疋，全年五個月共產四十五萬疋，產品總值按當前重慶市價每疋平

华西实验区推进璧山县机织生产合作事业概况书（一九四八年四月一日编） 9-1-77（37）

業者收益小手工業佔以業收入真值之為五個月每年平均可開工六個月
以三分之一織機約三百五十六織原白布產品以長四十碼寬三十六英寸或長四
十碼寬三十二英寸者為主每機每月平均出產十五疋三百五十六織機月產五
千二百五十疋全年八個月可產四萬二千疋按每疋平均價八十萬元計之每年原白
布之總價為三百三十六億元以三分之一約三百五十六織造花布每機平均每月
可出產長三十碼寬三十二英寸之各種花布約三十疋三百五十六織機每月
可產壹萬零五百疋八個月共產八萬四千疋按每疋平均價五十萬元計算每
年花布之總價為四百二十億元綠呢因係合紗之作較繁每一織機每月平均
可出產三十碼長三十二英寸寬之成品二十四疋三百五十六織機八個月共產六
萬七千二百八十疋每疋按平均價六十五萬元計算其全年之總價共為四百三十六億
八千萬元故全年璧山織布業之總收入共可達二千二百六十七億八千萬元故由
於璧山有大量之織布工具及優越之技術條件經抗戰八年期間璧山紡織

25

事業尚有輝煌之成績於戰時軍需民用布疋以有力供獻但此輩織布農民大都自無資金僅仰賴於軍政部被服廠發花紗布局之發紗收布藉之資收入為生自抗戰結束之後花紗布局結束軍政部被服廠亦停止放布遂相繼被迫停業影響農民生活至巨。

二、本區推進機織合作事業之經過

本區於三十五年十月成立後即決定以發展鄉村經濟實施民眾教育為兩大中心工作經濟方面則利用合作方式發展各地較具基礎之主要副業於同年十二月中旬先就璧山城南河邊來鳳丁家青木五鄉經濟調查發現城南河邊為璧山鐵機發達區域來鳳丁家為木機發達區域且農民所有織機大都停業亟須予以救濟遂於十二月下旬派員至城南鄉從事該鄉織布業之考察並與該鄉地方自治人員及對於織布事業富有經驗之地方士紳共同商討決定[illegible]

华西实验区推进璧山县机织生产合作社事业概况书（一九四八年四月一日编） 9-1-77（39）

組織社原則要點：

1、採副業經營方式織布之作由社員分别於家庭内行之原料之供給與成品之推銷則由單位聯合經營以加強合作組織之力量。

2、凡農民自有鐵輪機且能自織者為基本社員其自有機而無人能自織者須家屬人口較多並需副業救濟且其全家勞力足以維持全部織布工作之輔助勞動者（例如漿紗經紗絡紗倒紗等）始可為社員每一社員之機台至多以兩台為限。

3、社員之出品由合作社規定統一標準與生產品類以完成產品之標準化與計劃化並提高其品質以應市場需要。

4、合作事業之推行與民衆教育之推行相配合啟發合作社組織必須推行民教已着著成效者

根據以上諸原則於三十六年一月十日組成來皇廟及盛家溝兩合作社

26

並於同年二月由本會撥給貸款基金伍仟肆佰餘萬元購紗十九件除每一社員貸予棉紗五件外並由兩社共同成立一聯合辦事處將所餘棉紗供其週轉於同年二月二十八日核放三月十日各社遂有生產品應市。

三、璧山縣機織生產合作事業之擴展

推行之初由於璧山紡織事業具有優越之技術條件出品品質頗合市場需要合作社所自行設計之寶閣牌商標原白布不久即在市場樹立信用本區亦以機織合作辦法值有大量推廣之必要乃於三十六年四月中擬具計劃由本區兼主任孫廉泉先生與四川建設廳何廳長將該計劃商請四聯渝分處交農行擬具貸助方案幾度商討決定貸予原料貸款十億元抵押貸款十二億元仍按本區所定原則每一社員貸予棉紗五件之價款每一社員所開織機至多亦以兩台為限嗣同年七月該方案經四聯總處批准本區乃商同農行璧山辦事處王主任月白及王副主任次戚

已制卡

零捌佰玖拾合已核准貸款社十三社貸出原料貸款九三八、六一三、〇〇〇元自三十六年三月份起至本年三月三十一日止共產長四十碼寬三十六英寸及三十二英寸之原白布五萬壹千七百六十疋按目前市價每疋平均價三百九十萬元計其產品總值為二千另一十八億六千四百萬元又於十一月成立農行璧山棉紗倉庫辦理抵押貸款計核准九社進倉布一千二百五十四疋共貸出押款一〇八六、五六〇、〇〇〇元。

去年十月間各單位社業務開展需有縣級聯合機構以統辦各社供銷業務遂由本區輔導正式成立璧山機織生產合作社縣聯合社關過去城南河邊青木等鄉各單位社業務係暫由各鄉單位社共同設立一聯合辦事處關於原料之供應與成品之推銷由聯合辦事處擬訂購貨及售貨辦法訂定承辦紗線及推銷機布各應辦理之出品由合作社社員大會商定出品規格

华西实验区推进璧山县机织生产合作事业概况书（一九四八年四月一日编） 9-1-77（42）

27

及獎懲辦法，並聯合辦事處檢查執行，但此係分鄉辦理，鄉與鄉間尚無密切之聯繫，且聯合辦事處之組織為暫時權宜之計，為加強合作組織之力量，適應當前之需要，機織社之縣聯合組織遂於十月二十三日正式成立，規定積極展開業務，統辦各單位社原料採購、產品運銷，籌設整染廠，使出品精良，爭取市場。

四、機織社貸款之效果

去年機織合作社推行以來，其顯著之成效約有下述數點：

1、去年上期劃璧山縣之城南、河邊、青木、來鳳四鄉試辦民教，計設傳習處三一六處，動員導生五四四人，失業民眾共七一六一人，後由於機織合作社之配合組設，引起地方機關及民眾之教育興趣，縣參議會第六次大會通過璧山縣地方建設三年計劃大綱，送請縣府執行，縣府乃邀請各方面人士組織三年計劃[illegible]

[illegible]

谷三千市石作為民教主任食米等業民教之作乃進至一新的階段去年十月甄選民教主任二六〇人膺即設班訓練訓練期間除注意教育課程之講授外並加授合作法規合作經營合作金融合作社之組織與登記等課程使民教人員明瞭合作社之意義及辦法為合作事業儲備人材頃璧山全縣劃二六〇個學區設民教主任二六〇人第一期設傳習處三千處動員導生約六千人入學民眾預計七萬人以表冊不齊尚無精確之統計但民教之推行全縣實乃合作事業配合推行之功殆無疑義。

2、由於機織合作事業之發展使社員及其家屬有三〇六〇人得到職業並有固定收益以改善其生活。

3、機織社貸出原料貸款九億三千八百六十一萬三千元配於五七六個機合每機織紗五斤共合七十一件零三十斤按目前市價每件壹億壹千五百萬元計五〇約合國幣八十六億五千壹百二十五萬元即除原料源價四三九社員獲得盈利七十叁億壹千弍佰六十叁萬七千元每一社員約獲利壹千陸佰八十餘萬元。

4. 自去年三月一日起至本年三月三十一日止共產布五八、七六〇疋按目前市價每疋長四十碼寬三十六英寸五原白布需棉紗二十五支合國幣三百六十萬元每疋布需織工二個需國幣六萬元雜工三個（包括整經絡紗倒線）需國幣六萬元漿料及機具折耗需國幣三萬六千元整理費運費及資本子金需國幣六萬元則每疋布需成本三八一六、〇〇〇元以目前市價三八八萬或三九〇萬元出售尚有淨盈餘七萬至八萬元倘以七萬元為全年度出品之平均利潤則五一七六疋成品共可獲利叁拾

华西实验区推进璧山县机织生产合作事业概况书（一九四八年四月一日编） 9-1-77（45）

五、本區對於[illegible]

本區對於機織合作社之輔導除由各保校民教部主任負責輔導各單位合作社之責外並由本區設置經濟輔導人員會同縣府合作指導室對各社隨時加以指導並加強對聯合社之指導力量本年度計劃擬大業務區域增組新社分璧山為五個指導分區設置合作指導人員並由本區會同農民銀行並將派縣聯合社會計一人以增強對縣級聯合社業務之監督為配合農民銀行璧山分理處及縣府合作指導室組織合作訓練委員會以灌輸社員合作知識提高一般社員對合作事業之認識與信念並培養合作實務人才以健全合作社社務與業務經營上之基本幹部為使該項組織為一富有繼續之教育與指導機構計特擬具本區合作訓練計劃為實現該計劃於本年十月二十一日開始調訓城南八社河邊四社青木八社之理事主席為期十日同時調訓十三社會計為期十五日農民銀行

华西实验区推进璧山县机织生产合作事业概况书（一九四八年四月一日编） 9-1-77（46）

29

及璧山縣政府合作指導室從事合作社年終考績以檢討過去策勵將來並協辦各社年度結算動員輔導人員八人赴河邊等三鄉費時三週計考核金鼓灘等十三社社員四百三十九人除各社有一二社員因紗不敷週轉及市場滯銷發生特殊困難當予以分別指示改進外一般成績均屬優良而各社現正籌劃本年業務以擴張璧山機織合作事業正欣欣向榮展望前途非常樂觀。

30

…織生產合作社概況表

…認	股　已繳	貸款金額	受惠農民	生產數量	備考
元 …00	1,140,000元	59,500,000元	233	7,735元	
…00	1,290,000	52,540,000	215	7,342	
…00	1,470,000	55,300,000	242	4,770	
…00	1,440,000	54,943,000	144	4,332	
…00	360,000	52,725,000	214	2,707	
…00	475,000	59,850,000	227	3,428	
…00	210,000	47,225,000	205	2,623	
…00	315,000	57,020,000	227	3,453	
…00	1,375,000	83,500,000	282	3,850	
…00	1,455,000	93,520,000	372	4,095	
…00	1,775,000	106,850,000	287	3,906	
…00	1,625,000	131,750,000	276	2,639	
…00	8[illegible]0,000	90,250,000	126	743	
…00					該社尚未織
…00					布社
…00					〃　〃
…00	3,370,000	938,613,000	3060	51,760	

…生產量係截至37年3月31日止各社產品之實際數字……
…係屬人數之總合。

华西实验区推进璧山县机织生产合作事业概况书（一九四八年四月一日编）　9-1-77（48）

社號	社名	社員（機）			
		登記社員	貸款社員	貸有機台	貸款[illegible]
1	玉皇廟機織社	33	33	50	5[illegible]
2	藍家灣〃〃	34	34	48	4[illegible]
3	皂桷坡〃〃	39	38	50	4[illegible]
4	劉家灣〃〃	35	34	48	[illegible]
5	馬鞍山〃〃	72	28	87	[illegible]
6	响水灘〃〃	75	34	115	4[illegible]
7	新房子〃〃	52	23	64	3[illegible]
8	金鼓灘〃〃	63	31	72	4[illegible]
9	明德寺〃〃	47	37	62	5[illegible]
10	馬家院〃〃	52	47	68	[illegible]
11	白鶴林〃〃	54	43	74	5[illegible]
12	養魚池〃〃	40	37	56	5[illegible]
13	青[illegible]〃〃	20	20	20	2[illegible]
14	大青杠樹〃〃	80			
15	桂泉村〃〃	95			
16	黄桷樹〃〃	100			
合計	16社	911	439	1089	57[illegible]

說明：1.大青杠樹等三社尚未開始業務。
2.受惠農民為已貸款及開始業務各社[illegible]

华西实验区推进璧山县机织生产合作事业概况书（一九四八年四月一日编） 9-1-77（49）

31

各月份產量統計表 自36年3月份起至37年3月31日止

…月份	六月份	七月份	八月份	九月份	十月份	十一月份	十二月份	一月份	二月份	三月份	總計
疋	疋	疋	疋	疋	疋	疋	疋	疋	疋	疋	疋
…54	700	547	462	620	682	637	703	716	351	725	7723
…522	670	530	306	583	654	665	642	675	314	681	7342
			[illegible]	686	673	674	669	671	321	680	4770
			219	658	599	610	603	614	303	625	4332
				332	401	420	406	435	216	446	2707
				378	560	571	560	534	250	566	3428
				297	418	415	421	420	231	431	2633
				362	556	562	561	570	264	532	3453
				[illegible]	637	695	699	685	340	699	3890
					720	741	750	756	363	760	4095
					548	736	744	748	372	758	3906
						362	642	653	341	661	2639
								295	146	302	743
…336	1372	1077	1238	4010	6518	7726	7401	7822	3547	7916	57760

…每機貸予棉紗五并八月一日始改由農民銀行貸款

华西实验区推进璧山县机织生产合作事业概况书（一九四八年四月一日编） 9-1-77（50）

璧山縣機織生產合

社號	社名	開工機數	貸款日期	開始生產日期	一月份	二月份
1	玉皇庙機織社	50	第一次36.2.28 第二次36.8.1	36.3.10		
2	藍家塆 〃 〃	48	第一次36.2.28 第二次36.8.1	36.3.10		
3	皂桷树 〃 〃	45	36.8.4	36.8.10		
4	刘家灣 〃 〃	47	36.8.8	36.8.18		
5	[illegible]山 〃 〃	35	36.9.2	36.9.12		
6	响水灘 〃 〃	42	36.9.2	36.9.12		
7	新店子 〃 〃	33	36.9.2	36.9.12		
8	金鼓灘 〃 〃	40	36.9.2	36.9.12		
9	積德堂 〃 〃	50	36.9.18	36.9.28		
10	高家院 〃 〃	56	36.9.20	36.10.1		
11	白鶴林 〃 〃	54	36.9.26	36.10.1		
12	養魚池 〃 〃	50	36.11.7	36.10.5		
13	青[illegible] 〃 〃	20	36.12.7	37.1.4		
合計	13社	576				

說明
1. 每機每月平均生產長40碼寬[illegible]英寸之布
2. 玉皇廟藍家塆兩社自二月二十八日開始業務
3. 七八兩月因值農忙時期故產量較少
4. 三十七年二月時值農曆春節各社工人休假故

华西实验区一九四八年度璧山机织合作事业补充推进计划　9-1-71（138）

74

全衔三十七年度璧山机织合作事业补充推进计划

璧山为纺织事业最发达之区域，本实验区于三十六年拨给基金于璧山城南乡试办机织生产合作社，复承中国农民银行之协助，核准贷款六十二亿，于城南、河边、青木、狮子等乡先后组织铁轮机织社十二社，并于本年[illegible]组织成立璧山县机织生产合作社联合社，以领导其合作社[illegible]社三社之业务经营方式，生产[illegible]工作供全部營業之運用指針以達成實際業務之種種營業方式，並將可省卻龐大之經理費用，以減輕成本。更可以合作組織力量以從事共同運銷加工，並統一完成精密之檢查制度，以完成產品之標準化，提高產品品質。本年度仍請農行予以貸款金之協助，自三十七年九月因前擬具本年合作事業推進計劃送請核貸，惟時逾十月所請貸款尚未能核下，而物價飛漲不已，殊使將來貸款核下不足以應付物價影響，而確能充實舊社，擴組新社，救助農民計劃，特擬就社

华西实验区一九四八年度璧山机织合作事业补充推进计划　9-1-71（140）

業務部份之補充推進計劃及需要款項數額如后：

甲、社務之推進

一、充實舊社：鐵輪機社之本年完成城南、河边、青木鄉等共十二社，貸款開工鐵輪機五十六台，本年度內機社每社增加社員二十人，增開織機三十台，使過去未能入社之農民獲有入社機會，共可增社員二百六十人，增開鐵輪機三百九十台，連原有開工織機共為九百五十六台。

二、增組新社

小[illegible]车布[illegible][illegible]
城南、城西、城中、城北、狮子、福禄以等乡镇经
济调查已完成并富于确实性及民众教育
之推行已著成效故名璧山之四乡当业务区
域组织四社於今月完成之共二十社以每社织机
仍以开五十台计共增开织机一千台
（2）木机织布为璧山农村妇女之主要副业璧
北有良种织机二万台以上运销贵州川陕等
地有其特定市场本年陈季凤乡区组
之西二社可以完成实行撤手丁宗、李凤中兴

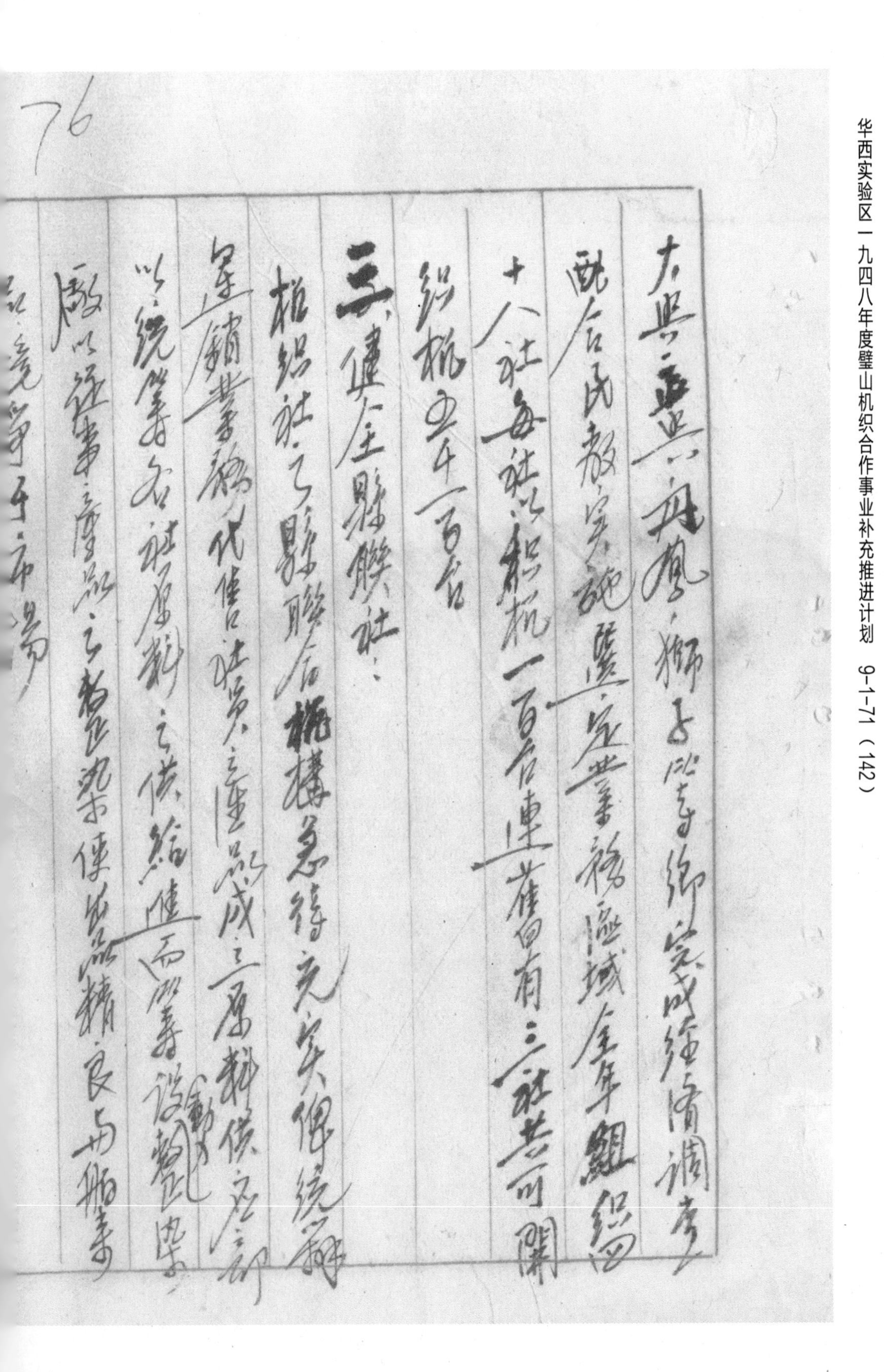
76

大兴、丹凤、狮子等乡完成经济调查，
配合民教实施区定业务区域全年组织
十八社，每社以织机一百台，连旧有三社共可开
织机五千一百台。
三、健全县联社：
指组社之县联合机构，应健全充实使统筹
全销业务，代售社员之产品，成立原料供应部
以统筹各社原料之供给，惟（而）以筹设县联染
厂以统筹产品之整理染整，使产品精良与排等
就竞争市场

华西实验区一九四八年度璧山机织合作事业补充推进计划　9-1-71（142）

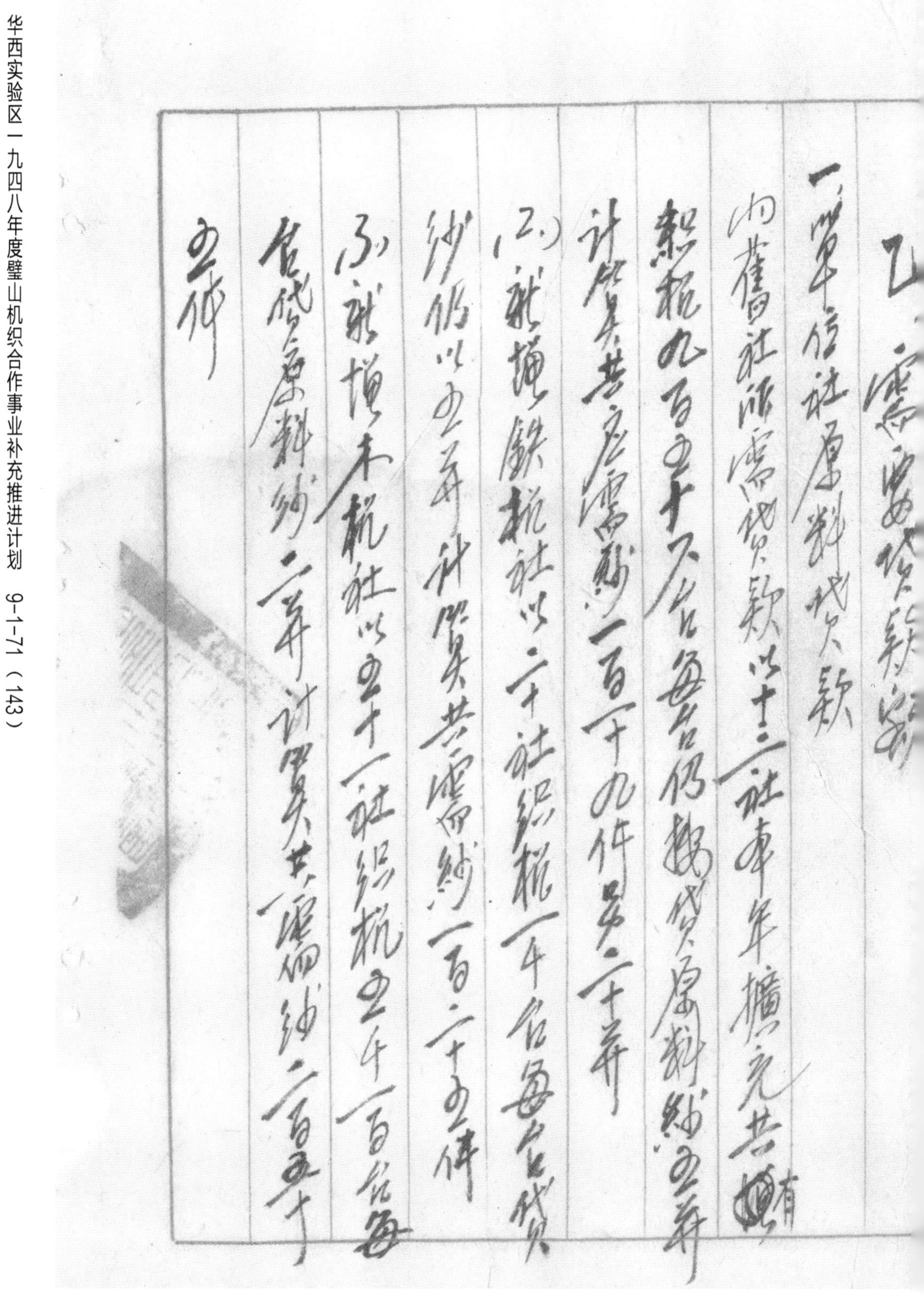

乙、需要贷款数额

一、单位社原料贷款

(1)旧社所需贷款 以十二社本年扩充共有织机九百五十八台每台仍按贷原料纱五斤计贷共应需纱一百十九件另三十斤

(2)就增设铁机社以二十社织机一千台每台贷纱仍以五斤计贷共需纱一百二十五件

(3)就增木机社以五十一社织机五千一百台每台贷原料纱二斤计贷共需纱二百五十五件

华西实验区一九四八年度璧山机织合作事业补充推进计划　9-1-71（143）

华西实验区一九四八年度璧山机织合作事业补充推进计划　9-1-71（144）

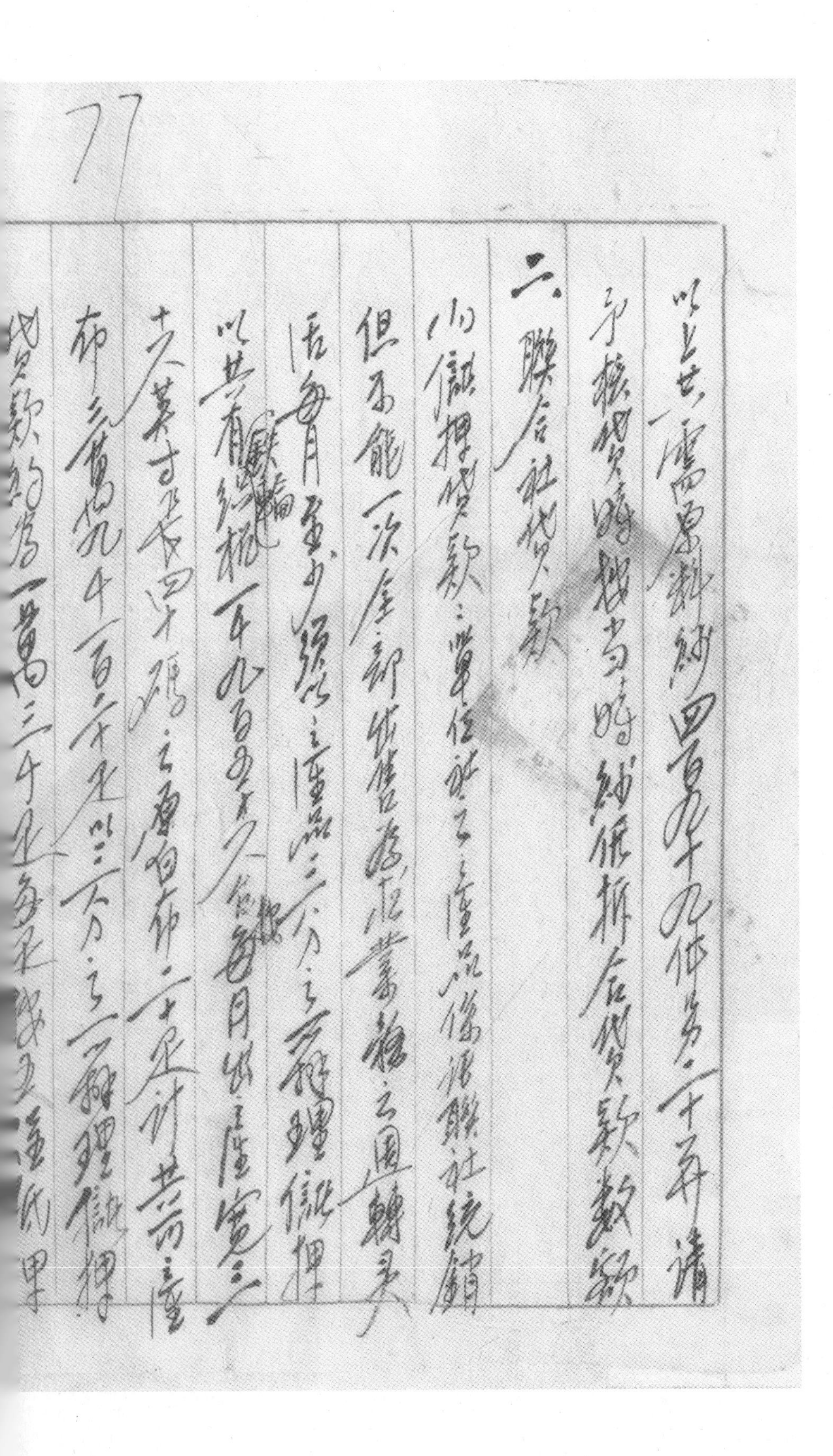

每疋单以纱二十六支计，折拼子……约……十二……

支纱之拼子数量，每一疋需纱二百十一件第十七捆

押借时间以每期三月为限，求市场畅销所押

布匹不致积压之多，抵押期亦不致超过三月，故

希能援贷相当于三百件纱之抵押贷款，

二百件纱之木机借押贷款，即可资周转。

（2）原料供应贷款：联社办理统一加工产销，

社员所需之原料交联社，于昔即需纱从事再生

产；由联社接收社员之产品时，即按原相

当数量之纱或纱折价付社员代货品，请予

华西实验区一九四八年度璧山机织合作事业补充推进计划　9-1-71（145）

华西实验区一九四八年度璧山机织合作事业补充推进计划 9-1-71（146）

78

核贷联社原纱供应贷款（棉纱一百件），俾能准
备各社一月所需（原料）三分之一，以供周转。此项贷款仍
由本区（璧山办事处）负责承保证之责，并由本区存（抵押）
供应部经理
派员驻农行派驻稽核，以资监督贷款之保存。
（5）加工贷款：本年各社加强生产，铁木机约
达每日布匹可达十余万疋，亟宜补助
织工整染设备，进整经新式方法整理之
后，堪以推销美国，此项动力设备由
本区向美国订购手织厂订制及所需
贷款数量由联社拟订计画另行详细筹拟订

中華平民教育促進會
華西實驗區 機織生產合作事業報告書 一九四九年十二月 編

——包括合作社物品供銷處業務概況——

前言

本區經濟建設工作之具体實施係採行合作方式，除一面就廣大農村普遍組設農業生產合作社或因地制宜組設各種副業合作組織外，並就璧山北碚兩地居民舊有之織布業務發動組設機織生產合作社，使散漫織户成為有組織之生產活動，共謀其技術之改進與產品之改良，藉以厚殖民力，達成人民生活之改善。茲就機織生產合作事業之推進經過與經營情形分述如次：

甲 發動組社工作

一九四七年八月初本實驗區在璧山縣城附郭發動推組機織生產合作社，此種合作組織純採副業經營方式，凡屬農民自有織布機及有織布技能者均可為社員，以生產工作分扶助推行以後，頗獲各方好評，璧碚兩地農民亦紛紛請求組社，後得中國農民銀行之協助，社數遂逐漸增多，業務亦日趨擴展，茲就歷年組織概況表列如次

機織生產合作社歷年組織概況

年度	機別	社數	社員户數	機戶數	備註
1947年	鉄機	13	839	1,489	
	木機	3	314	346	
1948年	鉄機	21	1,391	2,115	
	木機	13	1,368	1,534	
1949年	鉄機	42	3,293	4,413	
	木機	44	4,348	4,685	

表列各年數字均為累計數

本區扶助璧碚兩地居民發展機織未[illegible]完成合作化之原[illegible]訓練與推行成果表列如次

璧山北碚兩地居民機織事業現狀表

华西实验区机织生产合作事业报告书（一九四九年十二月编） 9-1-8【1】（116）

	機台總數	[illegible]	[illegible]	[illegible]之機台數	尚待組成合作社之機台數	[illegible]機台數
鐵機	11,240	2,025	8,694	3,292	5,402	521
木機	30,020	15,210	14,810	4,348	10,662	
合計	41,260	17,235	23,504	7,640	16,064	521

本區業已組成機織生產合作社（86）社機台總數如表所列

乙、貸款扶助生產

本區為使各機織社社員均能充分運用其技術勞力從事織造，以增加生產起見，歷年来均採行貸實還實方式實施貸款扶助，所需之資金或由本區直接貸款或與農行配合比例貸款，或由合作社物品供銷處因應業務上之需要，隨時配貸週轉紗線，就歷年貸款情形表列如次

機織生產合作社歷年貸款概況

年度	貸款機關	貸款種類	金額	折合棉紗數	利率	備註
1947年	華西實驗區	原料貸款	54,000,000元	19件	月利[illegible]	
1947年	中國農民銀行	原料貸款	938,613,000元	66.5件	月利[illegible]	
1947年	中國農民銀行	抵押貸款	1,086,560,000元	23.5件	月利[illegible]	

190

[illegible]	合作社供銷處	原料貸放		[illegible]	[illegible]
1949年	中國農民銀行	原料貸放		23件33井	月息[illegible]
1949年	合作社供銷處	抵押貸放		2件24井9丈	無息
1949年	合作社供銷處	週轉貸放		19件12井5丈	無息
1949年	合作社供銷處	預購生活品貸放		17件31井	無息

表列各種貸款之性質分別說明如次

一、原料貸放　貧苦織戶多因無力購買原料紗而經常停業，以致為扶助其達成自力經營之目的特按需要情形貸放原料紗

二、抵押貸放　各社員織戶每因成品滯銷原料週轉不靈而停工本區為維持其再生產隨時得由社員織戶提出担保品申請抵押貸放

三、週轉貸放　各鄉保合作社多無經營資金本處為扶植其建立業務計劃以資示範特举辦週轉貸放

华西实验区机织生产合作事业报告书（一九四九年十二月编）　9-1-8【1】（117）

华西实验区机织生产合作事业报告书（一九四九年十二月编） 9-1-8【1】（118）

四 預購生活品費用貸放 各社員織户與本區簽訂契約承織貨品時為恐物价波動影响生產成本特預先貸給生活品購買費以免社員遭受虧損

丙 建立供銷機構

機織生產合作社在業務經營上之兩大困难一為原料之採購二為成品之推銷各社員每因市場銷路疲滞產品無法脫售原料無從購入以致織機週轉不靈被迫停工雖在合作社聯合機構未健全以前尚無力统籌全局靈活運用乃由本區設立積運合作社物品供銷處於璧山與各社建立供銷關係并延聘專門技術人員研究設計釐定產品規格促進產品標準化同時對各社社員實施紗布交換辦法俾能週轉不息繼續生產自一九四九年建立合作供銷處以來各社業務賴以發揚滋長茲將歷年產銷數量表列如次

機織生產合作社歷年產銷數量統計表

年份	[illegible]	織機數	產量	供銷處集中運銷數量	各社自行運銷量

191

[illegible]	鉄機	[illegible]	[illegible]			[illegible]	渝及陝西
1947年	木機	346	19,760			19,760	川黔
1948年	鉄機	2,115	105,754			105,784	渝及陝西
1948年	木機	1,534	115,050			115,050	川黔
1949年	鉄機	4,413	268,380	40,245	渝	228,135	渝及陝西
1949年	木機	4,685	337,320	18,950	渝	318,370	川黔

一、各年度均有先後新組之合作社其全年開工日數多不一致故一九四七年各社平均只開工四個月一九四八年平均開工六個月一九四八年平均開工六個月

二、鉄機每機每月平均出產長四十碼寬二尺二寸之原白布八疋至十二疋木機每機平均生產長四丈八尺寬一尺二寸之原白布十疋至十五疋

三、一九四九年合作供銷處成立後實施紗布交換辦法並擴大運銷業務對機織生產刺激甚大惟以時期短暫未能達到預定目標尚待繼續努力

华西实验区机织生产合作事业报告书（一九四九年十二月编）　9-1-8【1】（119）

华西实验区机织生产合作事业报告书（一九四九年十二月编） 9-1-8【1】（120）

丁、實施合作教育

合作教育爲合作事業成功之主要因素，本區[illegible]
機織生產合作社社務業務之健全，特分組抽調各[illegible]
事、主席、經理及會計等實務人員灌輸其合作常識，[illegible]
營技能，加強其對事業之認識，並鼓勵其生產熱忱，[illegible]
合作實務人員訓練班分組抽調訓練情形表列如次：

機織生產合作社職員調訓人數統計表

組別	調訓人員		代表社數	訓練起迄日期	備考
	職別	人數			
行政組	理事主席	71	71	1949年4月11日起至同月20日止	訓練經費及受訓人員旅食[illegible]
行政組	經理	71	71	1949年4月11日起至同月20日止	均由本區担負
會計組	會計	71	71	1949年5月1日起至同月20日止	〃
合計		213	71		

肆、

尚須繼續進行以求任務之完成者有下列數端

一、合作供銷處原為調節與援助全區合作業務之總機構以往因時間短促僅與璧碚兩地機織合作組織發生業務聯繫今後除應充實機織部門之供銷業務外尤須逐漸與區屬各地各類合作組織建立合理之供銷關係

二、合作供銷處之業務範圍廣泛繁複頗非己身人力財力所能勝任一切業務活動尤應與政府各種經濟政策相配合並與國營貿易機構取聯繫以期獲得國家資本之提攜挈援助俾能充分發揮合作經濟之效能

三、本區各地各類合作組織日益普遍且多在過去剝社會環境下產生自不免有良莠不齊之情形今後尤當在政府領導下遵照新法令嚴加整頓並儘量以合作供銷處之業務活動引導各社改進其社務以求健全

华西实验区机织生产合作事业进展概况（一九四九年四月一日至六月三十日） 9-1-141（74）

45

華西實驗區機織生產合作事業進展概況

——三十八年四月一日至六月三十日——

本區機織生產合作社之推進，至三十八年三月底已有鐵機社三十三所，已接機戶三四九九戶，木機社三十八所，已接機戶三三二四戶，本年度為求達成預定計劃，一面積極增組新社，截至六月底止，新增鐵機社六所，木機社十八所，社員人數及機戶數均有增加，茲將三月來之進展情形，連同原有組織，表列如次：

三十八年六月底鐵機織生產合作社概況

機別	社數			社員人數			機戶數		
	小計	原有	新增	小計	原有	新增	小計	原有	新增
鐵機	39	33	6	3186	2637	549	4231	3499	732

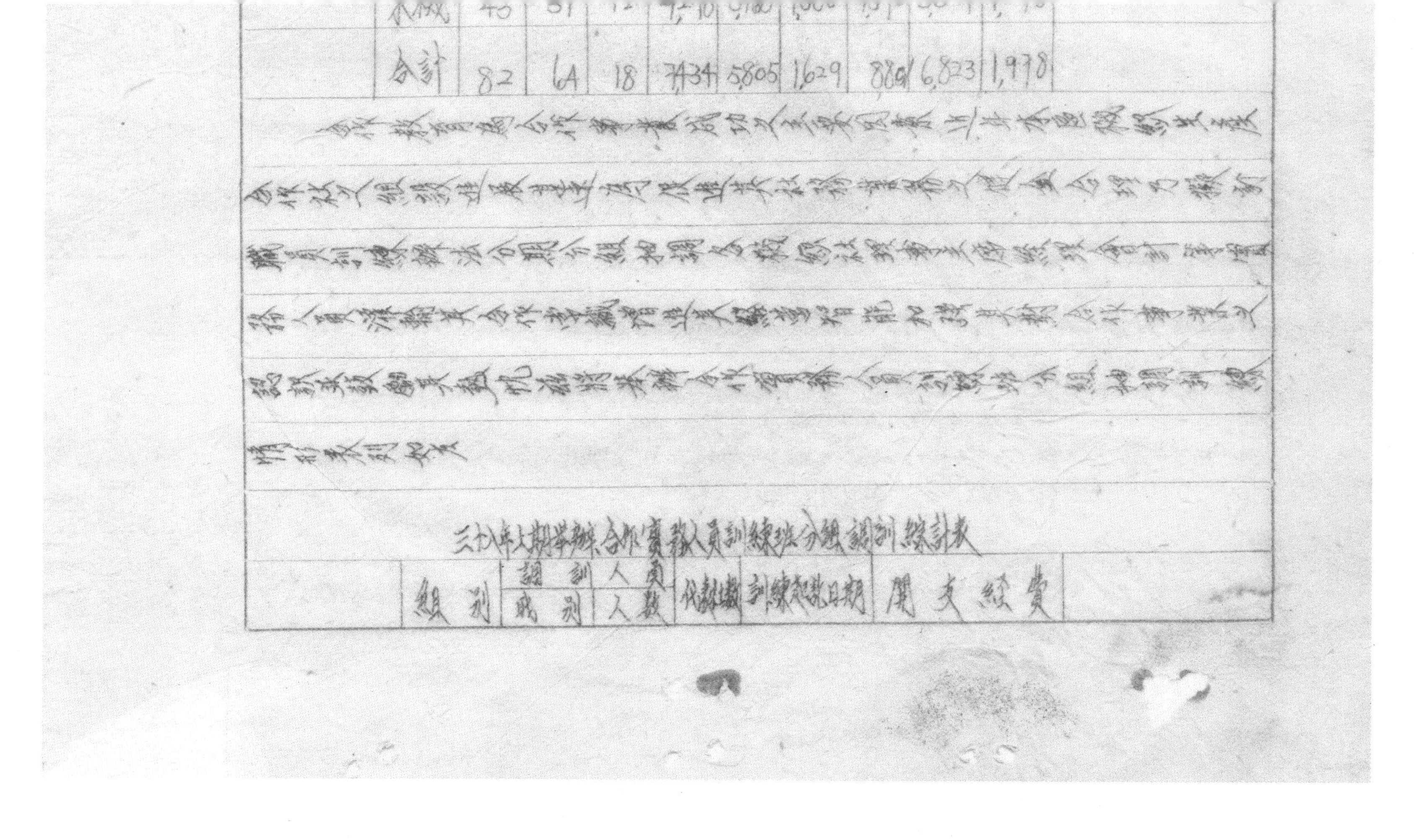

[illegible]	[illegible]	[illegible]	[illegible]	[illegible]	[illegible]	[illegible]	[illegible]	[illegible]	[illegible]
合計	82	64	18	7,434	5,805	1,629	889	6,823	1,978

合作教育為合作事業成功之主要因素，卅八年本區機織生產合作社之組設進展甚速，為促進其社務業務之健全合理，乃擬訂職員訓練辦法，分期分組抽調各機織社理事主席、經理、會計等實務人員，灌輸其合作常識，增進其經營智能，加強其對合作事業之認識，並鼓勵其熱忱，茲將舉辦合作實務人員訓練班分組抽調訓練情形表列如左

三十八年上期舉辦合作實務人員訓練班分組調訓統計表

組別	調訓人員		代表社數	訓練起訖日期	開支經費
	職別	人數			

华西实验区机织生产合作事业进展概况（一九四九年四月一日至六月三十日） 9-1-141（76）

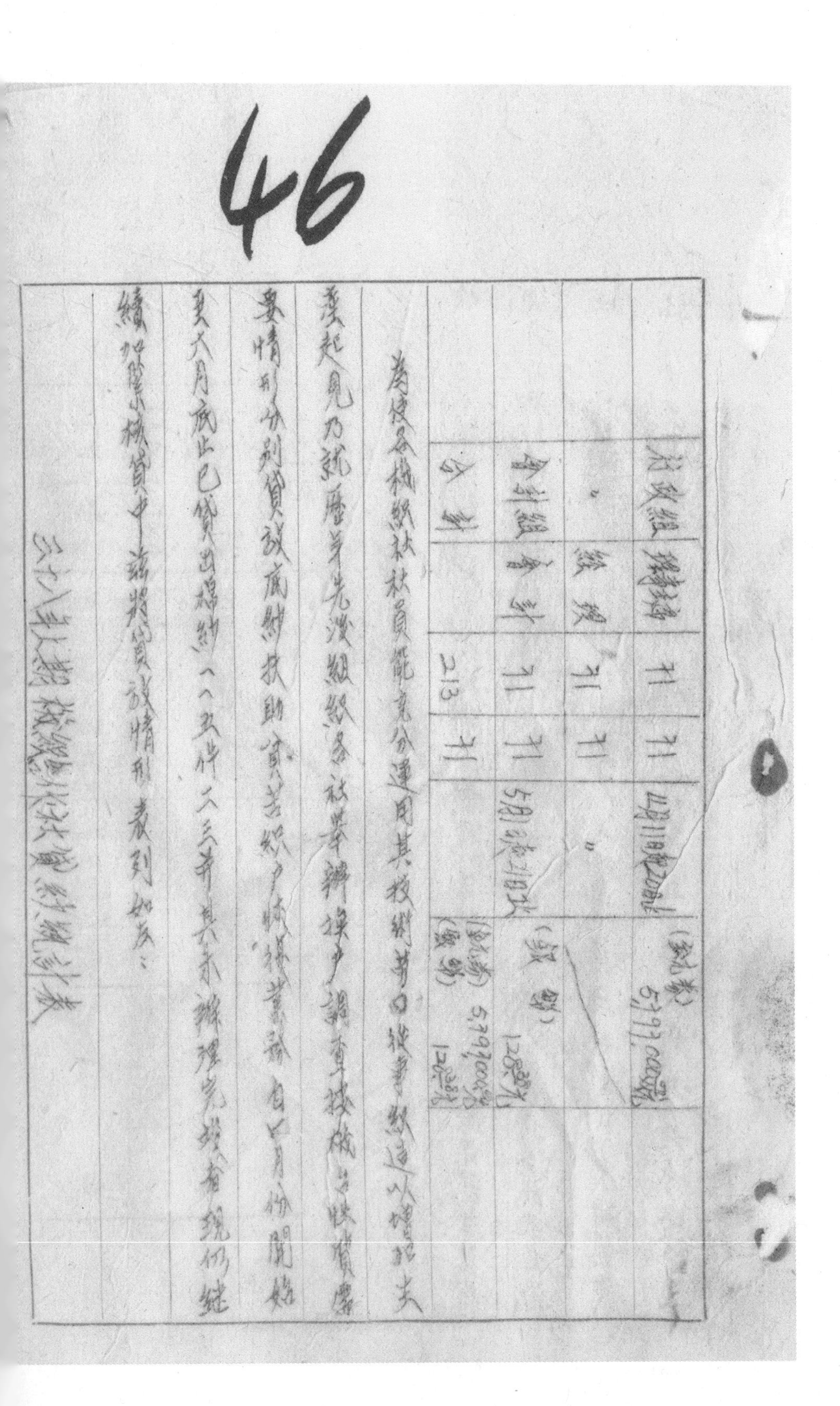

46

府坝组	[illegible]	11	11	4月11日起[illegible]	（[illegible]）5,797,000[illegible]
〃	[illegible]	11	11	〃	（[illegible]）
会計組	会計	11	11	5月[illegible]	128,[illegible]
合計		213	11		（[illegible]）5,797,000[illegible] （[illegible]）128,[illegible]

為使各機織社社員能充分運用其技術節日投資數量以增加生產起見乃就歷年先後組織各社舉辦換戶調查技術與經濟要情形分別貸放底財扶助貧苦織戶棉紗業務自七月份開始至六月底止已貸出棉紗八八支件八三本其未辦理完竣者現仍繼續貸放中茲將貸放情形表列如左：

三十八年上期機織業社貸款統計表

	[illegible]	[illegible]	[illegible]	[illegible]	[illegible]	
	鐵機	982	新式鐵機每台三元 舊式鐵機每台二元	66件另5丈	棉紗每件40丈	
	木機	1938	新舊式木機每台貸紗一丈	49件另18丈	〃	
	合計			115件另23丈		

機器生產合作社在業務推進上之最大困難，一為原料之採購，一為成品之推銷。各社員每因市場銷路疲滯，產品無法脫售而感周轉不靈，被迫停工。在合作社聯合機構未健全以前，尚無法統籌全局供合作社所需原料及合作社所產成品運用營運。本處有鑒於此，乃派定專人輔同聯社建立供銷制度，并延攬專門技術人員研究設計，訂定產品規格，促進各社產品標準化，同時分期實施合作社社

华西实验区机织生产合作事业进展概况（一九四九年四月一日至六月三十日）　9-1-141（77）

华西实验区机织生产合作事业进展概况（一九四九年四月一日至六月三十日） 9-1-141（78）

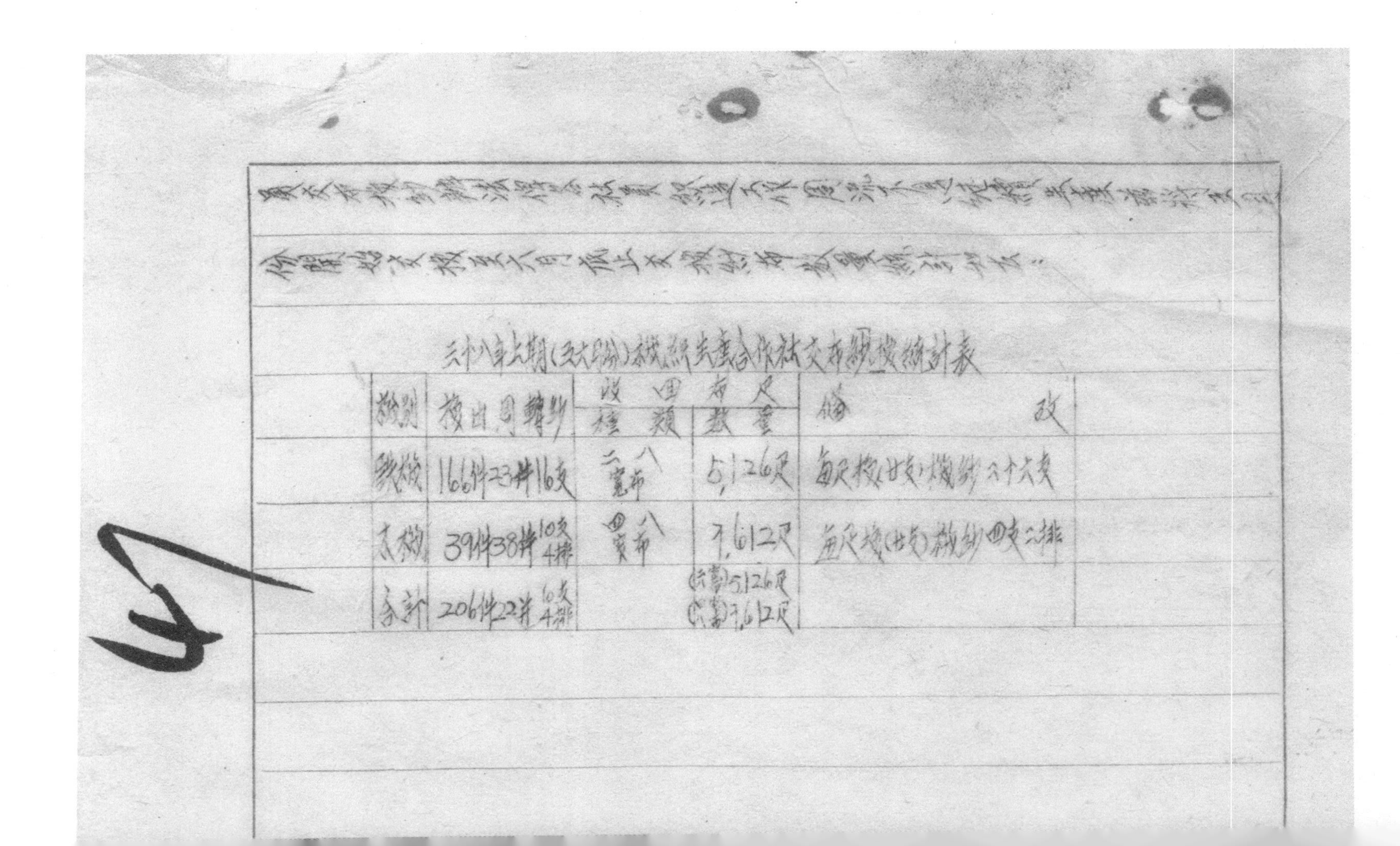

自交布换纱辦法得各社員熱烈[illegible]，遂不限周流不息之继续生产，兹将五六份開始交换至六月底止交换纱布数量統計如左：

三十八年六期（五六月份）机织生产合作社交布换纱統計表

机别	换出回轉纱	收回布尺		備考
		種類	数量	
铁机	166件23把16支	二八宽布	5,126尺	每尺换（廿支）机纱六十六支
木机	39件38把10支4排	四八窄布	7,612尺	每尺换（廿支）机纱四支二排
合计	206件22把6支4排		（宽）5,126尺 （窄）7,612尺	

华西实验区机织生产合作事业进展概况（一九四九年七月一日至同月三十一日） 9-1-141（88）

華西實驗區機織生產合作事業進展概況

——三十八年七月一日至同月三十一日——

本區自舉辦機織生產合作社底紗（織布原料）貸放以來，輔導人員大都集中精力於各社業務上之指導監督和貸放事務之處理，對於新社組設較少，茲就七月份組社情形列表如次：

七月份新組機織生產合作社概況表

機別	社數	社員人數	機台數	備考
鐵機	3	107	242	
木機	1	100	115	
合計	4	[illegible]	[illegible]	

[illegible]

尚有少数合作社因特殊事件（如因主要负责人死亡外出等变动情事）时日未能如期完成，兹将七月份贷放纱量统计如次：

七月份机织生产合作社贷纱统计表

机别	机台数	每一机台贷纱量	贷出棉纱总数	备考
铁机	1638	新社铁机每台三支，旧社铁机每台二支。	104件另16支	棉纱每件40支。
木机	1318	新旧社木机每台均贷一支。	34件另18支	
合计	3016		138件另34支	

本区合作社为求推销产品起见，特于本年办理合作社交布换纱业务，对于各社刺激甚大，各社社员莫不加紧织造，甚为踊跃，兹将七月份交布换纱数量统计

华西实验区机织生产合作事业进展概况（一九四九年七月一日至同月三十一日） 9-1-141（90）

54

七月份機織生產合作社交布換紗統計表

機別	換出周轉紗	收回布尺 種類	收回布尺 數量	備考
鐵機	47件27把11支	六八原白布（疋）	1,413尺	每尺換出支機紗二十七支
鉄機	16件39把5支	六四原白布（疋）	1,045尺	每尺換出支機紗十六支
木機	12件37把13支	四八原白窄布	2,465尺	每尺換出支機紗四支二排
合計	75件24把9支		（寬布）2,458尺 （窄布）2,465尺	

本區合作社物品供銷處為開闢銷路維持再生產起見特將換入
各種布尺分別整理包裝並加美標記暢銷於遂寧廣資等地推銷
其售價均按成本剔算並能達到市場[illegible]

七月份運銷機織生產合作社產品統計表

布類	數量	出售地點	承購機構	備考
六八原白寬布	1,117尺	重慶	承銷何家或合作社	
六四原白寬布	827尺	重慶	承銷何家或合作社	
四八原白寬布	2,780尺	宜賓	承銷何家或合作社	
合計	4,724尺			

华西实验区机织生产合作事业进展概况（一九四九年七月一日至同月三十一日）　9-1-141（91）

华西实验区机织生产合作事业进展概况（一九四九年八月一日至同月三十日） 9-1-148（192）

94

華西實驗區機織生產合作事業進展概況

——三十八年八月一日至同月三十日——

本月份對各社指導工作偏重於業務之發動及社務之整理，故未組設新社，全區機織生產合作社組織現況仍保持上月紀錄列表如次：

三十八年八月底機織生產合作社概況表

機別	社數			社員人數			機台數		
	小計	原有	本月新增	小計	原有	本月新增	小計	原有	本月新增
鐵機		42			3,293			4,473	
木機		44			4,348			4,685	
合計		86			7,641			9,158	

本月份尚有一二社申請貸紗（底紗）仍繼續核放並就八月份

三十八年八月底機織生產合作社貸紗統計表

機别	積貸機台數			每一機台貸紗量	貸出紗數			備考
	小計	前貸	本月新貸		小計	前貸	本月新貸	
鐵機	1,604	1,528	76	新社鐵機每台三斤 舊社鐵機每台二斤	105件另29斤	100件另37斤	4件另32斤	大綑紗每件40斤
木機	2,523	2,437	86	新舊社木機每台均貸一斤	63件另3斤	60件另37斤	2件另6斤	〃
合計	4,127	3,965	162		168件另32斤	161件另34斤	6件另38斤	

本月份合作社物品供銷處仍繼續辦理貸紗換布業務兹就八月份貸紗換布數量連前統計表列如次

三十八年八月底貸出周轉紗與收換布匹數量統計表

機别	換出周轉紗			收回布匹				備考
	小計	原貸出數	新貸出數	種類	小計	原有數	本月新收數	

华西实验区机织生产合作事业进展概况（一九四九年八月一日至同月三十日） 9-1-148（195）（196）

	鉄機	48件1斤18支	309件6斤9支	174件15斤9支	二八宽白原布	14,532	9,365	5,167	每尺貸換(出)支紗約27支
	鉄機	96件另8斤	501件37斤15支	45件10斤5支	二四宽白原布	5,920	3,135	2,785	每尺貸換(出)支紗約13支
	木機	95件32斤3支4牌	65件33斤6支4牌	29件38斤1支	四二窄白原布	17,868	12,542	5,326	每尺貸換(出)支紗約4支5牌
	合計	676件2斤1支4牌	426件18斤另4牌	249件24斤1支		(寬布)20,452 (窄布)17,868	(寬布)12,500 (窄布)12,542	(寬布)7,952 (窄布)5,326	

本月份合作社物品供銷處及各機織社仍繼續辦理運銷業務業銷

八月份運銷數量連前統計表列如次：

三十八年八月底機織生產合作社產銷數量統計表

铁机	2,013	四四宽布	29,540	四六宽布	3,312	重庆	四六宽布	24,375	重庆
木机	4,685	四八窄布	70,275	四八窄布	7,645	重庆资阳	四八窄布	63,420	川黔各地
合计	9,158		(宽布)52,710 (窄布)70,275		(宽布)8,277 (窄布)7,645			(宽布)42,580 (窄布)63,420	

本区为供应国防部联勤总部所需军用布起见与其所辖第一补给区司令部洽订承织二八宽布八万六千尺预订于两个月内完成为争取时间起见除指导各机织社办理承织手续外并积极推动散漫织户扩大军布生产小组共赴事功现正加紧赶办中

华西实验区合作组织机部分进展概况（一九四九年十月一日至同月三十日） 9-1-148（197）

96

華西實驗區合作組織機部份進展概況

——卅八年十月一日至同月三十日——

本月份未設立新社，全區機織生產合作社組織概況仍保持上月紀錄，表列如次：

卅八年十月底止機織生產合作社概況表

機別	社數			社員人數			機數		
	小計	原有	本月新增	小計	原有	本月新增	小計	原有	本月新增
鐵機		42			3293			4473	
木機		44			4348			4685	
合計		86			7641			9158	

本月份底貸款工作暫行停止，全區機織生產合作社已貸貸底

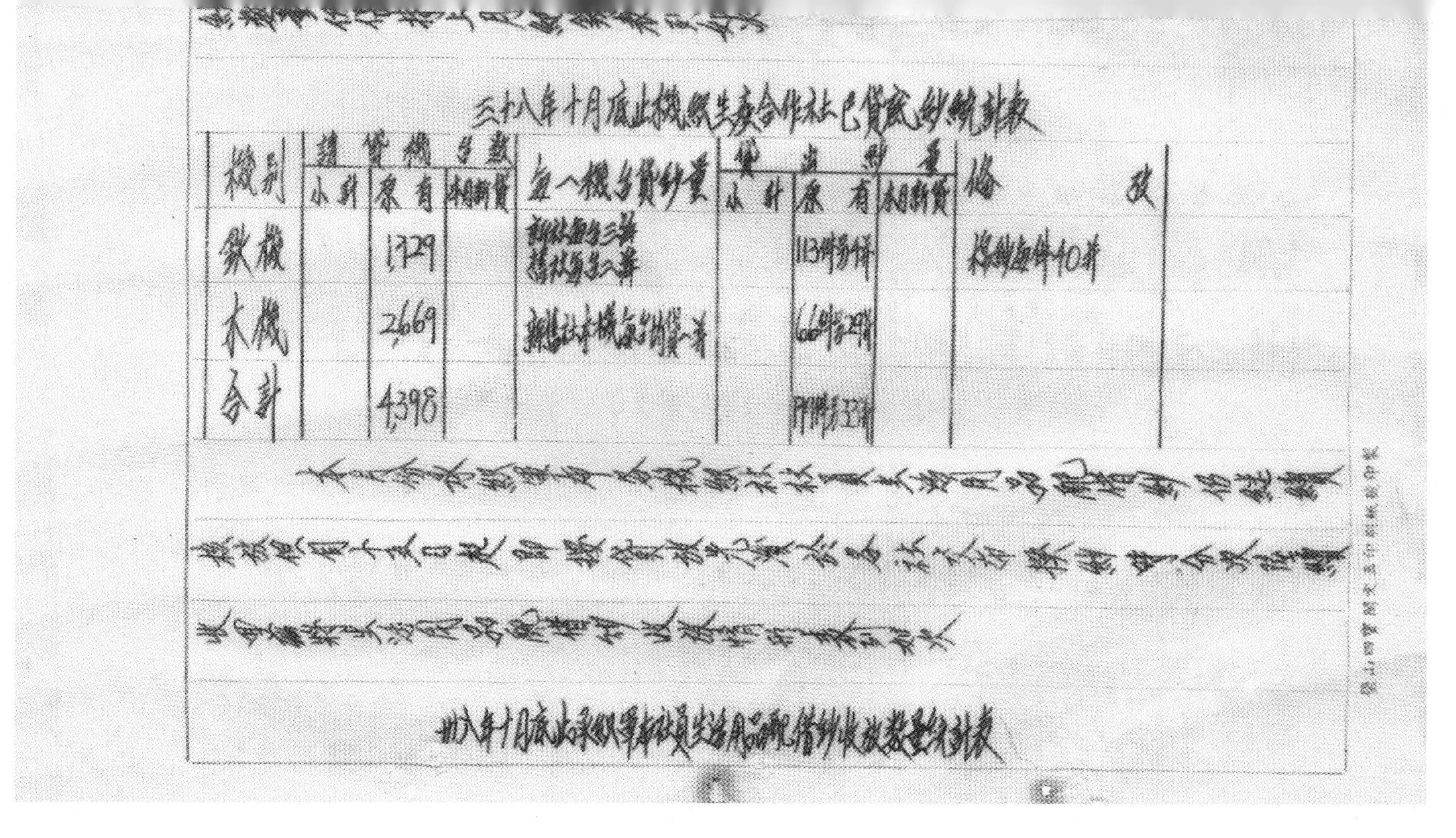

紗數多依借持上月紗繳表列如次

三十八年十月底止機織生產合作社已貸紡紗統計表

機別	請貸機台數			每人機台貸紗量	貸出紗量			備考
	小計	原有	本月新貸		小計	原有	本月新貸	
鐵機		1,729		新社每台三件 舊社每台二件		113件另4件		棉紗每件40斤
木機		2,669		新舊社木機每台均貸一件		66件另29件		
合計		4,398				179件另33件		

本月份承織軍布各機織社社員生活用品配借紗仍繼續核放但自十五日起即按貸放之紗於各社交布換紗時分次陸續收回兹將生活用品配借紗收放情形表列如次

卅八年十月底止承織軍布社員生活用品配借紗收放數量統計表

璧山四寶閣文具印刷紙號印製

华西实验区合作组织机部分进展概况（一九四九年十月一日至同月三十日） 9-1-148（198）

97

社别	配贷情形						贷出纱量			收回纱量	未收纱量	备注
	社数			纱数			小计	商贷	新贷			
	小计	商贷	新贷	小计	商贷	新贷						
机织	33	13	20	1001	447	554	[illegible]	[illegible]	[illegible]	[illegible]	[illegible]	[illegible]

本月份承织军布各机织社所需周转纱仍续配放，仍自十五日起即停贷纱，先后於交送布及时陆续分次收回，兹将周转纱收放情形表列如次：

三十八年十月底止承织军布机织社周转纱收放数量统计表

社别	配贷情形						贷出纱量			收回纱量	未收纱量	备注
	社数			纱数			小计	商贷	新贷			
	小计	商贷	新贷	小计	商贷	新贷						
机织	31	9	22	[illegible]	[illegible]	[illegible]	[illegible]	[illegible]	[illegible]	[illegible]	[illegible]	[illegible]

本月份陆续扩大换布业务以应军需，兹就十月份换布数量连前统计表列如次：

三十八年十月底止纱布收换数量统计表：

华西实验区合作组织机部分进展概况（一九四九年十月一日至同月三十日） 9-1-148（200）

機別	換出數量			收入[illegible]				每尺換紗量
	小計	原機出數	新機出數	種類	小計	原有數	本月新增數	
鐵機	1,398件 20筘16支5排	747件4筘 11支5排	651件 16筘5支	二八原白寬布	41,135	22,185	18,950	(廿)支機紗2755排
鐵機	117件 27筘10支	117件27筘 10支		二四原白寬布	7,254	7,254		(廿)支機紗13支
木機	236件 11筘8支9排	149件4筘 5支9排	87件14筘 8支	四八原白窄布	41,903	27,343	14,560	(卅)支機紗45支8排
合計	1,752件 26筘16支4排	1,013件36筘 25支4排	738件30筘 13支		寬布48,389 窄布41,903	寬布29,439 窄布27,343	寬布18,950 窄布14,560	

本月份各機織社產品除各社自由供應市場外其由本區合作社物品供銷處收購集中之二八原白寬布四八原白窄布及上月收購之各種布疋均悉數供應軍需茲就十月份運銷數量連前統計表列如次。

三十八年十月底止機織社區合作社產銷量統計表。

璧山四寶閣文具印刷紙號印製

华西实验区合作组织机部分进展概况（一九四九年十月一日至同月三十日） 9-1-148（201）

机别	社员机台数	全月产量		供销处集中运销			各社自行运销			备攷
		布类	尺数	布类	尺数	出售地点	布类	尺数	出售地点	
铁机	2,715	二八宽布	21,450	二八宽布	18,840	送重庆被服厂	二八宽布	2,500	重庆	
铁机	1,758	二四宽布	7,435	二四宽布	500 6,77	送重庆被服厂发行运销	二四宽布	7,200	重庆	
木机	4,685	四八窄布	37,486	四八窄布	22,830	送重庆被服厂	四八窄布	22,920	川东各地	
合计	9,158		宽布28,885 窄布37,480		宽布20,017 窄布22,830			宽布9,700 窄布22,920		

98

华西实验区总办事处整理业务发展北碚织布合作事业的意见书　9-1-200（19）

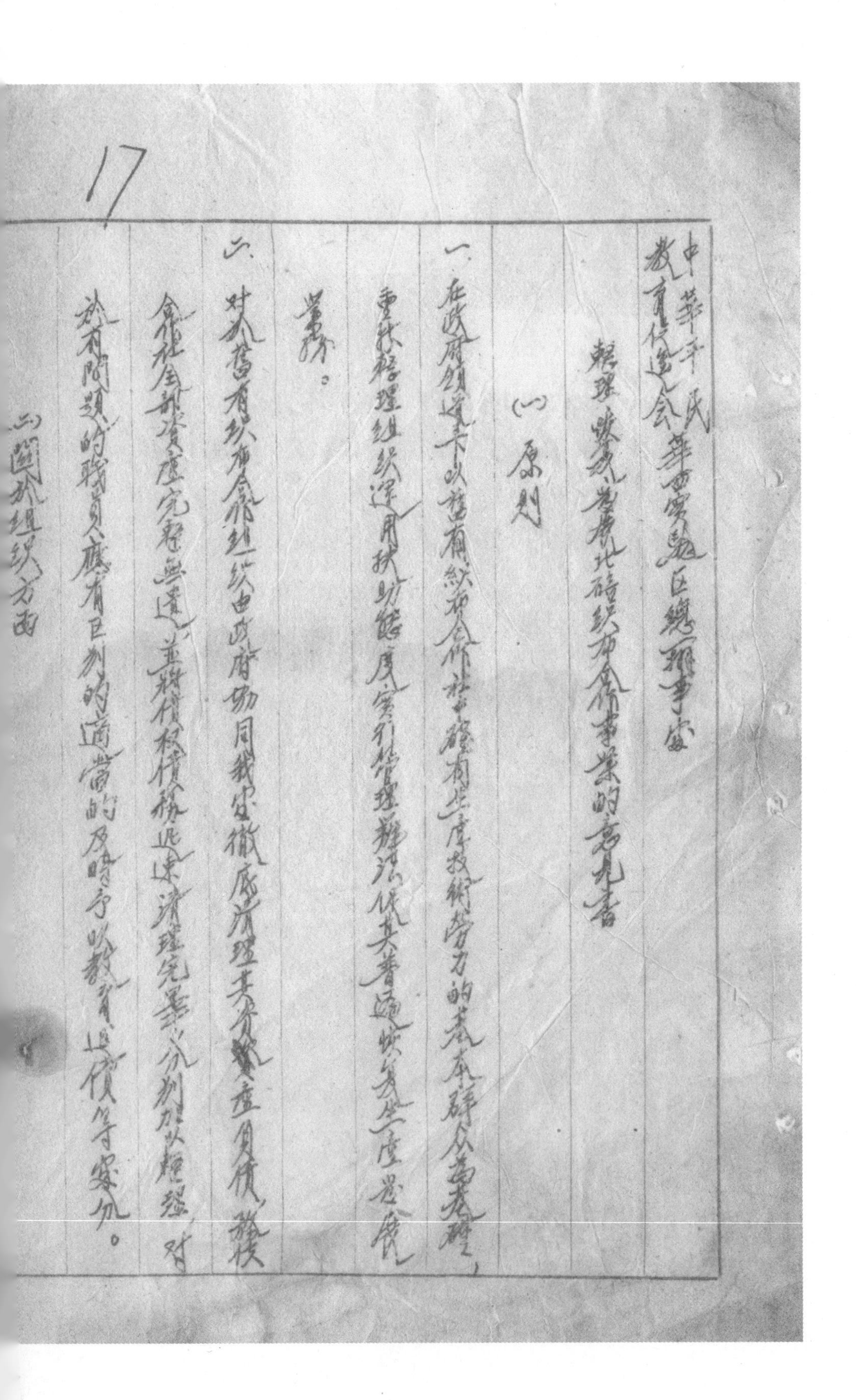

17

中華平民教育促進會華西實驗區總辦事處
整理業務發展北碚織布合作事業的意見書

（一）原則

一、在政府領導下以舊有織布合作社為發展生產技術勞力的基本單位，發展重新整理組織，運用扶助態度實行管理辦法，使其普遍恢復生產發展業務。

二、對於舊有織布合作社組織由政府協同我會徹底清理其資產負債，檢核會社全部資產完整無遺，並將債權債務迅速清理完畢，分別加以整理，對於有問題的職員，應有區別的適當的處理予以教育、退賠等處分。

（二）關於組織方面

三、根據全國合作社推行辦法草案第三十六條的規定，各社有[illegible]由政府決定解散，派清算員，分別召開社員大會或代表大會，會同債權人代表組織清算委員會，清理債務債權，並造具清算書類，呈送政府及我處備案。

四、健全各社，須切實剷除階層，清除地主流氓奸戶及含有剝削性的工業資本家混入社內操縱把持，違害群眾利益，影響事業前途。

（三）関於貸款方面

五、我處在過去所貸紗本，以北碚織布合作社業務過程中先後貸給舊有各[illegible]位社及聯合社共計棉紗[illegible]（[illegible]）總不容[illegible]數甚固，仍應設法使其儘速歸還，須在政府協助下全數收回，以便統籌運用。

璧山四寶閣文具印刷紙號印製

华西实验区总办事处整理业务发展北碚织布合作事业的意见书　9-1-200（19）

华西实验区机织生产合作事业报告书（一九四九年十二月编） 9-1-196（37）

31

中华平民教育促进会
华西实验区机织生产合作事业报告书 一九四九年十二月 编

华西实验区机织生产合作事业报告书（一九四九年十二月编） 9-1-196（38）

32

中華平民教育促進會
華西實驗區機織生產合作事業報告書
一九四九年十二月 編

——包括合作社物品供銷處業務概况——

前言

本區經濟建設工作之具体實施係採行合作方式除一面就廣大農郡普遍組設農業生產合作社或因地制宜組設各種別業合作組織外並就璧山北碚兩地居民舊有之織布業務發動組設機織生產合作社使散漫織户成為有組織之生產活動共謀其技術之改進與產品之改良藉以厚殖民力達成人民生活之改善茲就機織生產合作事業之推進經過與經營情形分述如次

甲 發動組社工作

（一九四九年八月初本實驗區在璧山縣城附廓發動推組機織生產合作社此種合作組織純係副業經營方式凡屬農民自有織布機……

扶助推行以後頗獲各方好評璧北兩地農民亦紛紛請求組社，旋得中國農民銀行之協助，社數逐漸增多，業務亦日趨擴展，茲就歷年組織概況表列如次

機織生產合作社歷年組織概況

年度	機別	社數	社員户數	機台數	備考
1947年	鐵機	13	839	1,489	
	木機	3	314	346	
1948年	鐵機	21	1,391	2,115	
	木機	13	1,368	1,534	
1949年	鐵機	42	3,293	4,473	
	木機	44	4,348	4,685	

本區扶助璧北兩地居民發展機織生產事業完成合作化之原動力與推行成果表列如次

璧山北碚兩地居民機織事業現狀表

华西实验区机织生产合作事业报告书（一九四九年十二月编） 9-1-196（40）

33

	机台总数	[illegible]	[illegible]	[illegible]	[illegible]	[illegible]
铁机	11,240	2,025	8,694	3,292	5,402	521
木机	30,020	15,210	14,810	4,348	10,662	
合计	41,260	17,235	23,504	7,640	16,064	521

本区业已组成机织生产合作社<306>社机台总数如表所列

乙 贷款扶助生产

本区为使各机织社社员均能充分运用其技术劳力从事织造，以增加生产，九见历年来均采行贷实还实方式，实施贷款扶助，或由本区直接贷款，或与农行配合比例贷款，或责成合作社物品供销处应业务上之需要随时配贷遇特纱，兹就历年贷款情形表列如次

机织生产合作社历年贷款概况

年度	贷款机关	贷款种类	金额	折合棉纱数	利率	备注
1947年	华西实验区	原料贷款	54,000,000元	19件	月利[illegible]	
1947年	中国农民银行	原料贷款	938,613,000元	66.5件	月利[illegible]	
1947年	中国农民银行	[illegible]	[illegible]	[illegible]	[illegible]	

1949年	合作社供銷處	原料貸放		1116件2斜15丈	即將收回
1949年	中國農民銀行	原料貸放		23件33斜	即將收回
1949年	合作社供銷處	抵押貸放		2件24斜49丈	無 [illegible]
1949年	合作社供銷處	週轉貸放		19件12斜5丈	無 [illegible]
1949年	合作社供銷處	預購成品貸放		17件31斜	無 [illegible]

表列各種貸款之性質分別說明如次

一、原料貸放　貧苦織户多因無力購買原料紗而經常停業本區為扶助其達成自力經營之目的特按需要情形貸給原料棉紗

二、抵押貸放　各社員織户每因成品滯銷原料週轉失靈而停工本區為維持其再生產隨時得由社員織户提出担保品申請抵押貸放

三、週轉貸放　各單位合作社多無經營資金本區為扶植其建立業務計劃以資示範特舉辦週轉貸放

34

四、預購生活品費用貸放　各社員織户與本處簽訂契約承織，但以時為恐物價波動影响生產成本，特預先貸給生活品購置費，以免社員遭受虧損

五、建立供銷機構

機織生產合作社在業務經營上之兩大困難：一為原料之採購，二為成品之推銷。各社員每因市場銷路滯塞，產品無法脫售，原料無從購入，以致週轉不靈，被迫停工。在合作社聯合社機構未健全以前，尚無力統籌全局，靈活運用，乃由本處倡立織造合作社物品供銷處於璧山，與各社建立供銷關係，并延攬專門技術人員，研究設計新式產品規格，促進產品標準化，同時對各社社員實施紗布交換辦法，俾能週轉不息，繼續生產。於一九四九年建立合作供銷處以來，各社業務積以提携，均有長足進展。茲就歷年產銷數量表列如次

機織生產合作社歷年產銷數量統計表

1947年	鐵機	1,489	51,560			51,560	渝及陝西
1947年	木機	346	19,760			19,760	川黔
1948年	鐵機	2,115	105,984			105,984	渝及陝西
1948年	木機	1,534	115,050			115,050	川黔
1949年	鐵機	4,413	268,380	40,245	渝	228,135	渝及陝西
1949年	木機	4,685	337,320	18,950	渝	318,370	川黔

一、歷年入社有先後，新組之合作社其全年開工日數多不一致，故一九四七年各社平均只開工四個月，一九四八年平均開工五個月，一九四九年平均開工六個月。

二、鐵機每台每月平均出產長四十碼寬二尺或十丈原白布一八疋至十二疋，木機每台平均生產長四丈八尺寬八尺二寸丈原白布二、三、十五疋。

三、一九四九年合作供銷處成立後實施紗布交換辦法並擴大運銷業務，對機織生產刺激甚大，惟以時期很暫，未能達到預定目標，尚待繼續努力。

华西实验区机织生产合作事业报告书（一九四九年十二月编） 9-1-196（43）

华西实验区机织生产合作事业报告书（一九四九年十二月编） 9-1-196（44）

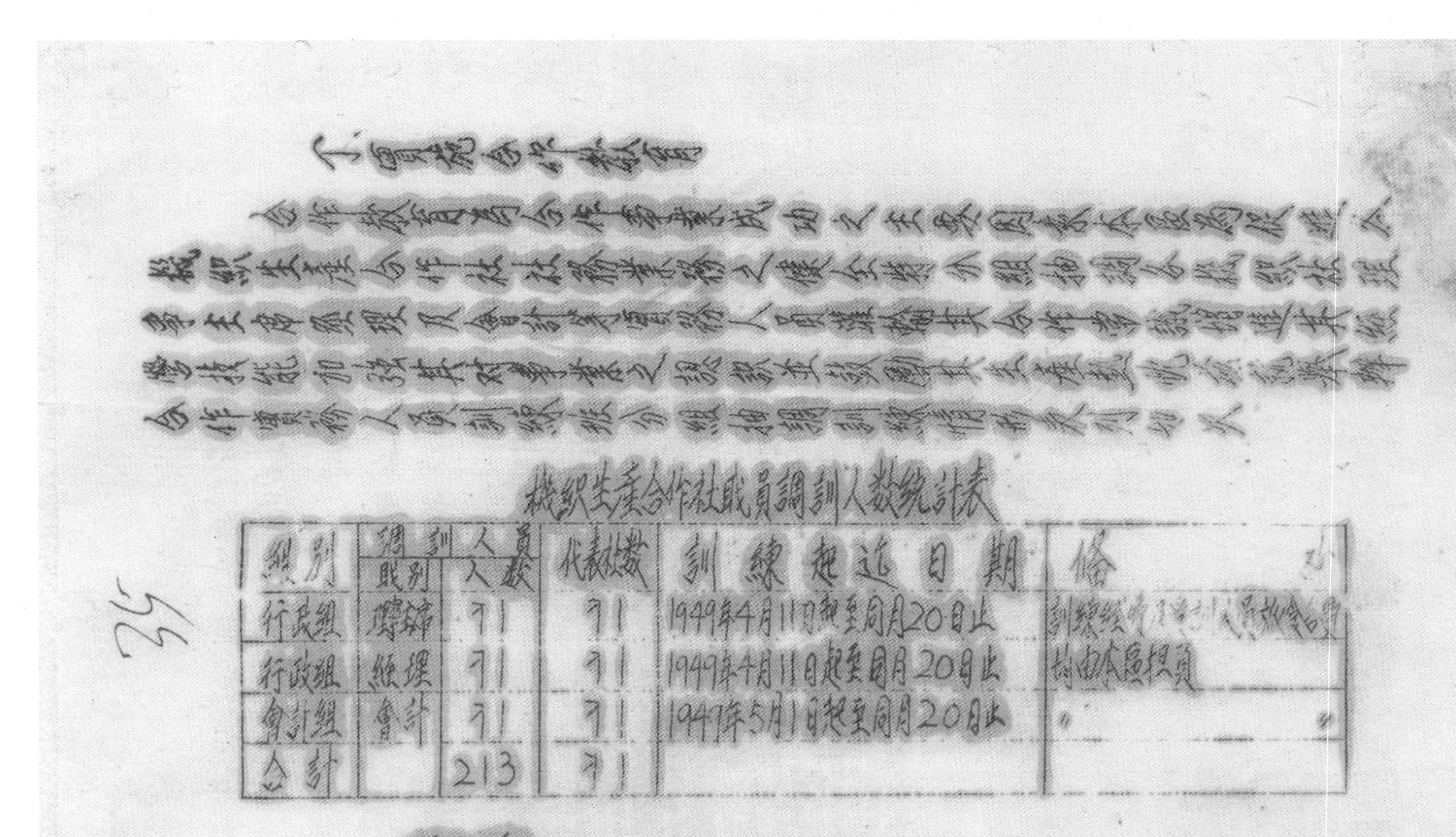

丁、實施合作教育

合作教育為合作事業成功之主要因素，本區為促進合機織生產合作社社務業務之健全，特分組抽調各機織社理事主席經理及會計等實務人員，灌輸其合作常識，增進其經營技能，加強其對事業之認識，並鼓勵其生產熱忱，茲特舉辦合作實務人員訓練班，分組抽調訓練情形表列如次：

機織生産合作社職員調訓人數統計表

組別	調訓人員 職別	調訓人員 人數	代表社數	訓練起迄日期	備考
行政組	理事主席	71	71	1949年4月11日起至同月20日止	訓練經費及受訓人員旅食各費
行政組	經理	71	71	1949年4月11日起至同月20日止	均由本區担負
會計組	會計	71	71	1949年5月1日起至同月20日止	〃
合計		213	71		

結語

35

一　合作供銷處應爲聯繫與推携全區合作業務之總機構，以往因時間短促僅與璧山兩地機織合作組織發生業務聯繫，今後除應充實機織部門之供銷業務外，尤須逐漸與區屬各地各類合作組織建立合理之供銷關係。

二　合作供銷處之業務範圍應從供銷業務擴展至已具人力財力所能勝任一切業務活動，尤應與政府各機關洽取密切配合，並與國營貿易機構取聯繫，以期獲得國家資本之援助，幫援助俾能充分發揮合作經濟之效能。

三　本區各地各類合作組織日益普遍，且多在過去的社會環境下產生，自不免有良莠不齊之情形，今後尤當在政府領導下遵照新法令嚴加整頓，並儘量以合作供銷處之業務活動引導各社改進其社務，以求健全。

华西实验区发展璧南区机织生产合作社之意见 9-1-263（225）

121

发展璧山南区机织生产合作社之意见（续）

八、关于组织者

（一）以丁家来凤两区所原有机织合作社为基础，加以整理，将一般无生产工具、生产技能之社员和有操纵把持为能的份子清理出去，俾基础完全建立在基本群众上面。

（二）重新改选理监事及联社代表，并建立璧山南区机织生产合作社联合社，来统筹提案全区各单位社的业务。

（三）依照人民政府管理办法，协助辅导……

2、關於業務者

（一）鄉合作社產品由互聯社收購再轉銷

其所需之原料亦由互聯社統籌供

應

（二）互聯社進行業務除在其所在地外並

得視需要酌設供銷站

（三）業務經營除受政府及國家銀行

之領導監督外並與國營貿易公

司璧山縣合作社物品供銷處密切

华西实验区发展璧南区机织生产合作社之意见　9-1-263（227）

122

联系

多关於资金者

一、各单位社於必要时由华西联社运用各社股金在继续整理尚股款拆实单位（原定牌价）一分计算每一社员最少认购一股

二、各社前向平教会（华西实验区）所贷之原料纱款应计的本息数暨全数移转为区联社之债务，并由区联社向债权机关完成借贷手续。

华西实验区发展璧南区机织生产合作社之意见　9-1-263（228）

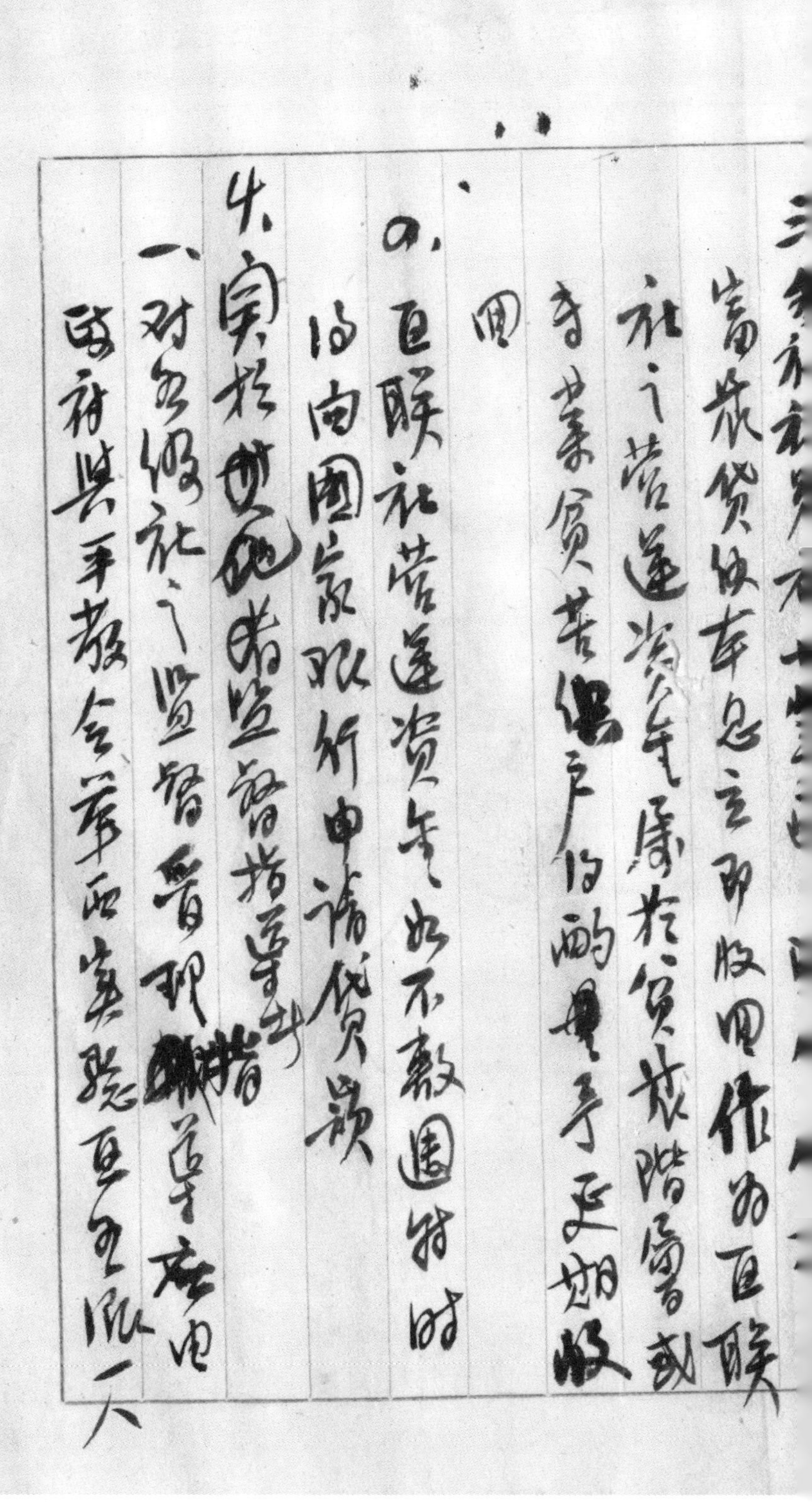
三、[illegible]
当[illegible]贷款本息立即收回作为互联
社之营运资金属于贫苦阶层或
专业贫苦农户的酌量予延期收
回
四、互联社营运资金如不敷周转时
得向国家银行申请贷款
五、关于[illegible]之监督指导事
一、对各级社之监督管理[illegible]事宜由
[illegible]县手教会等而实践互互派一人

华西实验区发展璧南区机织生产合作社之意见 9-1-263（229）

123

并邀请当地人民代表一人共同负责

二、在中央人民政府未正式公布合作社法令以前暂以机织合作社原有之章程为基本并参酌全国合作社工作暂行办法草案机织社业务关于行政上之登记管理等务必要时由政府审订完临时办法实施之

华西实验区发展璧南区机织生产合作社之意见　9-1-263（229）

关于发展璧山合作事业的几点意见　9-1-196（73）

53

關於發展璧山合作事業的幾點意見

一、解放以後由於舊合作法令被廢止新合作法規沒有產生以致合[illegible]的推進失去了依據和領導目前新的合作社法已經通過全國合作工作者會議的通過雖尚未經中央政務院公佈施行但各地均已依照新社法的精神調整合作社璧山方面希望能按照新法令將所有的舊合作社加以改造

二、解放以前璧山的合作社分組織生產合作社與農業合作社兩種由華西實驗區所輔導組織并曾分别貸紗或貸款目前農業合作社應照新法令的規定改組為供銷合作社以擴大農民生產及生活需要物品的供應及生產品的推銷為主要業務組織生產合作社

关于发展璧山合作事业的几点意见　9-1-196（74）

三、合作社組織份子應按階級成分加以整理，由人民政府領導并配合華西實驗區現有人力從事此項合作社改造工作，改造後之合作社由縣人民政府給予臨時登記，承認其為合法的民眾組織。

四、農信合作社改造後應即建造縣聯社，以過去華西實驗區所有貸紗及貸款均分期償還，由縣總社統籌作合理的運用。

五、華西實驗區合作社物品供銷處今後的業務應在縣人民政府的領導下配合縣總社從事各種貸放及加工運銷工作。

璧山机织生产合作事业概况报告　9-1-196（56）

璧山机织生产合作事业概况报告 9-1-196（57）

45

璧山機織生產合作事業概况報告

甲、解放前璧山機織生產合作社的發展情況

璧山是四川省名的土布產區，據華西實驗區的調查全縣有鐵輪織布機二、〇〇〇餘台，木機二七、四〇〇台，對日抗戰的八年間，由於沿江沿海的交通被截斷，舶来布匹不易輸入，而前方的軍需和後方的民用仍是刻不容緩，因此璧山的手工織布事業曾經有一度的繁榮，抗戰結束以後，機器紡織業逐漸恢復，舶來布匹增多，加以經營手工織布的人大都自無周轉的資金，[illegible]紗布[illegible]則自的供料加工賺工資的收入以維持生活，所以該業則向停業，璧山有分之八十以上的織布者都相繼停工，可是這種事業是大璧山農家的主要副業，關係十萬人以上的生活，一九四九年十二月華西實驗區成立以後，便開始從事璧山土布事業

[illegible]
能力經營者仍由其自行設法維持其業務，純屬農民副業且無力自為經營者則
採生產合作社的組織形式，由貸款區介紹銀行貸助資金，以促進其業務的恢
復和發展，並確定四個組社的原則：
(一)採副業經營方式，以節省管理費用，織布工作由各社員分別於其家內行
之，原料的供給與成品的推銷則由各合作社聯合經營，以加強購銷力量。
(二)以農民自有織機且自備織布技術的為合作社的基本社員，自有織機而
無人能自織的，必需家屬人口過多，急需經常副業以補助生活，其全家勞
力足以維持織布工作的輔助勞動（例如絞紗、紆紗、倒紗、倒緯等），並且家
內學會織布工作者，始得為社員，

璧山机织生产合作事业概况报告 9-1-196（59）

46

（三）每一社員的機台，至多以兩台為限，以防止手工工廠滲入合作社。

（四）社員的生產品由合作社規定統一的規格標準和生產品類，實施嚴格的檢驗制度，以完成產品的標準化與計劃化，使品質提高，適合市場的需要。

一、機織生產合作社的組社工作

根據上面的原則，一九四六年十二月選擇璧山城南鄉的藍家壋和玉皇廟兩保組成了兩個機織生產合作社作為初步的典型試驗，一九四七年二月開始業務，由中華平民教育促進會撥給僞法幣五四〇〇〇〇〇〇元，購備棉紗十九件，每一臺生貸予棉紗五斤，計當時共貸助了一〇六個機台，八十七個織布的社員，並以未貸出的棉紗由兩社共同設立聯合辦事處集中運用[illegible]

於負責紡織布社員，難於不少的幫助，璧山其他各區的織布農民，遂紛紛請求

組社。一九四七年四月以後，商得前中國農民銀行的協助，乃逐漸開展組社工作。

一九四九年復獲得偽農村復興委員會的補助，組社工作遂普遍於璧山全

區。三年來合作社的發展情況如左表：

璧山機織生產合作社歷年組織概況表

年度	機別	社數	社員戶數	機台數	備考
1947	鐵機	13	838	1,488	本表各年數字均系累計數
	木機	3	314	346	
1948	鐵機	21	1,381	2,115	
	木機	13	1,368	1,534	
1949	鐵機	38	3,160	4,334	
	木機	44	4,348	4,685	

璧山115500個鐵織機中，屬於小手工業者因缺乏經費，不能入合作社[illegible]

貴閱文具印刷紙號印製

壁山机织生产合作事业概况报告　9-1-196（61）

47

的為六六五台，需要加以扶助的鐵機為九〇七五台，已參加合作社組織的為三[illegible]

約為需要幫助的鐵機的百分之三五，二七四〇〇個木機中，屬於富裕農[illegible]

之自有能力經營不需加以扶助的為一七六三五台，屬於貧苦農民需要加以幫

助的為一〇二三五台，已參加合作社的為四三八四台，約為需要幫助的木機的百分

之四五，離原計劃織布生產完全組織化的目標仍然很遠。

二、機織生產合作社的貸款

前面曾經說過，璧山織布事業的停頓由於織户大都無週轉的資金，為扶

助社員充分運用他們的技術和勞力以從事織布事業的恢復和發展，藉以增加

生產改善生活，歷年來均採貸款扶助政策，並採實物貸實物還償方式辦理，社員生

產上和生活上所需的各種貸款歷年貸款情況如左表：

璧山機織生產合作社歷年貸款概况表

年度	貸款機關	貸款種類	金額	折合棉紗數	利率	備註
1947年	華西實驗區	原料貸款	法幣 54,000,000元	19.5件	月利千分之21	
〃	中國農民銀行	原料貸款	938,613,000元	66.5件	月利千分之21	
1948年	中國農民銀行	抵押貸款	1,086,560,000元	23.5件	月利千分之21	
1949年	華西實驗區	原料貸款		116件27箇16支	月利千分之21	
〃	中國農民銀行	原料貸款		23件33箇	月利千分之21	
〃	華西實驗區	抵押貸款		2件24箇9支	無息	
〃	華西實驗區	週轉貸款		19件12箇5支	無息	
〃	華西實驗區	預購生活用品貸款		17件31箇	無息	

璧山机织生产合作事业概况报告　9-1-196（63）

668

本社各種貸款的性質分別說明如左：

（1）原料貸放　凡社員織戶因無力購買原料以致經營停工，為扶助其達成自力經營的目的，特按每一機台的需要量貸予所需的原料棉紗。

（2）抵押貸放　社員織戶因成品滯銷、原料週轉失靈而停工，為維持其工作，准許隨時由社員提其成品申請抵押貸款。

（3）週轉貸放　此項貸放以單位社為對象，為了加強社員與單位社間的連繫，由各社統辦社員原料的供給與成品的推銷，但各單位社均乏週轉的資金，為扶植其建立業務體系，特舉辦週轉貸款。

（4）購銷生活用品貸放　社員承織大宗貨品時有時採取合同制，為免物價波動影響並達成此目的，特貸予社員款項購備預備期間的主要生活用品（如食米油

款之期）以免於曾遭受損失

上述之種貸款一九四九年以前所貸出者均先後由貸放機關收回一九四九年所

貸出的各種貸款其中連轉貸款擔保貸款及積存生活用品貸款都已次第

收回惟棉料貸款一項係前中國農民銀行璧華西實驗區按一與四的比例配貸

計中國農民銀行貸出棉紗一三件四件九支四排（現已移交璧山人民銀行

華西實驗區貸出棉紗一一六件二七年十五支一九五〇年五月以後先後到期截

至十月底止實收回棉紗納二〇件尚有棉紗一〇件仍待催還中

三、機織生產合作社的供銷業務

一九四九年四月以後由於儲農會機助華西實驗區的生產資金

撥到其中以機織生產合作社的貸款較多因此機織合作社

實用文具印刷紙號印製

璧山机织生产合作事业概况报告 9-1-196（65）

49

織機社由一九四八年的二一社增加到三九社，織機由一九四八年的一三一社增加到四三

由於合作社的加多，生產業務也不斷的開展。這時社業務繼續上漲，產

個嚴重的困難，第一是原料的採購，由於璧山市場太小，織布生產工作大量增

後，織機的需要量增大，市場無足量的供應，以致供求失調，價格暴漲，

且不易購買，頗影響社員再生產的維持。其次是成品的推銷，由於璧山乃土布

產區，而非銷售市場，合作社繼續成立，大量增產以後，由於市場消納力量有

限，致成品無法脫手，而週轉失靈，被迫停工，部份被奸商人乘勢壓價，予

社員以重大的損失。因此合作社均有進一步加強合作組織，能以統籌採購

料與集體運銷成品的要求。這時合作社還沒有聯合的聯合組織，以擔負此項

重大的任務，更由於社運銷中，調有大批原料以維持社員的再生產，尚未臻於

璧山机织生产合作事业概况报告 9-1-196（66）

健全發展的合作社無所業務的推展力量以發揮組織幫助同此華西實驗區於

一九四九年四月間舉行籌設合作社物品供銷處，擬由輔導機關代營過渡，逐步達到合

作社自營的過渡辦法，以統籌辦理各合作社原料的供給和成品的推銷，擬

紗布交換方式和收貨運銷制度，以減少社員週轉上的困難，並適度的保持社

員生產加工的利潤，以維持其業務的發展，同時聘請專門技術人員，厘訂產品規

格，實施嚴格的檢驗制度，以完成產品的標準化。

供銷處的週轉資金原為棉紗六〇六件，其後因一九四九年九月二日由於[illegible]

[illegible]大，殃及前的"九二"火災，重慶供銷處被災，及一九四九年十一月三十日解

放前夕，璧山附近倉庫被國民黨潰兵搶劫，共損失棉紗三五件十[illegible]

支六擔半，現在實際的數字是棉紗五七〇件二〇斤五支三擔半，這並不[illegible]供

製印號紙刷印具文[illegible]

璧山机织生产合作事业概况报告　9-1-196（67）

150

銷處完全可供週轉的資金，其中尚有各織戶合作社所貸出的原料紗尚未收回，
業務擴展的信用紗與補交存貨現紗及撥予紗廠尚未取回的棉紗存在紗廠，
數如左：

(1)貸與各社原料紗一〇五件二五年十五支（原為一一六件一二年十五支，現已收回一〇件[illegible]）
依照合作社比例分配尚應收回者為十六件，一九五〇年又貸出[illegible]生產合作社[illegible]

(2)撥予紗廠尚未交還紗一〇件

(3)補交一九四九年存貨現紗十四件九分十九支六綑

(4)柏溪織幫交紗（已撤合作社織廠現存該社友梁灘水利工程處借給紗廠）八五件

一三五件十三支六綑

以上共計一三五件一八件八支二綑，按銷處實際周轉的棉紗為一三五件八分十七支一綑

半年中为已数公债等有价证券[illegible]资金存在[illegible]全员证转资金一九四九年上[illegible]

月合作社物资供销处成立后，即运用此项资金从事璧山机布合作事业的扶助，

由供销处成立至一九四九年底的供销数量如左：

1948年度供销处供给各机织合作社及推销成品数量表

机别	机台数	总产量	需用棉纱量	经由供销处售出成品数	经由供销处供给原料数
铁机	4473	268,380疋	1,254件	44,245疋	1,526件
木机	4686	337,320疋	2,123件	24,470疋	215件
备注	1.铁机每台每月以平均出产量40疋每疋36吋重白布10斤至12斤计算 2.木机每台每月平均出产量4丈5尺宽1尺2寸重白布15斤至20斤计算				

丁、解放后璧山机织合作社的情况

一九四九年十二月下旬解放战事逼近四川，由于伪国民党军的败退[illegible]

壁山机织生产合作事业概况报告　9-1-196（69）

51

生產停無法繼續進行，合作社完全停工，停頓的工作也趨於停頓。十二月一日璧山解放。到解放以後，我們即與有關方面接洽，希望恢復和發展璧山的機織生產合作事業，但由於匪特造亂，地方（情形）治安尚未好轉，社員無積極恢復生產的情緒，更由於交通梗塞，物資無法交流，國民黨反動統治時代通貨膨脹所造成的假繁榮遽爾破滅，經濟情況遂漸趨於穩定以後，產品滯銷，不能刺激社員恢復生產。但由於璧山的機織合作事業關係數萬人的生活，如其全部停工以後，織工的生活特別痛苦，因為他們完全靠織布的收入來維持生活，失業以後生活更失去依據，紛紛的要求我們保辦處組織織工的生產合作社，或者恢復原有機織工作的業務，使他們重獲工作機會。這時市場的情況並未好轉，而我們所積存的原料，全部都於解放前換成布疋，又無法換回原料進行

壁山机织生产合作事业概况报告　9-1-196（70）

[illegible]

聽其消滅下去，因此這時我們一方面向國營機構呼籲，提起他們對於織布業的注意，一方面我們於百般困難中仍籌備復工，想從恢復業務上來爭取國營機構的幫助，本年三月十五日便恢復了停工已四個月的供銷業務，這次恢復鐵機為主，因為恢復了鐵機便可以適當的照顧失業織工的生活，數月來的恢復生產情形如左：

月份	恢復生產機台數	生產量	供銷業務銷量	備考
三月	262	3,000疋	1,500疋	
四月	542	6504	2,460疋	
五月	764	9168	4,242疋	

璧山机织生产合作事业概况报告　9-1-196（71）

月份				
六月	2,125	13,500	5,200	
七月	1,537	15,444	6,360	
八月	1,768	18,326	7,264	
九月	1,632	17,032	6,337	
合計	7,618	82,974	33,333	

總之以後我們一面以有關璧山織布事業的資料提交西南貿易部，[illegible]西南花紗布公司，一方面以我們合作社的出品向花紗布公司求售，先後得到花紗布公司的幫助收購大批成品，以維持我們停工以後的業務，同時花紗布公司於八月間購買了璧山的織布事業，當月來維持我們不致任何損[illegible]

壁山机织生产合作事业概况报告　9-1-196（72）

史性的任務，為璧山織布合作事業爭取了光榮的前途，這是值得欣慰的。

合作供銷處目前對於織合作社的扶助已逐漸轉向璧南的窄布社，因為花紗布公司已經大量收換寬布，如果供銷處也大量收換，恐會發生競爭，引起織戶的投機，窄布方面花紗布公司尚未曾着手收購，以致尚未及恢復生產，合作供銷處擬以原有的合作社為基礎，逐漸的將璧南的窄布生產恢復起來，並擬採用標紗織造上等白布，從品質上提高一步，以供合作染整廠的染造色布，為璧山布尺開拓有利的市場。

山四實闊文具印刷紙張印製

华西实验区机织生产合作社进展概况　9-1-148（208）

102

中華平民教育促進會華西實驗區機織生產合作社進展概況

本區機織生產合作業務開始於民國卅六年一月初由本教會撥給基金法幣五千四百萬元購紗十九件於璧山試組機織生產合作社兩社，採副業經營方式，凡農民之自有織布機與及具有織布技能者均可為社員，生產工作分別於家庭內行之，原料之採購與成品之推銷則由合作社統籌辦理，並由合作社釐定產品標準，提高生產品質。本區則以所購棉紗按每機配貸五并貸助各社員，三十六年三月初遂有標準化之產品供應市場，且獲得各方之好評，農民亦紛紛請求組社，旋得中國農民銀行之協助，社數增多，業務亦日漸擴展，其進展情形

如左表

三十六年度機織合作社概況表　截至三十六年十二月

機別	社數	社員人數	機台數
鐵機	13	839	1,489
木機	3	314	346
合計	16	1,153	1,835

至於所需原料除由各社員自籌外另本區貸助法幣五千四百萬元合棉紗十九大件中國農民銀行貸助法幣九三六六八三,000元合棉紗六六·五件是年冬季產品滯銷且值農閒期間各社進需原料週轉乃由中國農民銀行撥款抵押

华西实验区机织生产合作社进展概况　9-1-148（210）

103

貸款計共抵押布匹三千四百四十四匹貸款（法幣）一〇八六、五六〇、〇〇〇元

合棉紗八三、五件共總數如左表

三十六年度機織合作社貸紗統計表

貸放機關	貸款種類	金（法幣）額	合棉紗數
華西實驗區	原料貸	54,000,000元	19件
中國農民銀行	原料貸	938,613,000元	66.5件
中國農民銀行	抵押貸	1,086,560,000元	23.5件
合計		2,079,173,000元	109件

三十七年度除原有各社繼續推進業務外另於璧山及北

碚劃組織新社其經過[illegible]表

三十七年度機織生產合作社概況表　截至三十七年十二月

縣別	機別	社數			社員人數			機台數		
		小計	原有	新增	小計	原有	新增	小計	原有	新增
璧山	鐵機	18	13	5	1,206	839	367	1,901	1,489	412
璧山	木機	13	3	10	1,368	314	1,054	1,634	346	1,188
北碚	鐵機	3		3	185		185	214		214
合	計	34	16	18	2,759	1,153	1,606	3,649	1835	1814

即截至三十七年十二月底止組成鐵機社二十八個社開工鐵機二千一百八十五台，木機社十三社開工木機一,五三四台，所需原料除原有棉紗一〇九件繼續配貸外，并由中國農民銀行增貸法幣六八七五〇〇〇〇〇元，金元券三九三八八九，折購棉紗二千九件，舊社并減為每

华西实验区机织生产合作社进展概况　9-1-148（212）

104

機台資紗四千斤及工資週轉

一、至於各社兩年來之生產量及社員所獲得之工資與換布盈利如左表

璧山北碚機織生產合作社兩年來生產量及工資與盈利

年度	機別	機台數	生產量	工資收入	換布盈餘
三十六年度	鉄機	1,489台	57,560尺	棉紗 100件29斤	棉紗 72件18斤
三十六年度	木機	346台	19,760尺	16件34.2斤	8件7.7斤
三十七年度	鉄機	2,115台	105,754尺	185件2.5斤	132件7.5斤
三十七年度	木機	1,534台	115,050尺	100件26.7斤	47件3.4斤

（二）三十六年及三十七年由於合作社係先後組成故其每年各社

平均只能工四個尺[illegible]

(二)鐵機每台每月平均出產長二八碼寬二尺四寸之原白布十疋

木機每台每月平均生產長四丈八尺寬一尺二寸之原白布一五疋

(三)鐵機寬布每疋需三個工工資按實物計算需紗一支另四排

每疋平均可獲盈利棉紗一支(一件之二十分之一)木機窄布每疋

需一個半工至兩個工工資需紗七排(一支之十分之七)每三疋可獲盈

利紗一支

三十八年度除原有鐵機二八一五台木機一八五三四台繼續開

展其業務外截至三月底止已組成鐵機社一六社機台一三八四台

木機社一八社機台一八〇〇台

华西实验区机织生产合作社进展概况 9-1-148（214）

105

三十八年度三月底機織生產合作社概況

機別	社數			社員人數			機台數		
	小計	原有	新增	小計	原有	新增	小計	原有	新增
鐵機	33	21	12	2,637	1,391	1,246	3,499	2,115	1,384
木機	31	13	18	3,168	1,368	1800	3,324	1,524	1,800
合計	64	34	30	5,805	2,759	3,046	6,823	3,639	3,184

四月八日起已開始增組新社擬於本月內將原送核後會計劃所核亟待補救之機台鐵機八六九四台木機八四八〇台共一三五〇四台除已組成鐵機三四九九台木機三三二四台共六八二三台外分期全部完成

关於需要棉紗數量已成立各社除其自籌原料外需貸助之棉紗如左表

三十六年度成立各社需貸棉紗數量表

機別	機台數	每个機台擬貸紗數	共應貸出棉紗	備 考
鉄機	1,489	2并	74件18并	棉紗每大件
木機	346	1并	8件26并	四十并
合計	1,835		83件4并	

三十七年度成立各社需貸棉紗數量表

機別	機台數	每个機台擬貸紗數	共應貸出紗數	備 考
鉄機	626	3并	46件38并	每件紗合40并
木機	1,188	2并	57件26并	
合計	1,814		104件24并	

叠山四寶閣文具印刷紙號印製

华西实验区机织生产合作社进展概况 9-1-148（216）

106

三十八年度三月底前成立各社需貸棉紗數量表

機別	機台數	每一機台需貸棉紗數	共需貸棉紗數	備考
鐵機	1,384	6并	207件24并	每件棉紗合40并
木機	1,800	3并	135件	
合計	3,184		324件24并	

即截至卅八年三月底止已成立各社應貸出棉紗五三〇件另十二并未組成者尚有鉄機五八九五台樓每台六并計（貸紗）共需棉紗七七九件另三十二并木機二四八六台樓每台貸紗三并計共需棉紗八三八六件八并則待成立之社共應需棉紗八六八六件另八并由於係分期組社先期貸放者逐漸收回轉貸但亦應由本區籌足所需棉紗[illegible]

[illegible]

約八三〇〇件本年度之產量估計如左

社別	機別	機總數	每機每月產量估計	每年工作時間	全部產量估計
舊社	鐵機	2,115	六四布10疋	六個月	126,960疋
舊社	木機	1,524	四八布15疋	六個月	137,160疋
三月底前	鐵機	1,384	六四布10疋	四個月	55,360疋
成立新社	木機	1,800	四八布15疋	四個月	108,400疋
四月後成	鐵機	5,195	六四布10疋	三個月	155,850疋
立各社	木機	11,486	四八布15疋	三個月	516,870疋
合計		23,504			1,100,600疋

华西实验区机织生产合作社进展概况　9-1-148（218）

对于平教会合作社发纱换布增加生产之我见 9-1-135（31）

17

對於平教會合作社發紗換布增加生產之我見

（甲）璧山土布之產銷情形

土布為璧山土產，產量甚大，銷路亦廣。織戶完全係農村婦女，决無專營，其銷布區域大多為滇黔川邊數十縣，因各縣之銷路不同，故布類之標準亦異，有「大白布」「二白布」「洋紗布」「白邊布」「四八布」「二五布」「六二布」等

对于平教会合作社发纱换布增加生产之我见 9-1-135（32）

18

之分且百分之九十以上均為仟經土緯以其價廉而質厚甚合買者心理也但布若發水煙以硫磺始白色美觀惟不能久藏久藏則有腐爛之虞棠此布商均以遠運遠售為原則然自紗布出運銷至快當半月以上遠則一二月不等今年金融緊澀遠商人因週轉上困难大多折本以致由數十家驟減為數家此產銷之大累也

对于平教会合作社发纱换布增加生产之我见　9-1-135（33）

9

收售貨布之困難及其危險

（1）貨布之銷路不同，種類既多，如各種均收，勢必多所積壓，事實上是否能於辦到；如只收一二種布，則收量既大，該一二種布是否能於銷納。

（2）貨布既為手織土布，而土布之種類不一，價值亦異，定之價上印成，同質辦理時最易發生弊端，過去某年間時可為殷鑑

对于平教会合作社发纱换布增加生产之我见　9-1-135（34）

20

（5）宽布运售来回需卅一二月之久以售
钞保价虽易不亦至有卅一二月之周转
资金
（6）宽布需发水以硫磺烟之始美观易售
但收藏不良一二月即有霉烂之虞须依
收藏旧法亦不过仅能维持三五月而已如
危险太大如不发水则难销售且一般织
户已早成习惯禁之不能加诚作易

对于平教会合作社发纱换布增加生产之我见　9-1-135（35）

以上四点不过举其大略，而实际困难决不止此，假定办理不善，流弊更不堪设想，此不能不谨慎为考虑者也。

（乙）宽布的发纱换布问题

宽布产销情形，贵会业已试办，早知其详，又毋赘布种种实据，毋容赘述，现在不过在发底纱与否及保证之问题都是问题，并不在此，而在社员之是否真实，俄而已伪社员目

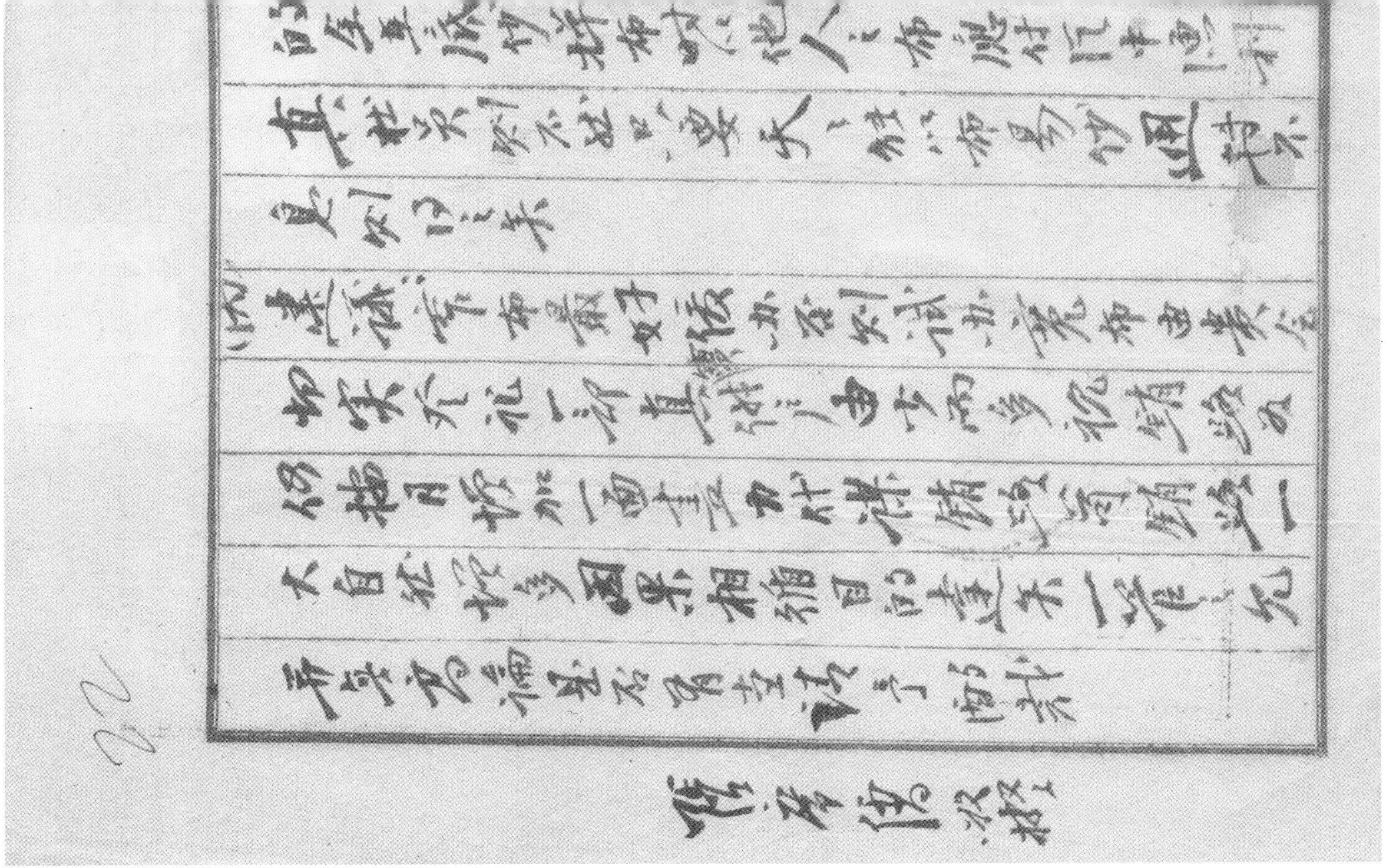

的全年底纱样布时，他人之布应付行中惠利，真社员则不然，只要天天织布易纱，周转不息则得之矣。

（六）建议：窄布最好仿办，否则试办宽布，由贵会切实介绍一部真织户，由少而多，视销路如何，按月增加，一面尽力代谋销路，销路一大，自然增多，因果相循，目的达矣。一管之见，并无高论，是否有当，请予酌夺。

张广传 谨拟

对于平教会合作社发纱换布增加生产之我见　9-1-135（36）

137

一、名称：北碚管理局黄桷镇绸布业同业公会 张子常

二、会址：正兴昌茶社

三、会员人数：52人，其中48人系卅七年十月一日入会，4人卅八年五月八日入会

四、成立日期：卅四年十月

五、组织及其职权：①设理事七人，由会员大会就全体会员中选举之，组织理事会，并就理事中推选三人为常务理事，再就三常务理事中推选一人为理事长。其职权①于法令规定范围内，对外代表本会，②执行会员大会

[illegible]

北碚管理局黄桷镇绸布业同业公会会议记录 9-1-24（56）

北碚管理局黄桷镇绸布业同业公会会议记录　9-1-24（57）

一切文件⑤接见一[illegible]

(二)设监事三人，并就监事中推选常务监事一人。其职权：①稽查本会之费收入及支出事项②审查本会之预决算事项。

(三)设总务财务两股，各股设股长一人，由理事中推选之兼任，秉承理事长之命办理各项事务。

①总务股设事务员一人，办理撰拟收发档案等各项文件事项

②财务股设会计出纳各一人，办理本会一切费收支及报销等事项

138

（四）全体会员大会：为该会最高权力机构，处理本会所不能解决之一切事情。

六、经费：

该会之费分：

（一）入会金：由会员三老斗米（於入会时接收时缴纳），不分等级。

（二）经常费：分甲乙丙三等征收实物，甲等月纳中熟米壹升，乙等月纳中熟米捌合，丙等月纳中熟米伍合，（以上三等均以旧量升。）凡售廣布者为甲等，凡售土（窑）布者为乙等，凡售土窑布者为丙等。

三）临时费：如遇特殊事故需用款时，[illegible]

筹措临时费用按等级出

该会支出费用：

（一）甲、为该会本身的：如开理监事会及会员大会时所用

（二）乙、茶资纸烟，文具纸张等会。

（三）织绾联合会的：自卫特捐，土地薪金，伙食薪金，联合会文具纸张等。每月共出壹斗伍升，织绾绾联合会，再由联合会统出。

七、营业：

（1）本镇中山路为市较场，凡三、六、九赶场日即在中山路摆布摊卖布，卖布者不足52人，会员人数偏远某用不

北碚管理局黄桷镇绸布业同业公会会议记录　9-1-24（60）

139

摆布摊者，刘、张、周、万、孟经常卖。此外尚有三、四人，一、四、七、十日赶白庙子，二、五、八日约十人赶文星场卖布，销锦州货的情形很少。布的来源：卖布自重庆，後大明厂青花布卖完，后从土布由磐山八塘来。卖布生意好者一天卖一匹土布六丈一匹，卖土布三至四匹（每一布摊之来源），生意坏时则[illegible]不卖或卖几尺。批发处该於公会[illegible]，开布摊者到批发处买批发商，就很难在批发处批发，替走街售卖，以免强等布摊生意，但卖布者常到[illegible]赊银多，因他们多缺少本钱，常先赊布，约定场期，过期到后才相因卖布，唯[illegible]而少，而越布完去[illegible]

北碚管理局黄桷镇绸布业同业公会会议记录　9-1-24（61）

基金存放……

八、会员证：每一会员入会时即发入会证，卅七年十月起，

改收金圆券一块，作工本费，并由公会交印刷所印会员证用。

机织生产合作社贷款计划　9-1-54（76）

47

機織生產合作社貸款計劃

一、目標：發展璧山北碚原有基礎之機織生產事業使因織戶無力購紗而經常停工之機台（計二三五〇四台）得繼續開工並改進其生產技術使散漫的生產進於組織化以達成自力經營之目的

二、辦法：凡自有織布機台且具有織布技能的農民分區組織機織生產合作社原料的供給和成品的推銷由合作社統籌辦理織布工作由各社員於家庭內分別行之並以利用農閒剩餘勞力為主

三、貸款金額：棉紗八八二一件（每件約值美金二百元共值一七六二二〇〇美元）

四、貸款方式：採貸實物還實物方式以貸款購買棉紗作為週轉紗配貸各社員作為週轉之用

四十斤）木機每台貸紗三斤璧山北碚須貸紗之機台共二三五〇四台其中鉄機八六九四台木機一四八一〇台第一期（卅八年九月至六月）貸紗機台數為一七六二七台（為總數之四分之三）共需紗八八二一件（見表二）第一期未收回之紗（為貸出紗總數之三分之二）可於第二期（卅八年七月至十二月）開始時貸給其餘機台

五、預期效果：

（一）產量增加

按鉄機每台每月最低生產量為寬原白布十疋（每疋長四十碼寬三十六吋）木機每台每月最低生產量為窄布十五疋（每疋長十六碼寬十五吋）璧山北碚因織户無力購紗

机织生产合作社贷款计划　9-1-54（78）

44

而經常使工之機台鐵機為八六九四台木機為一四八一〇台經貸紗恢復生產後第一期每月可增產寬布六五二〇〇匹窄布一六六六〇五匹第二期起每月能增產寬布八六九四〇匹窄布二二二一五〇匹寬布可增加產量約為原產量之四倍窄布可增加約一倍

由於零散經營變為組織

(二)提高生產技術並使產品標準化

生產可由合作社聯合社規定產品統一標準實行嚴格檢查及獎懲使社員產品品質一律並聘請專門人員分別加以指導以改進各社生產技術設立整染廠(計劃另詳)以設計各種圖案染成各種色線交社員織造各種花布同時將原白布染成各種色布加以科學整理以期直接適應消費

机织生产合作社贷款计划　9-1-54（79）

（三）扶持社員自力更生

鉄機每台每月産布十疋可獲淨餘棉紗一支（一斤二十分之一）每月共獲淨餘十支每年以工作八個月計算可得淨餘八十支合棉紗四斤鉄機一台原借棉紗六斤一年半内除償還其全部借紗外淨餘六斤即可自力經營木機每台每月生産窄布十五疋每三疋可獲淨餘棉紗一支每月可得淨餘棉紗五支每年以工作八個月計可共得淨餘棉紗四十支合棉紗二斤木機一台原借紗三斤一年半内除還清借紗外淨餘三斤即可自力經營

（四）每一機台代表一個農家經貸紗扶持之後預計一三六五〇四戶（此數

机织生产合作社贷款计划 9-1-54（80）

45

約為壁山全部戶數三六〇八之百分之四十四）可增加收入平均每月每戶之收入有鐵機者可收入紗十六支（合美金四元）有木機者可收入紗八支（合美金二元）

六、償還辦法：

貸紗分三期償還（每期六個月）每期末還貸紗數之三分之一第一期貸紗各社至期末（卅八年六月底）可償還其借紗之三分之一合棉紗六〇、三〇件以之發展新社其餘織台即可全部開工至第四期末（卅九年十二月底）貸紗即可全部收回織戶貸紗保證照合作社章程辦法之

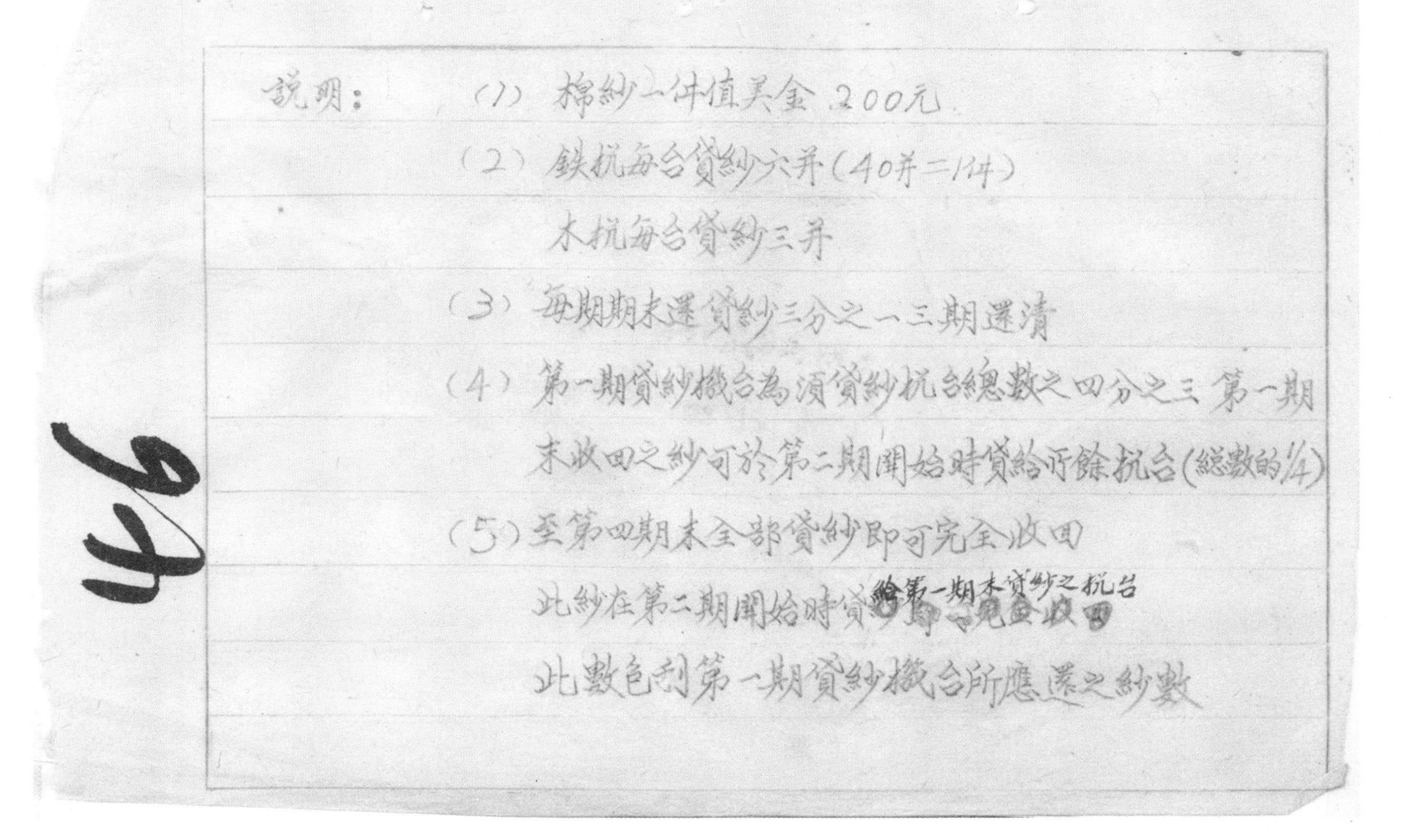

46

說明：（1）棉紗一件值美金200元

（2）鉄机每台貸紗六片（40片＝1件）

木机每台貸紗三片

（3）每期期末還貸紗三分之一三期還清

（4）第一期貸紗機台為須貸紗机台總數之四分之三第一期

末收回之紗可於第二期開始時貸給所餘机台（総數的1/4）

（5）至第四期末全部貸紗即可完全收回

此紗在第二期開始時貸給第一期末貸紗之机台即可完全收回

此數包刮第一期貸紗機台所應還之紗數

机织生产合作社贷款计划 9-1-54（82）

47

璧山北碚織布機台情況表（一）

	機台總數	屬於富有農民不必貸紗之機台數	屬於較貧農民須由合作社貸予棉紗之機台數	完成登記手續之合作社現有機台數*	即可正式組成合作社之機台數	經扶植已能自力生產之機台數
鐵機	11,240	2,025	8,694	2,115	6,579	521
木機	30,020	15,210	14,810	1,534	13,276	
共計	41,260	17,235	23,504	3,649	19,855	521

*本區業已組成機織生產合作社28社機台總數如表所列。

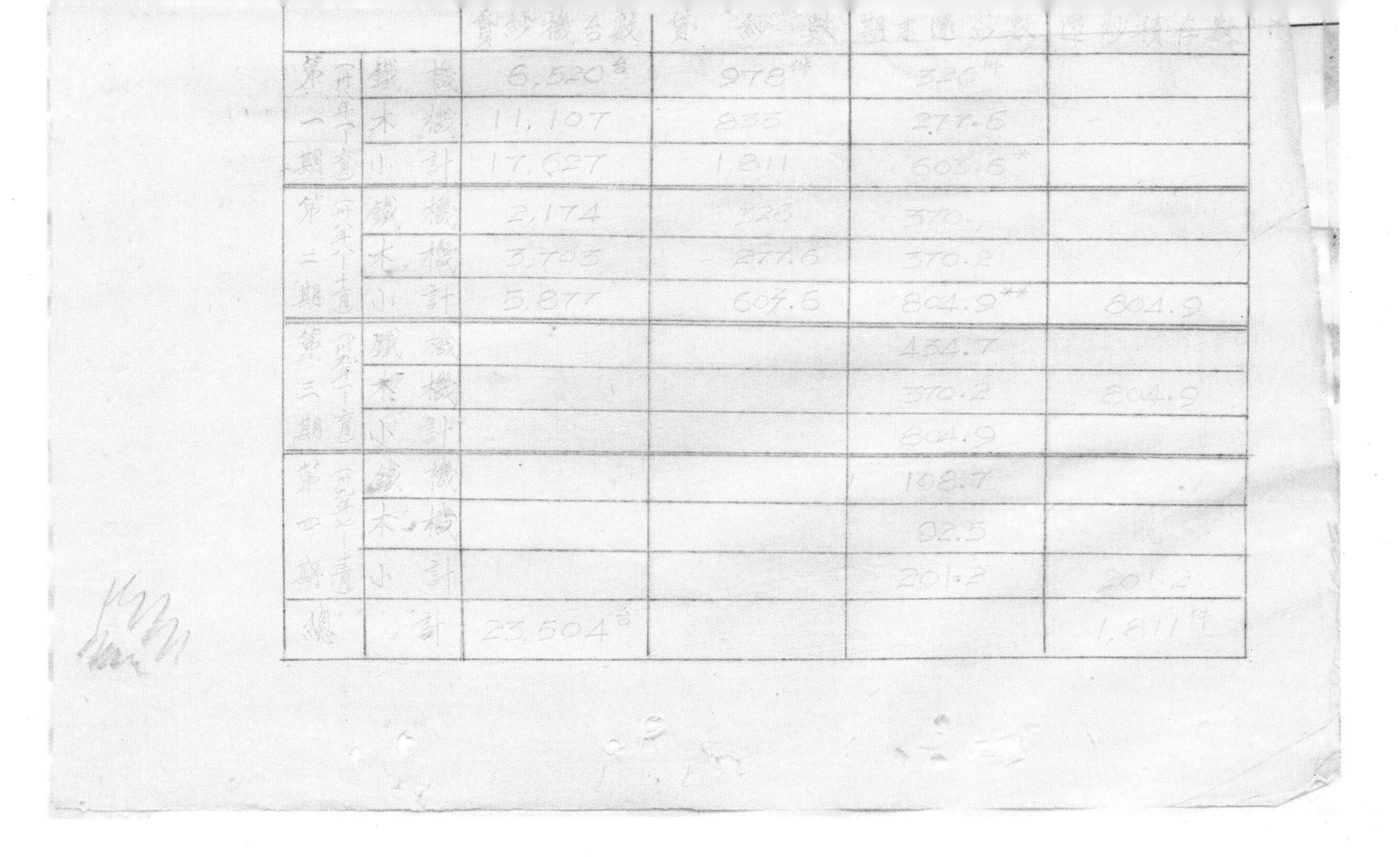

		貸紗機台数	貸紗数	預定還紗数	還紗残存数
第一期（[illegible]）	鉄機	6,520台	978件	326件	
	木機	11,107	835	277.6	
	小計	17,627	1,811	603.6*	
第二期（[illegible]）	鉄機	2,174	328	370.	
	木機	3,703	277.6	370.2	
	小計	5,877	60?.6	804.9**	804.9
第三期（[illegible]）	鉄機			434.7	
	木機			370.2	804.9
	小計			804.9	
第四期（[illegible]）	鉄機			108.7	
	木機			92.5	
	小計			201.2	201.2
總	計	23,504台			1,811件

机织生产合作社贷款计划　9-1-54（83）

华西实验区机织生产合作社联合社设置染整厂计划　9-1-54（91）

57

華西實驗區機織生產合作社聯合社設置染整廠計劃

一、目標：採用科學方法染整各社社員產品，以提高品質，并由染整廠統籌設計及技術指導，完成產品之標準化。

二、辦法：由機織合作社聯合社設置染整廠，并釐定統一標準收集社員製成品染成各種色布，供應市場需要，同時由染整廠統染各種色線，分配各社員織造優良花布，以改進產品類。

三、設備：以每日染整普通布壹千疋為標準（十分之六染直接性 Direct Colours 十分之四染還原性 Vat Colours）

固定設備：

A. 發電機 {80 H.P. 鍋爐一隻 / 75 K.W. 發電機連引擎一具} 計美金五千五百元

B. 染色機（Jigger）兼煮練機二十台 計美金八百元

C. 烘燥機（Drying Mangle）24 錫林一台 計美金二千三百元

D. 50 拉幅機 一台 計美金一千八百元

E. 碼布機 一台 計美金五百元

F. 勝利縫紉機 二台 計美金一百三十元

G. 壓液機（連橡皮輥） 一台 計美金三百元

H. 染色機（小橡皮棍） 六根 計美金二百元

I. 2½" 白鐵管 五百呎

华西实验区机织生产合作社联合社设置染整厂计划　9-1-54（92）

华西实验区机织生产合作社联合社设置染整厂计划 9-1-54（93）

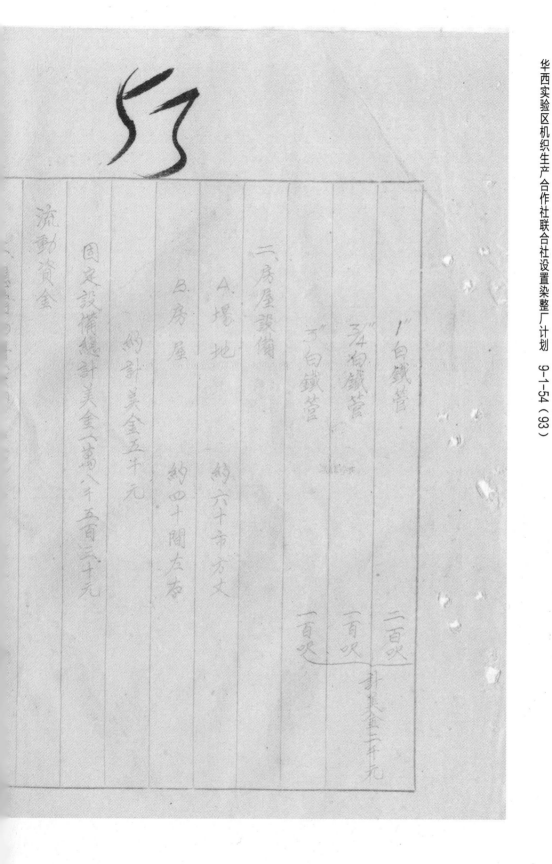

53

1″白鐵管 二百呎
3/4″白鐵管 一百呎
3″白鐵管 一百呎
計美金二千元

二、房屋設備
A.場地 約六十市方丈
B.房屋 約四十間左右
約計美金五千元

固定設備總計美金一萬八千五百六十元

流動資金

A. 硫化性[illegible]　[illegible]

B. 還原性染料　二十担

C. 硫化鹼　四十二担

D. 保險粉　八十四担

E. 固體燒鹼　一〇八担

F. 燒鹼　二十八担

G. 牛皮膠　二十八担

H. 機器油料　二六〇斤

以上物料共需美金一萬二千元（據本不在內）

固定設備合流動資金共需美金三萬零五百二十元

关于组织机织合作社之各项待决问题　9-1-60（73）

68

關於組織機織合作社之各項待決問題：

一、股金多少，社員之機台是否為股金之一部，股金之用途？

二、保證殷倍之責任，與社是否須一律，

三、產品之運銷辦法如何？如各自為政、自織自賣，損益如何計算，將來為依合作社有基礎計，其公積金、公益金及職員酬勞金從何而來？

四、幣制改革後，貸款仍為實物否？

关于组织机织合作社之各项待决问题　9-1-60（74）

之時應如何？

五、產品標準，合作社內是否有檢討之機構、各社是否一律、

六、合作社與其經驗應經常取得聯系，採用何法，前此所組各社之梗概若何？

七、以社員產品統銷時，採用委託制抑收買制、

以上諸點亟待答覆，以利進行、

组织机织合作社之各项问题（草稿） 9-1-60（67）

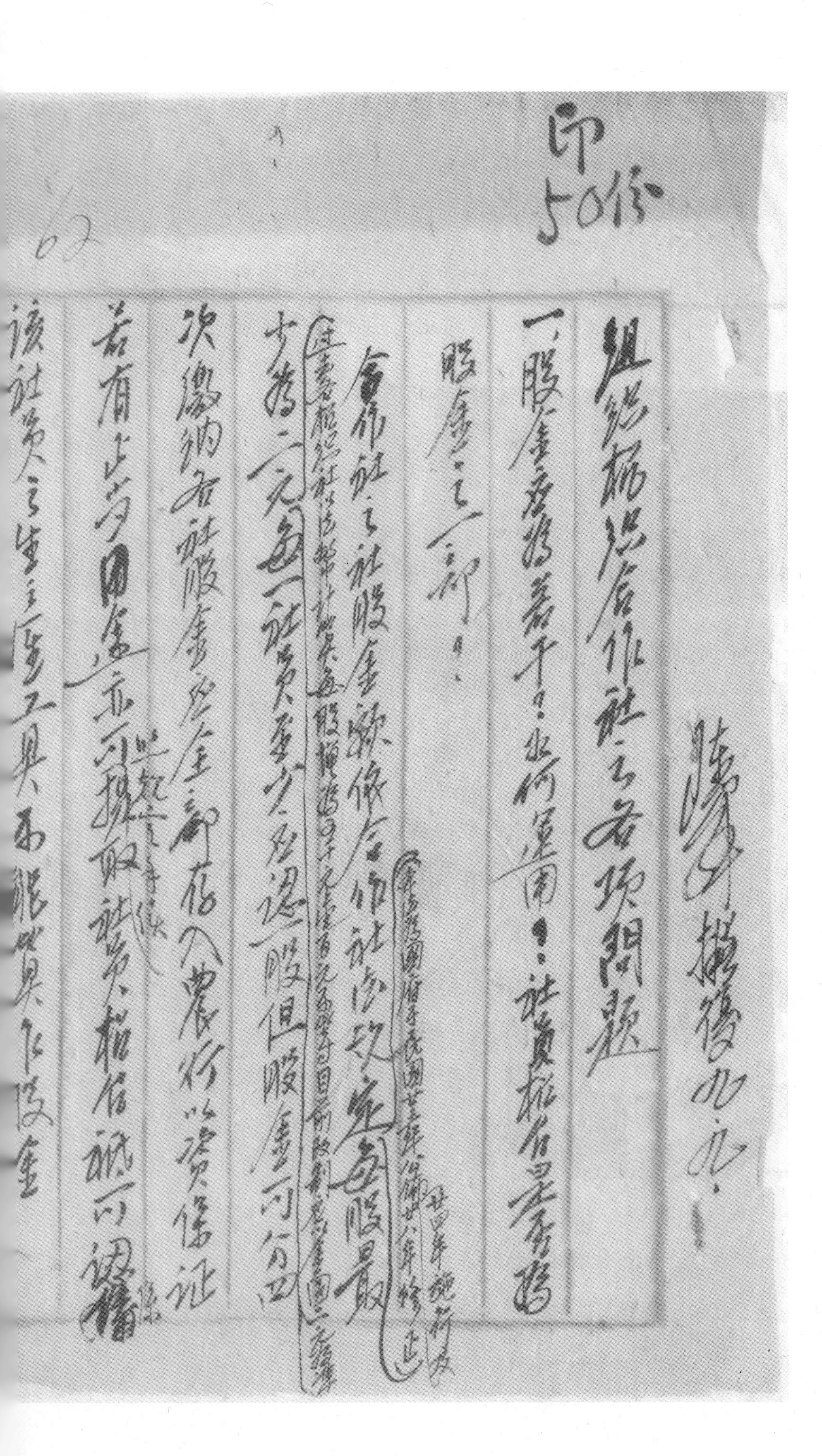
印
50份

62

组织机织合作社之各项问题

陈行拟 卅九、九、

一、股金应为若干？如何运用？社员机台是否应为

股金之一部？

合作社之社股金额依合作社法规定每股最

少为二元，每一社员至少应认一股，但股金可分四

次缴纳，各社股金应全部存入农行，以资保证。

若有正当用途亦可提取，社员机台只可过

该社员之生产工具，不能作为股金

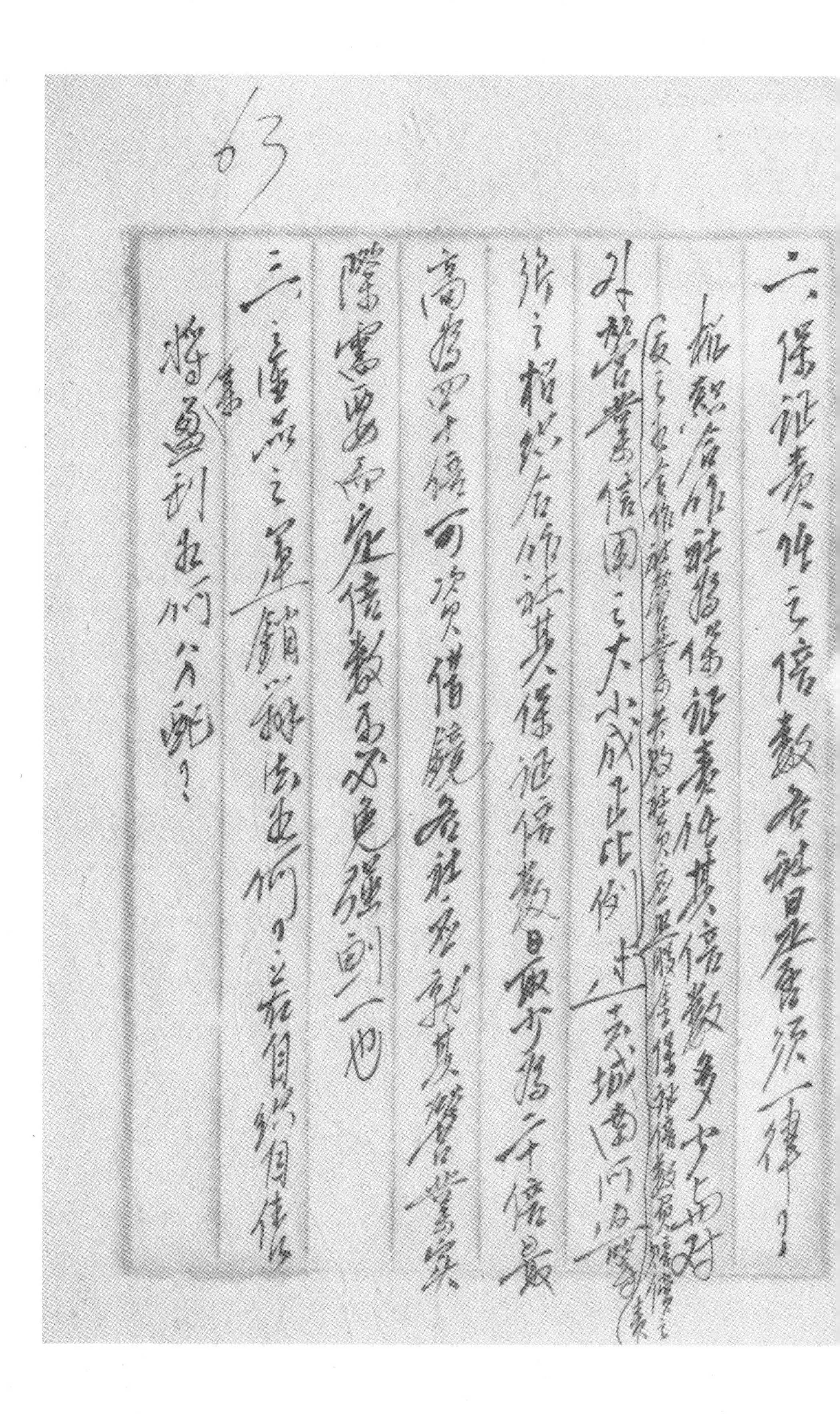

组织机织合作社之各项问题（草稿）　9-1-60（68）

63

六、保證責任之倍數各社是否須一律？

根據合作社法保證責任其倍數多少，與對外營業信用之大小成正比例。（及之合作社對營業失敗社員應負股金保證倍數之賠償之責）計查城南門外〔陳書奉〕綫之棉織合作社其保證倍數目前最少爲二十倍，最高為四十倍，可資借鏡。各社應就其營業實際需要而定倍數，不必勉強劃一也。

三、產品之運銷辦法如何？若自織自售，將（集）盈利如何分配？

组织机织合作社之各项问题（草稿） 9-1-60（69）

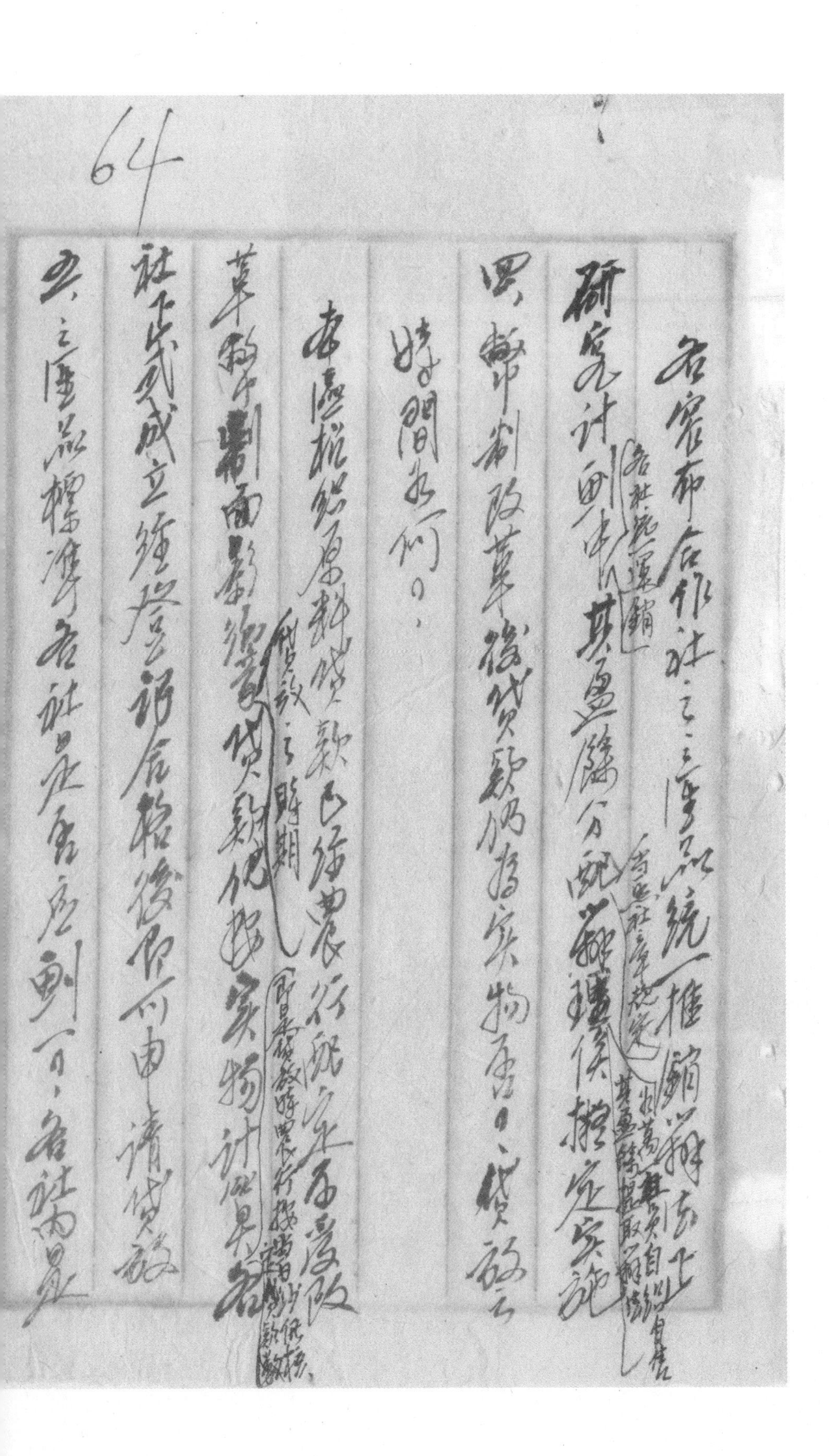

组织机织合作社之各项问题（草稿） 9-1-60（70）

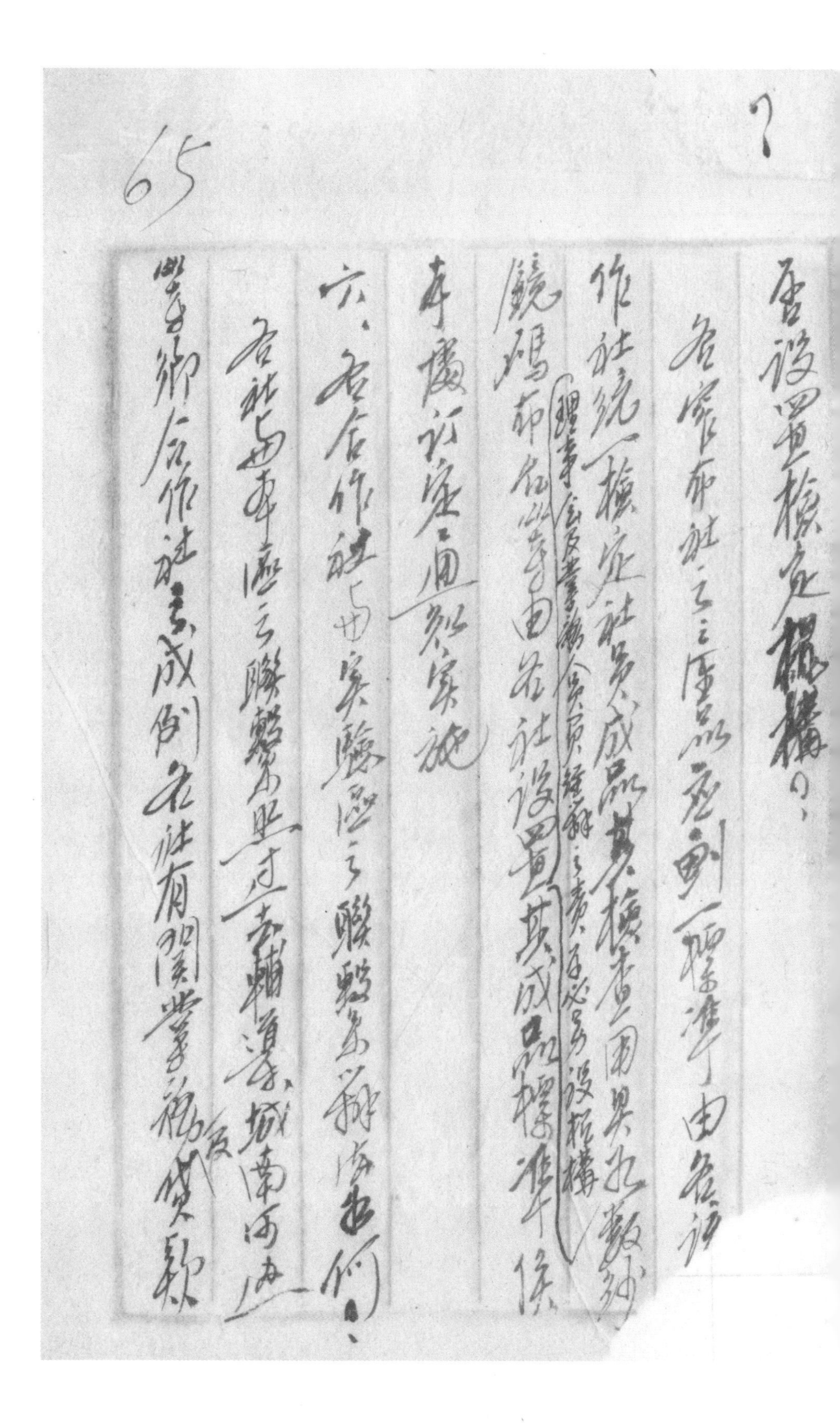
65

7

各設置檢定機構四、

各家布社之產品應訂一標準由各合

作社統一檢定社員之成品其檢查用具及數額

鏡碼布匹等由各社設置其成品標準係（理事會及業務會員經辦之責任必要設檢構）

本處訂定通知實施

六、各合作社與其業務區之聯繫辦法如何、

各社與本處之聯繫照過去輔導城南河東

與鄉合作社之成例各社有關業務負款

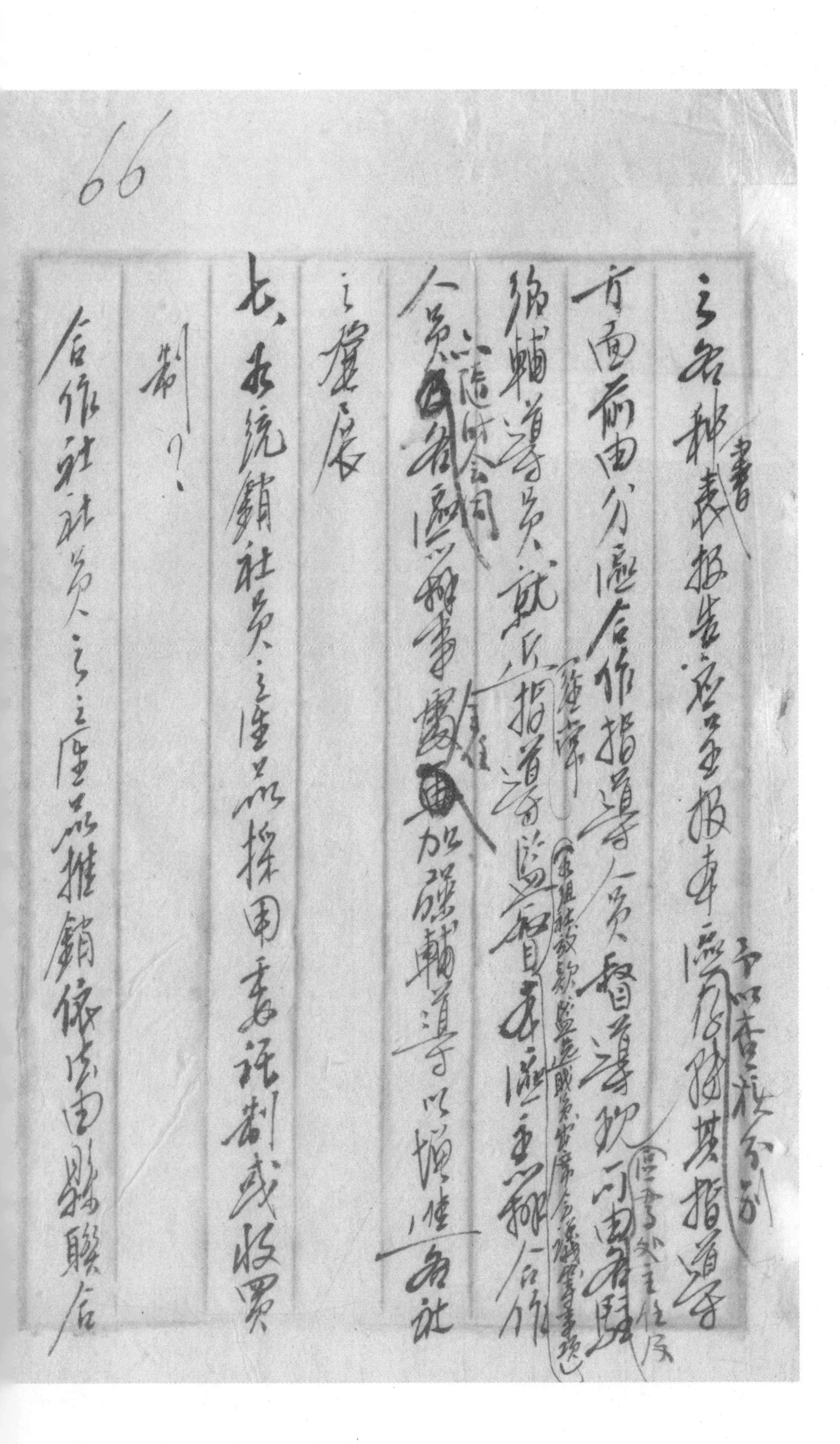

组织机织合作社之各项问题（草稿） 9-1-60（71）

67

社统一业务办理。目前城内可与等纺之十

三铁轮机社所生产24吋白布，由县联社负

责与合作金库信托部订约推销，

以所产布对各业单位社条採委托订织

制，将来布社社产布可依照办法由县（在未办理统销前社员生产布匹将用县联社订立合同代销）

联社与合订约代销，然后以后县联社能得

大量周转贷款时，将按所定价格负自

行运销

组织机织合作社之各项问题 9-1-60（75）

69

組織機織合作社之各項問題

一、股金應爲若干○、如何運用○、社員擬分交若干股金之一部○、

合作社之社股金額，依合作社法規定（本法爲國府于民國二十三年公佈，二十四年施行，二十八年修正）每股最少爲二元，過去各機織社以法幣計算，每股增爲五十元，一百元不等，目前改由應以金圓六元爲準，每一社員多少應認一股，但股金可分爲五次繳納，各社股金應全部存入農行，以資保證，若有正當用途，亦可照規定手續提取，社員機織可認係該社員之生產工具，不能算作股金

二、保證責任之倍數各社是否須一律○、

機織合作社爲保證責任，其倍數多少，與對外營業信用之大小成正比例，反之如合作社營業失敗，社員應照股金保證倍數負總償之責，過去城南河邊等鄉之機織合作社，其保證倍數最少爲二十倍，最高爲四十倍，可[illegible]各社[illegible]不

组织机织合作社之各项问题　9-1-60（76）

各縣市合作社之產品，按組織辦法之研究計劃中各社統一運銷，其盈餘分配當依社章規定辦理，如屬社員自售其盈餘撥歸辦法條撥交貸處。

四、鄉村改革後貸款仍為貸物否，貸放之時間如何。

本處機織原料貸於已設發行，既定不受改革鄉村之影響，貸放之時間貸款仍按貸物計貸，即是貸於時發行，按當日物價核定貸款數，各社正式成立之後登記合格後即可申請貸放。

五、產品標準各社是否應劃一，各社是否設置檢定機構。

各縣市社之產品應劃一標準，由各該合作社統一檢定，社員織品其檢查用具與數量，經鑑事由各社設置理事會及業務人員認辦之，前不必另設機構，其產品標準得於不應討定運銷實施。

组织机织合作社之各项问题　9-1-60（81）

六、各合作社與資總區之聯繫辦法如何？

各社與本區之聯繫應照舊輔導城南河沙等鄉合作社之成例各社有關業務及貸款之各種表報均應呈報本區以憑核分別指導其指導方面前由分區合作指導人員督導現可由區辦事處主任及各駐鄉辦事員就近隨時指導監督（如選社務監選職員出席會議等事項）本區之輔合作人員亦隨時會同各區辦事處主任加強輔導以增進各社之發展

一、
辦理如目前城南河以界街以十二鎮機織社所出產之原色
布縣聯社即曾與中央合作金庫渝信託部訂約推銷以
紗易布對各單位社[illegible]課為託[illegible]代織將來標布社之
產品可仿此辦法由縣聯社呈商訂約代銷存本辦理銷
前社員生產布匹為調轉資金計亦可自便照以後縣聯社
能以大量調轉資金時始可定價收買自行運銷

组织机织合作社之各项问题　9-1-60（81）（82）

华西实验区推进璧山县机织生产合作事业概况报告书 9-1-71（82）

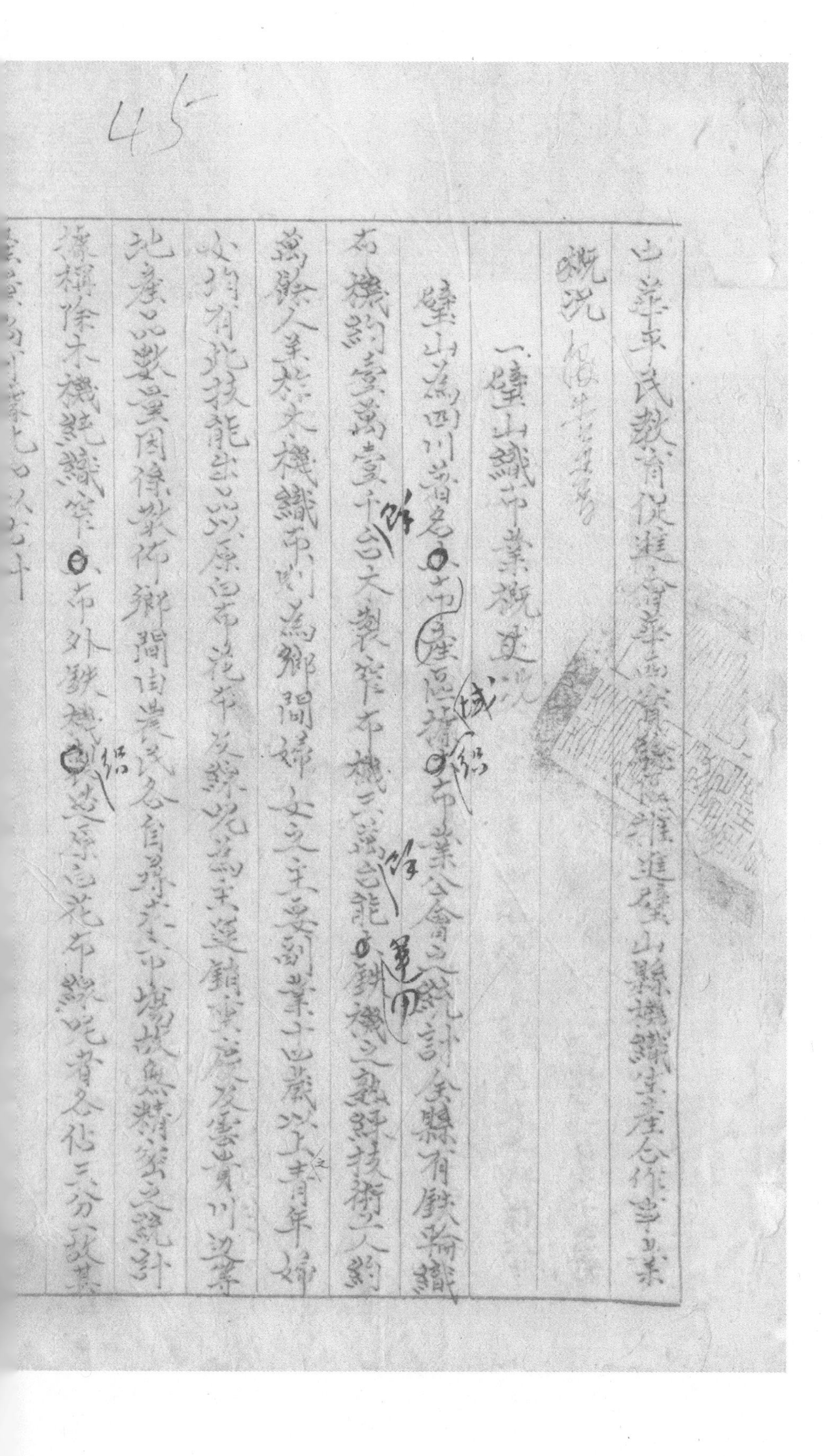

45

中華平民教育促進會華西實驗區推進璧山縣機織生產合作事業概況

一、璧山織布業概況

璧山為四川著名土布產區，據布業公會之統計，全縣有鐵輪織布機約壹萬壹千台，木製窄布機亦約一萬台，能操鐵機之熟練技術人約萬餘人，至於木機織布則為鄉間婦女之主要副業，十四歲以上之青年婦女均有此技能。出品以原白布、花布及窄呢為主，運銷貴、康及全川各地。產品數量因係散佈鄉間，由農民各自為之，市場故無精確之統計。據稱除木機窄織土布外，鐵機所織之原白、花布、窄呢各佔三分之一，故甚

全縣每年產量約七十[illegible]

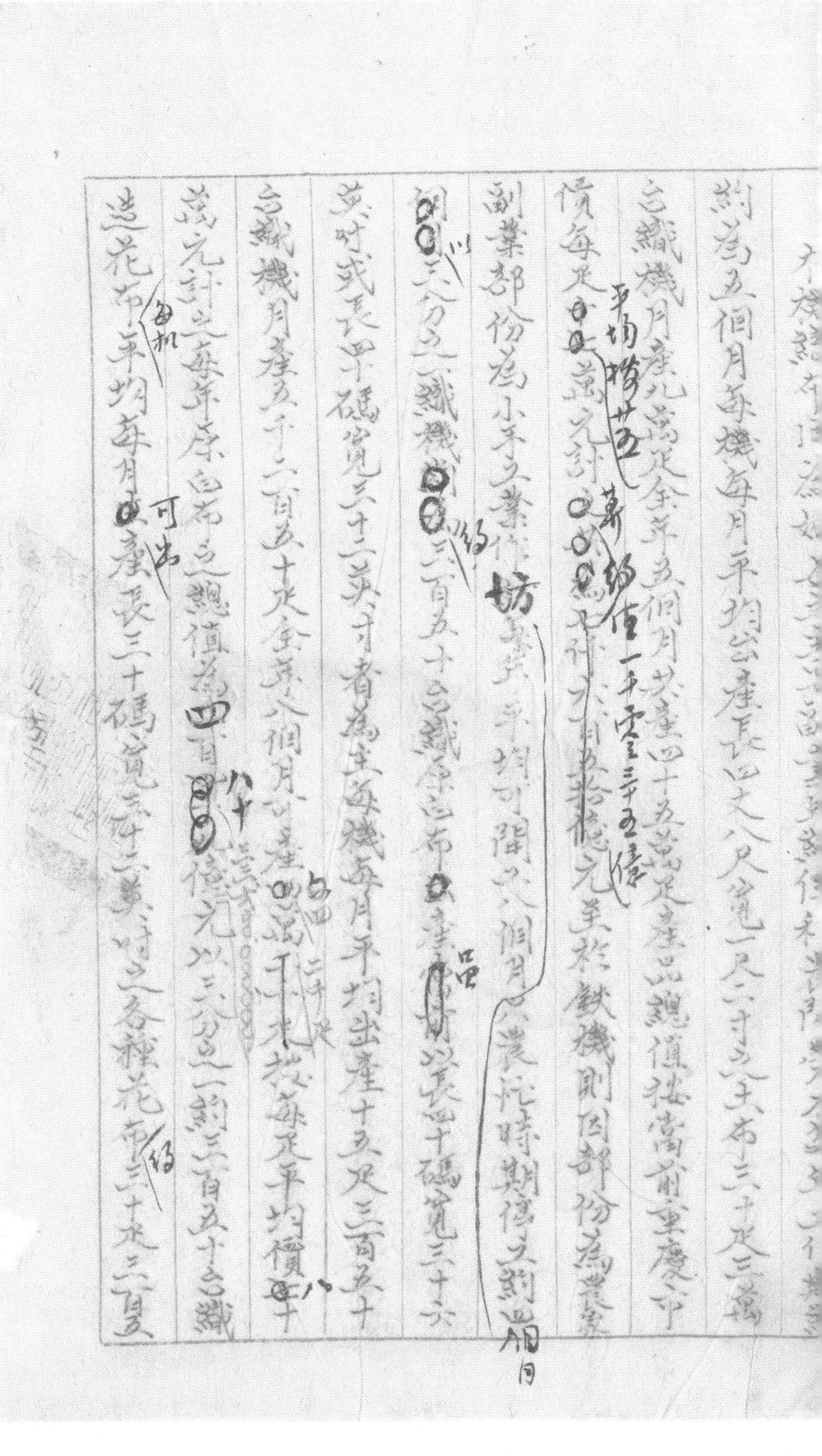
則為五個月每機每月平均出產長四丈八尺寬一尺二寸之大布三十疋三萬
之織機月產九萬疋全年五個月共產四十五萬疋產品總值按當前重慶市
價每疋　萬元計　　元至於鐵機則因部份為農家
副業部份為小手工業作坊平均可開工八個月農忙時期停工則
六分之一鐵機　二百五十台織機產白布　以長四十碼寬三十六
英吋或長四十碼寬三十六英寸者為主每機每月平均出產十五疋三百五十
台織機月產五千二百五十疋全年八個月可產　十疋按每疋平均價　十
萬元計之每年原白布之總值為四百八　億元以上　分之一約二百五十台織
造花布平均每月可出產長三十碼寬三十六英吋之各種花布三十疋二百五

华西实验区推进璧山县机织生产合作事业概况报告书　9-1-71（84）

华西实验区推进璧山县机织生产合作事业概况报告书　9-1-71（85）

一、[illegible]

本區於卅七年十月成立後，即決定以發展鄉村經濟、扶植民衆教育為兩大工作，經濟方面則以合作方式發展合該縣具基礎之主要副業。於卅七年十一月中旬先於璧山河邊、城南、來鳳、丁家等各大鄉經濟調查，發現城南、河邊為鐵機發達區域，來鳳、丁家為木機發達區域，均農民所有織機大部停業，亟謀予以救助，遂於十二月下旬派員赴城南鄉從事該鄉組布業之普遍調查，並與該鄉地方自治人員及對於紡織業富有經驗之地方士紳共同商討，決定以該鄉之手工業由政府資助以保證辦理機織生產合作社，

二、前並確定組社原則要點：

1. 採取業務經營方式，織布之原料由合作社分別於需要時[illegible]

华西实验区推进璧山县机织生产合作事业概况报告书　9-1-71（86）

47

必要时另组织[illegible]联合经营以加强合作组织之力量

（2）凡农民自有数架机者，自织者为基本社员，其自有机台而[illegible]人

自织者须家庭人员之或雇工不得超过其全家劳力之[illegible]维持

全部织布之辅助劳动者（例如纺纱摇纱络纱牵纱等）始可为

社员数，社员之机台数，各以两台为限

（3）合作社社员之出品由社规定统一标准，使其产品类以完成产品

之标准化，使计划化，并提高其品质，以应市场需要

（4）合作事业之推行，与民众教育之推行相配合，故发展合作社区域

必须推行民众教育已有成效者

根据以上诸原则，于十三、[illegible]日组成于吴西及黄家湾两合作社并

华西实验区推进璧山县机织生产合作事业概况报告书　9-1-71（87）

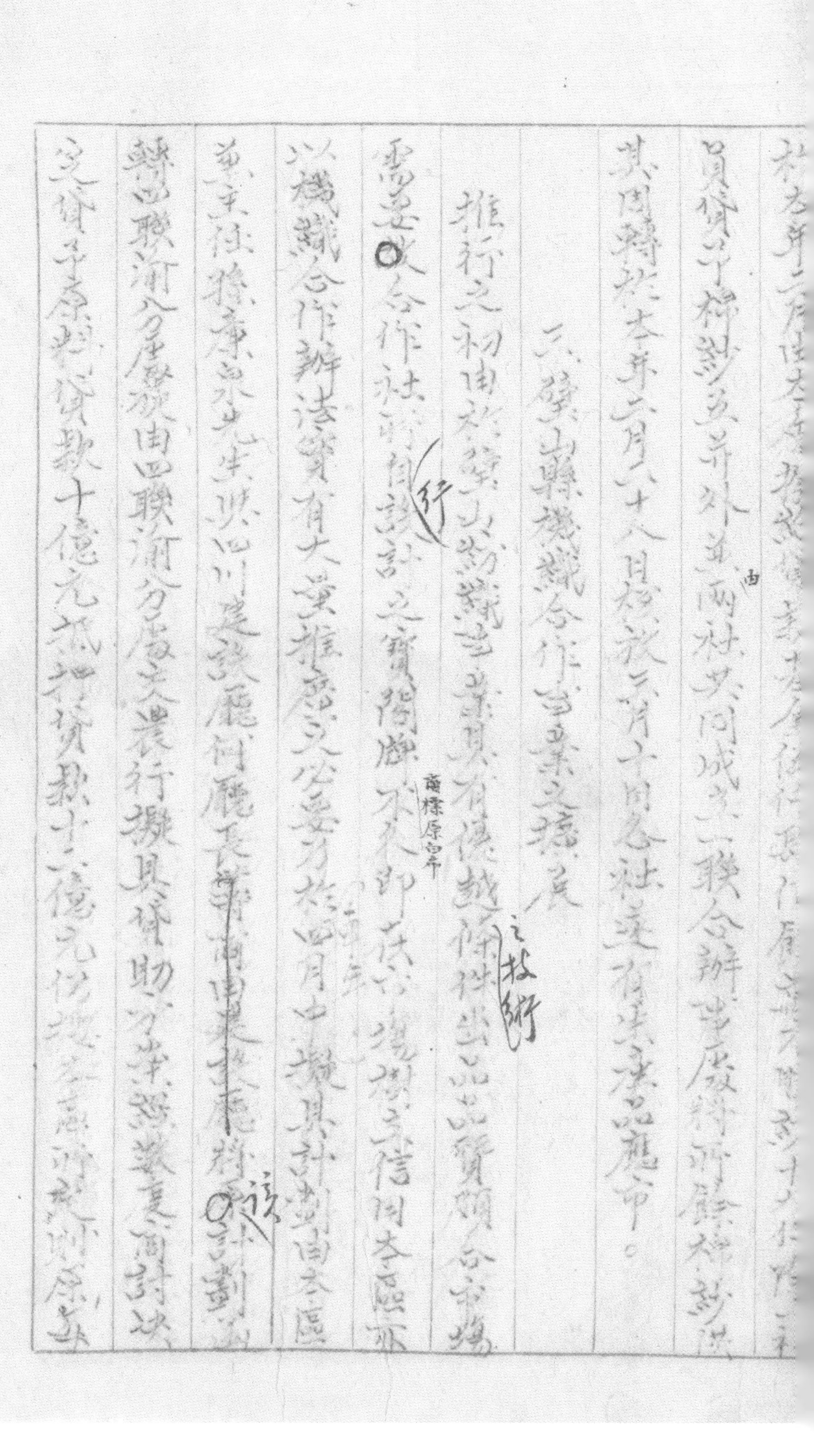

社本年六月由本區……

員貸予棉紗五件外並兩社共同成立一聯合辦事處將所餘棉紗依

其同時於本年六月十八日起放六月十日各社逐有出產品應市。

六、璧山縣機織合作事業之推展

推行之初由於璧山紡織業素具有優越之技術條件出品品質頗合市場

需要故合作社行銷計之實際指導（商標原白布）不久即於十月得信用本區所

以機織合作辦法實有大量推廣之必要乃於四月中擬具計劃由本處

華西總處四川生產處呈請局長由農處統一計劃

轉四聯總處分處由四聯總處分處之農行撥貸助才案並數度商討後

允貸予原料貸款十億元抵押放款十億元作為本區所放貸原料

华西实验区推进璧山县机织生产合作事业概况报告书 9-1-71（88）

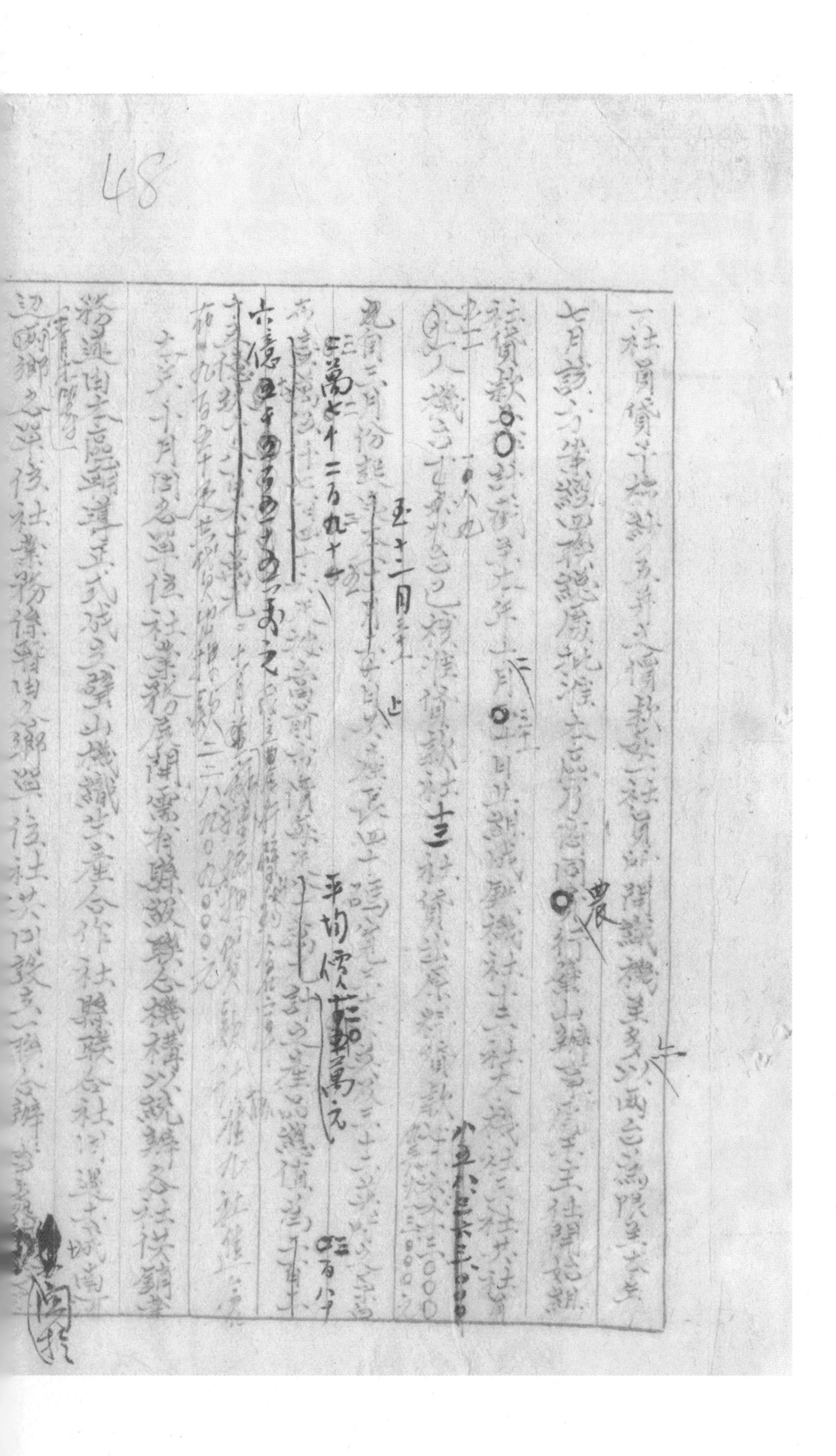

华西实验区推进璧山县机织生产合作事业概况报告书　9-1-71（89）

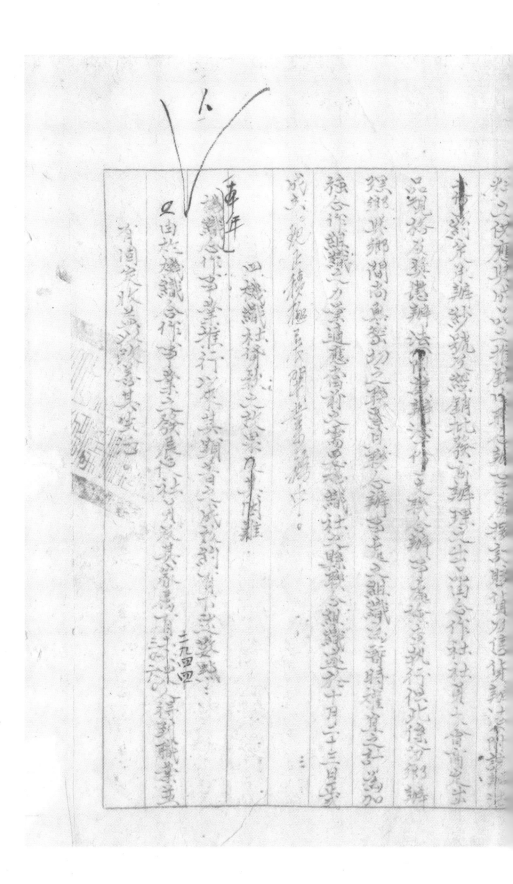

华西实验区推进璧山县机织生产合作事业概况报告书 9-1-71（91）

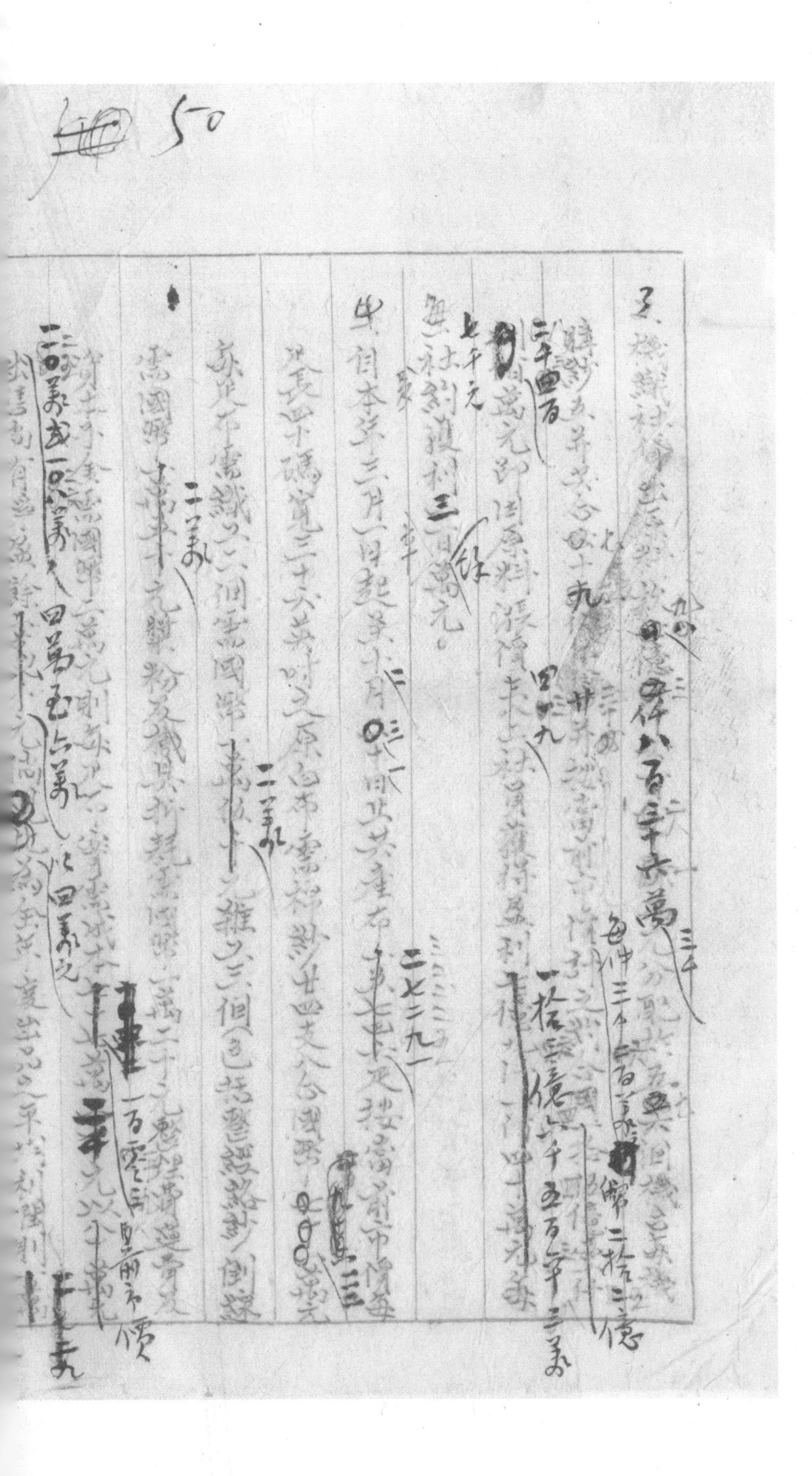

华西实验区推进璧山县机织生产合作事业概况报告书　9-1-71（92）

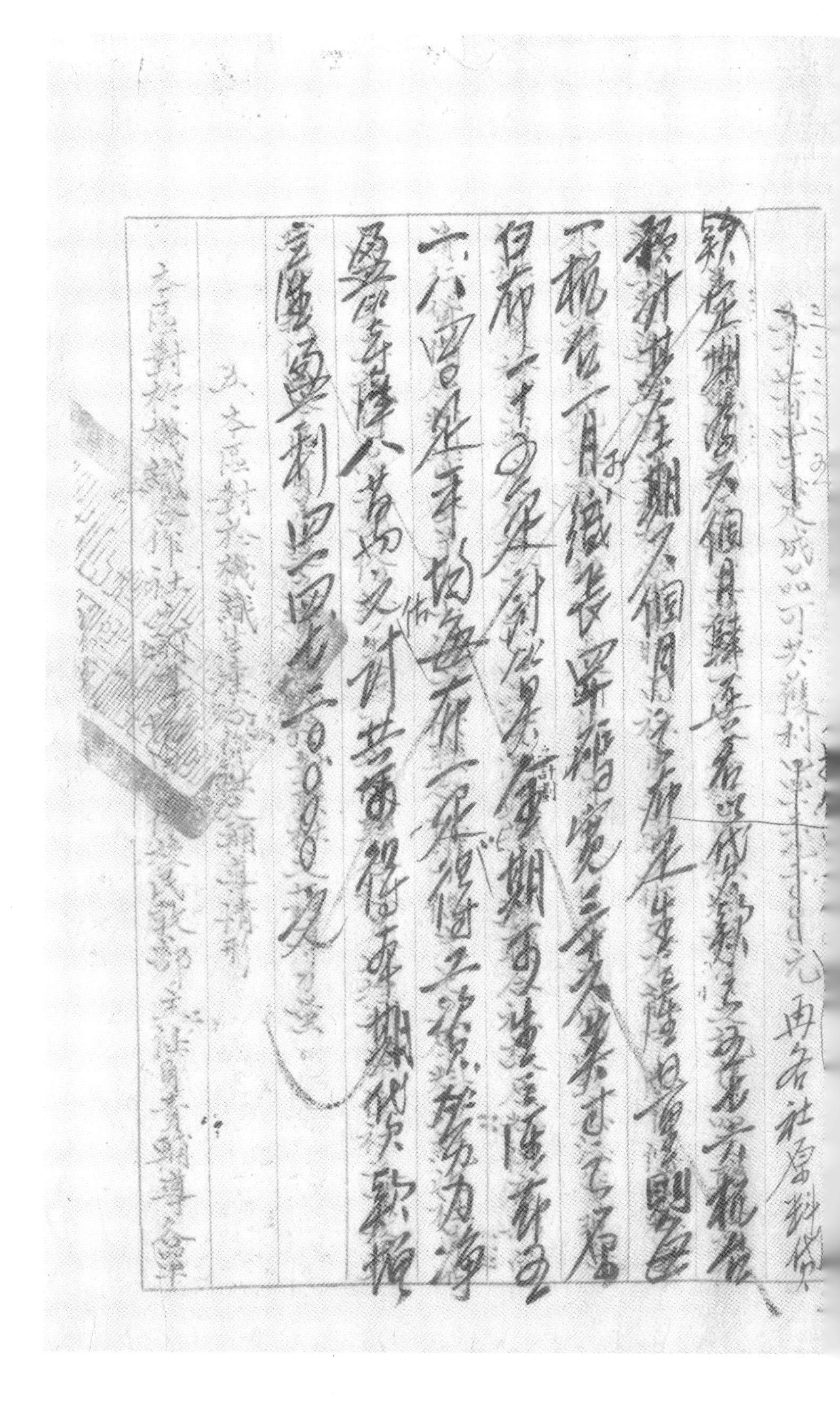

华西实验区推进璧山县机织生产合作事业概况报告书 9-1-71（93）

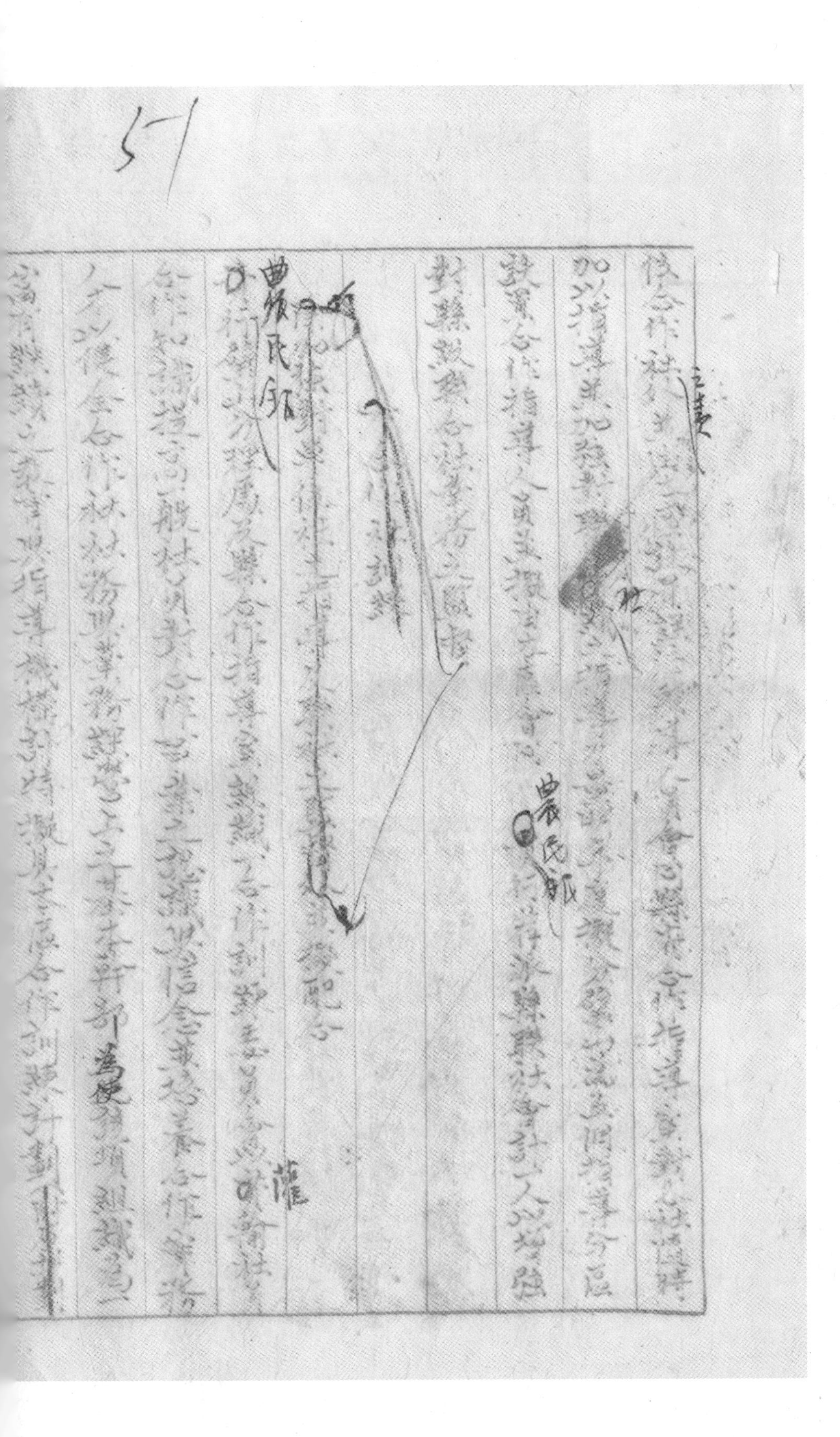

华西实验区推进璧山县机织生产合作事业概况报告书　9-1-71（94）

华西实验区推进璧山县机织生产合作事业概况报告书 9-1-71（95）

……作社各月份產量統計表　截至12月29日止

……月份	四月份	五月份	六月份	七月份	八月份	九月份	十月份	十一月份	十二月份
…60疋	678疋	684疋	700疋	547疋	468疋	640疋	682 474疋	687	235 205
…36疋	632疋	652疋	672疋	530疋	306疋	583疋	654 329疋	665	214
					396疋	681疋	673 420疋	674	223
					219疋	655疋	598 30…	610	201
						333疋	421 346疋	430	147
						338疋	560 410疋	571	183
						297疋	418 330疋	415	137
						360疋	556 400疋	560	187
						75疋	687 500疋	645	233
							720 560疋	741	250
							648 432疋	736	2.48
							6578	7126	
…26…	3310疋	3236疋	3272疋	2677疋	1339疋	4610疋	4526疋		
								342	214

……棉紗並并八月一日後始改由農民銀行貸款

华西实验区推进璧山县机织生产合作事业概况报告书　9-1-71（96）

(57)

璧山縣機織

社號	社名	開工機台數	貸款日期	開始出布日期	一月份
1	玉皇廟機織社	50	第一次36.2.28 第二次36.8.1	36.3.10	
2	藍家壩〃〃	48	第一次36.2.28 第二次36.8.1	36.3.10	
3	皂桷坡〃〃	49	36.8.4	36.8.10	
4	劉家溝〃〃	47	36.8.8	36.8.18	
5	馬鞍山〃〃	37	36.9.2	36.9.12	
6	响水滩〃〃	42	36.9.2	36.9.12	
7	新店子〃〃	33	36.9.2	36.9.12	
8	金鼓滩〃〃	40	36.9.2	36.9.12	
9	明德堂〃〃	50	36.9.18	36.9.28	
10	馬家院〃〃	56	36.9.20	36.10.1	
11	白鶴林〃〃	54	36.9.26	36.10.5	
合計	13社	562台			

說明：1.每機每月平均出產長40碼寬36英吋之原白布14疋
2.玉皇廟藍家壩兩社自二月二十八日開始業務由
3.七八兩月因值農忙時期故產量稍少

12	養魚池社	50	36.11.7	36.11.15	
	青興社	20	36.12.26	37.1.[illegible]	

[illegible]社概况表

[illegible] 股數	貸款金額	受惠農民	生產數量		備攷
[illegible]	[illegible]	[illegible]	6678	6141	
[illegible]	[illegible]	[illegible]	5244	5680	
[illegible]	[illegible]	[illegible]	2652	[illegible]	
[illegible]	[illegible]	[illegible]	2287	[illegible]	
[illegible]	[illegible]	[illegible]	1326	1610	
[illegible]	[illegible]	[illegible]	1892	2058	
[illegible]	[illegible]	[illegible]	1267	966	
[illegible]	[illegible]	[illegible]	1663	[illegible]	
[illegible]	[illegible]	[illegible]	1690	[illegible]	
[illegible]	[illegible]	[illegible]	1710	[illegible]	
[illegible]	[illegible]	[illegible]	1532	2025	
[illegible]	131,750,000	296	556	[illegible]	
[illegible]	[illegible]	126			該社為[illegible]
[illegible]	[illegible]	29448	22791疋		
	[illegible]	1060	[illegible]		

[illegible]合

华西实验区推进璧山县机织生产合作事业概况报告书　9-1-71（98）

璧山縣機織生

社號	社名	社員		機台	
		登記社員	貸款社員	實有機台	貸款機台
1	玉皇庙機織社	33	33	50	50
2	藍家塆〃〃	34	34	43	40
3	皂桷坡〃〃	39	38	50	49
4	劉家灣〃〃	35	34	43	4[illegible]
5	馬鞍山〃〃	72	28	57	37
6	响水滩〃〃	95	34	115	42
7	新店子〃〃	52	33	64	33
8	金鼓滩〃〃	63	31	72	40
9	明德堂〃〃	4[illegible]	3[illegible]	62	50
10	馬家院〃〃	52	47	63	56
11	白鶴林〃〃	54	43	74	54
12	養魚池〃〃	46	37	56	50
13	大青杠樹〃〃	20 50	20	20 50	20
14	桂家莊〃〃	95		95	
15	黄桷樹〃〃	100		100	
合計	16社	911 944	414 [illegible]	1031 1089	526

說明：
1. ~~養魚池~~大青杠樹社尚未開始業務
2. 受惠農民為已貸款及開始業務各社社員及其[illegible]
3. 生產數係截自本年十二月二十日止各社產品之實際數
4. [illegible]

华西实验区一九四七年推进璧山机织生产合作事业报告书　9-1-71（99）

53

中华平民教育促进会华西实验区卅六年推进璧山机织生产合作事业报告书

中華平民教育促進會華西實驗區三十六年推進璧山縣機織生產合作事業報告書

一、璧山機織布業概況

璧山為四川著名產布區域，據機織布業公會之統計，全縣有鐵輪織布機約壹萬壹千餘台，木製窄布機三萬餘台，能運用鐵機之熟練技術工人約萬餘人，至於木機織布，則為鄉間婦女之主要副業，十四歲以上之青年婦女均有此技能，出品以原白布、花布及線呢為主，運銷重慶及云貴川北等地，產品數量因係散佈鄉間，由農民各自尋求市場，故無精密之統計，據稱除木機統織窄布外，鐵機織造原白、花布、線呢者各佔三分之一，故其產量尚可據此加以估計。

木機織布因為婦女之主要副業，且純係利用農閒勞力，每年工作期約為五個月，每機每月平均出產長四丈八尺、寬一尺二寸之土布三十疋，三萬台機月產九萬疋全年五個月共產四十五萬尺產品總值按當前重慶市價每尺平均按二十五萬元合算約值一千零三十五億元至於鐵機則因部份為農家副業部份為小手工業作坊只農忙時期停工約四個月每年平均可開工八個月以二分之一織機約三百五十台織原白布產品以長四十碼寬三十六英寸或長四十碼寬三十二英寸者為主每機每月平均出產十五尺三百五十台織機月產五千二百五十尺全年八個月可產四萬二千尺按每尺平均價八十萬元計共每年原白布之總值為叁百叁拾陸億元以二分之一約三百五十台織造花布每機平均每月可出產長三十碼寬三十二英寸之各種花布約三十尺三百五十台織機每月可產一萬零五百尺八個月共產八萬四千尺按每尺平均價五十萬元計算每年花布之總值為四百二十億元綜現因係合約之作業每一織機每月平均可出產三十碼長三十二英寸寬之成品二十四尺三百五十台織機八個月共產六萬七千

华西实验区一九四七年推进璧山机织生产合作事业报告书 9-1-71(102)

55

二百疋每疋按平均價六十五萬元計算全年之總值共為四百三十六億八千萬元故全年璧山織布業之總收入共可達二千二百二十七億八千萬元故由於璧山有大量之織布工具及優越之技術條件故抗戰八年期間璧山紡織事業曾有輝煌之成績另戰時軍需民用布疋以有力供獻但此筆織布農民大都自無資金僅仰賴於軍政部被服廠及花紗布局之發紗收布藉工資收入為生自抗戰結束之後花紗布局結束軍政部被服廠亦停止收布遂相繼被迫停業影响農民生活至巨。

二、本區推進機織生產合作事業之經過

本區於去年十月成立後即決定以發展鄉村經濟實施民衆教育為兩大中心工作經濟方面則利用合作方式發展各地較具基礎之主要副業於去年十二月中旬完成璧山河边城南來鳳丁家青木五鄉經濟調查發現城南河边為璧山

华西实验区一九四七年推进璧山机织生产合作事业报告书　9-1-71（103）

[illegible]

以救助遂於十二月下旬派員至城南鄉從事該鄉織布業之考察並與該鄉地方自治人員及對紡織事業富有經驗之地方士紳共同商討決定以該鄉之玉皇廟及蓋家灣兩保試辦機織生產合作社二所並確定組社原則數點：

1.採副業經營方式織布之作由各社員分別於家庭內行之原料之供給與成品之推銷則由單位聯合經營以加強合作組織之力量

2.凡農民自有鐵輪機且能自織者為基本社員其自有機台而無人能自織者須家屬人口較多並需副業救濟且其全家勞力足以維持全部織布工作之輔助勞動者（例如漿紗經紗絡紗倒線等）始可為社員每一社員之機台至多以兩台為限。

华西实验区一九四七年推进璧山机织生产合作事业报告书 9-1-71（104）

56

3、社員之出品由合作社規定統一標準與生產品類以完成產品之標準化與計劃化並提高其品質以應市場需要

4、合作事業之推行與民衆教育之推行相配合故發展合作社區域必須推行民教已著著成效者。

根據以上諸原則於本年一月十日組成玉皇廟及菜家壩兩合作社並於本年二月由本會撥給貸款基金伍仟肆百餘萬元購紗十九件除每一社員貸予棉紗五斤外並由兩社共同成立之聯合辦事處將所餘棉紗供其周轉於本年二月二十八日核放三月十日各社遂有生產品應市。

三、璧山縣機織合作事業之擴展

推行之力由於璧山紡織事業具有優越之技術若干出品品質頗合市場

华西实验区一九四七年推进璧山机织生产合作事业报告书　9-1-71（105）

需要合作社所自行設計之實踐商標原白布，不久即在市場獲得信任，本區
亦以機織合作辦法實有大量推廣之必要，乃於本年四月中擬具計劃，由本區兼
主任孫廉泉先生與四川建設廳何廳長將該計劃函轉四聯渝分處，旋由四聯渝
分處交農行擬具貸助方案，經數度商討，決定貸予原料貸款十億元，抵押貸
款十二億元，仍按本區所定原則，每一社員貸予棉紗及其之價款，每一社員所開
織機至多亦以兩台為限，至本年七月該方案經四聯總處批准，本區乃商同農行
璧山辦事處主任開始組社貸款，計截至本年十二月三十一日止，組成鐵機社
十三社，木機社三社，共社員九二一人，機台一〇八九台，已核准貸款社十三社，貸出原
料貸款九三八六一三〇九元，自三月份起至十二月三十一日止，共產長四十碼、寬三十六
英寸及三十二英寸之原白布三萬二千二百二十五疋，按當前市價每疋平均價

华西实验区一九四七年推进璧山机织生产合作事业报告书 9-1-71（106）

一二〇萬元計之產品總值為三百八十六億七千萬元十一月成立農行璧山特約倉庫辦理抵押貸款計核准九社進倉布九百五十疋共貸出行款六二八九〇九〇〇元

本年十月間各單位社業務漸展需有縣級聯合機構以統辦各社供銷業務遂由本區輔導正式成立璧山機織生產合作社縣聯合社因過去城南河邊青木等鄉各單位社業務係暫由各鄉單位社共同設立之聯合辦事處辦理於茲對之供應與成品之推銷由聯合辦事處擬訂購貸及信貸辦法訂定承辦統銷及經銷批發商辦理之出品由合作社社員大會商定出品規格及獎懲辦法交聯合辦事處檢查執行但此係各鄉辦理鄉與鄉間為密切之聯繫且聯合辦事處之組織為暫時權宜之計為加強合作組織之力量適應當前之需要機織社之縣聯組織遂於十月二十三日正式成立現正積極展開業務中。

四、機織社貸款之效果

本年機織合作事業推行以來，其顯著之成效約有下述數點：

2. 由於機織合作事業之發展，使社員及其家屬有三〇六〇人得到職業，並有固定收益，以改善其生活。

3. 機織社貸出原料款九億三千八百六十一萬三千元，分配於五七六個機合，每機織紗並系共合七十一件零三十斤，按當前市價每件三千六百萬元計，共約合國幣二十五億八千三百萬元，即因原料漲價四三九社員獲得盈利壹拾陸億四千四百三十八萬七千元，每一社員約獲利三一百七十餘萬元。

4. 自本年三月一日起至十二月三十一日止，共產布三二三五疋，按當前市價每疋長四十碼寬三十六英寸之原白布需棉紗六十四支八，合國幣一一二萬元，每疋布需織

华西实验区一九四七年推进璧山机织生产合作事业报告书　9-1-71（109）

58

工二個需國幣二萬元，雜工三個（包括整經、絡紗、刷漿）需國幣二萬元，漿粉及機具折耗需國幣一萬二千元，整理費運費及資本子金需國幣一萬元，則每尺布實需成本一百一十九萬元，以目前市價一二五萬或一二六萬元出售尚有盈餘四萬至六萬元，倘以四萬元為全年度出品之平均利潤，則三二、二二五尺成品可共獲利壹拾貳億捌仟玖佰萬元。再各社原料貸款定期為六個月，照還若以貸款之五七六機合預計其全期六個月之布疋生產量，則每一機合一月可織長四十碼寬三十六英寸之原白布一十五疋，計算全期可生產布疋五一八四〇疋，平均每布一疋以得工資勞力淨盈等洋八萬元估計，共可得本期貸款增產盈利四一四、七二〇、〇〇〇元。

五、本區對於機織生產合作社之輔導情形

本區對於機織合作社之輔導，除由各保校民教部主任負責輔導各單位合

华西实验区一九四七年推进璧山机织生产合作事业报告书 9-1-71（110）

作社之責外並由本區諮詢並派遣專人負責會同縣府合作指導室各社隨時加以指導並加強對聯合社之指導力量明年度擬分璧山為五個指導分區設置合作指導人員並擬由本區會同農民銀行籌派縣聯社會計一人以增強對縣級聯合社業務之監督並擬配合農民銀行璧山分理處及縣聯合指導室組織一合作訓練委員會以灌輸社員合作知識提高一般社員對合作事業之認識與信念並培養合作實務人才以健全合作社社務與業務經營上之基本幹部為使該項組織為一富有繼續之教育與指導機構計特擬具本區合作訓練計劃為實現該計劃於本年十月二十一日開始調訓城南八社河邊四社青木一社之理事主席為期十日同時調訓十三社會計為期十五日農民銀行及璧山縣政府合作指導員從事合作社年終考績以檢討過去策勵將來並協辦各社年度結算動

員督導人員八人赴河邊等三鄉費時二週計考核金鼓灘等十三社社員四百三十九人除各社有一二社員因紗不敷週轉及市場滯銷發生特殊困難當予以分别指示改進外一般成績均屬優良而各社正籌劃明年業務之擴張璧山機織合作事業正欣欣向榮展望前途非常樂觀

…社概況表

	股				
…認	已繳	貸款金額	受惠農民	生產數量	備考
…0,100元	1,140,000元	59,800,000元	233	6,141丈	
…60000元	1,290,000元	52,800,000	215	5,680	
…80000元	1,470,000元	50,800,000	242	3,098	
…0000元	1,440,000元	54,943,000	144	2,689	
…00000元	3,600,000元	52,225,000	214	1,610	
…00000元	4,750,000元	59,850,000	227	2,058	
…00000元	2,600,000元	47,025,000	205	1,966	
…00000元	3,150,000元	57,000,000	227	1,641	
…00000元	1,375,000元	83,500,000	282	2,156	
…0000元	1,485,000元	93,520,000	372	2,211	
…00000元	1,775,000元	106,650,000	287	2,028	
…00000元	1,625,000元	131,750,000	296	984	
…00000元	800,000元	8,525,000	126		
					該社尚未機[illegible]

璧山縣機織生產

社號	社名	社員		機	
		登記社員	貸款社員	貸有機台	貸款
1	玉皇廟機織社	33	33	50	5[illegible]
2	藍家塆〃 〃	34	34	48	4[illegible]
3	皂桷坡〃 〃	37	38	50	4[illegible]
4	劉家溝〃 〃	35	34	48	4[illegible]
5	馬鞍山〃 〃	72	28	87	3[illegible]
6	响水灘〃 〃	95	34	115	4[illegible]
7	新店子〃 〃	52	23	64	3[illegible]
8	金鼓灘〃 〃	63	31	72	4[illegible]
9	明德堂〃 〃	47	37	62	5[illegible]
10	馬家院〃 〃	52	47	68	5[illegible]
11	白鶴林〃 〃	54	43	74	5[illegible]
12	養魚池〃 〃	40	37	56	5[illegible]
13	青興〃 〃	20	20	20	2[illegible]
[illegible]	大青杠樹〃 〃	[illegible]			

华西实验区一九四七年推进璧山机织生产合作事业报告书 9-1-71（114）

…作社各月份產量統計表

截至36年12月10日止

三月份	四月份	五月份	六月份	七月份	八月份	九月份	十月份	十一月份	十二月份	總計
尺	尺	尺	尺	尺	尺	尺	尺	尺	尺	尺
350	678	684	700	547	468	640	682	687	705	6141
336	632	652	672	530	306	583	654	665	642	5672
					396	686	673	674	669	3098
					219	658	579	610	603	2669
						333	421	430	426	1610
						378	560	571	549	2058
						297	418	415	411	1541
						360	556	560	561	2037
						75	687	695	699	2156
							720	741	750	2211
							548	736	744	2028
								342	642	984
686	1310	1336	1372	1077	1389	4010	6518	7126	7401	32225

貸予每機棉紗五斤八月一日後始改由農民銀行貸款

华西实验区一九四七年推进璧山机织生产合作事业报告书　9-1-71（115）

璧山縣機

社號	社　名	開工機台數	貸款日期	開始出布日期	一月
1	玉皇廟機織社	50	第一次36.2.28 第二次36.8.1	36.3.10	
2	藍家塆〃〃	48	第一次36.2.28 第二次36.8.1	36.3.10	
3	皂桷坡〃〃	49	36.8.4	36.8.10	
4	劉家溝〃〃	47	36.8.8	36.8.18	
5	馬鞍山〃〃	37	36.9.2	36.9.12	
6	响水灘〃〃	42	36.9.2	36.9.12	
7	新店子〃〃	33	36.9.2	36.9.12	
8	金鼓灘〃〃	40	36.9.2	36.9.12	
9	明德堂〃〃	50	36.9.18	36.9.28	
10	馬家院〃〃	56	36.9.20	36.10.1	
11	白鶴林〃〃	56	36.9.26	36.10.5	
12	養魚池〃〃	50	36.11.7	36.11.15	
13	青　央〃〃	20	36.12.26	37.1.4	
合計	13社	576台			

說明

1. 每機每月平均出產長40碼寬36英寸之原白
2. 玉皇廟藍家塆兩社自二月二十八日開始業務
3. 七八兩月間值農忙時期故產量較少
4. 青央社為十二月底貸款應自三十七年一月開

华西实验区辅导璧山机织生产合作事业概况（一九四八年十月二十一日编）

9-1-84（18）

平教會華西實驗區輔導璧山機織生產合作事業概況　三十七年十月二十一日編

甲　本區推進機織生產合作事業之經過

本實驗區於三十五年十月成立後，即決定以發展鄉村經濟、實施民眾教育為兩大中心工作。經濟方面則利用合作方式，發展各地較具基礎之主要副業。於同年十二月中旬完成璧山城南、河邊、丁家、來鳳、青木五鄉經濟調查，發現城南、河邊為璧山鐵機發達區域，來鳳、丁家為木機發達區域，且農民所有織機大部停業，亟須予以救濟。遂於十二月下旬派員至城南鄉從事該鄉織布業之考察，並與該鄉地方自治人員及對紡織事業富有經驗之地方士紳共同商討，決定以該鄉之朱家廟及蔡家塝兩保試辦機織生產合作社二所，並確定組社原則數點：

1. 採副業經營方式，織布之作由社員分別於家庭內行之，原料之供給與成品之

华西实验区辅导璧山机织生产合作事业概况（一九四八年十月二十一日编） 9-1-84（19）

推銷則由單位社聯合經營以加強合作組織之力量。

2. 凡農民自有鐵輪機且能自織者為基本社員其自有機只尚無人能自織者須家屬人口較多或為副業救濟且其全家勞力足以維持全部織布工作之輔助勞動者（例如漿紗、經紗、絡紗、倒線等）始可為社員每一社員之機只至多以兩台為限。

3. 社員之出品由合作社規定統一標準與生產品類以完成產品之標準化與計劃化並提高其品質以應市場需要。

4. 合作事業之推行與民眾教育之推行相配合以發展合作社區域以須推行民教已有著成效者。

根據以上諸原則於三十六年一月十日組成王皇廟及藍家灣兩合作社

华西实验区辅导璧山机织生产合作事业概况（一九四八年十月二十一日编） 9-1-84（20）

並於同年二月由本會撥給貸款基金法幣伍仟肆佰餘萬元購紗十九件除每一社員貸予棉紗五斤外並由兩社共同成立一聯合辦事處將所餘紗棉供其週轉於同年二月二十八日核放三月十日各社遂有生產品應市

乙、璧山縣機織生產合作事業之擴展

推行之初由於璧山紡織事業具有優越之技術條件生產品質頗合市場需要合作社所有自行設計之貨頗牌商標原白布不久即在市場樹立信用本區亦以機織合作辦法實有大量推廣之必要乃於三十六年四月中擬具計劃由本區專主任孫廉泉先生與四川建設廳何廳長將該計劃面請四聯渝分處責農行擬具貸助方案幾經數度商討決定貸予原料貸款十億元抵押貸款十二億元仍按本區所定原則每一社員貸予棉紗五斤並

华西实验区辅导璧山机织生产合作事业概况（一九四八年十月二十一日编） 9-1-84（21）

之價款每一社負所[illegible]機多寡而以減之，[illegible]至今年七月該方案經正式[illegible]批准，本區乃商同農行璧山辦事處開始組社貸款，計截至十二月三十一日止，組成鐵機社十三社，木機社三社，共社員九二一人，機台壹千零捌佰玖拾三台，已核准貸款社十三社，貸出第一次原料貸款九三八六三000元，本年各社第二次續貸，又貸出原料貸款二十二億餘元。本年第一期民教結業後，當選定城中等辦理民教成績最優之九鄉各創立木機社一社，共新增九社，社員共為四百人，均當傳習處之畢業學生，而兼備織布技能者，木機共有四百台，目前正向農行辦理申請貸款手續，預計將核放原料貸款壹百肆拾餘億元。并於去年十一月成立農行璧山特約倉庫，本年一至三月辦理抵押貸款，計核准九社進倉布二千二百五十四疋，共貸出押款一〇八、六五六、〇〇〇〇元，各社賴有此款購買原料

华西实验区辅导璧山机织生产合作事业概况（一九四八年十月二十一日编）　9-1-84（22）

13

資金週轉靈活得能大量生產

去年十月因各單位社業務開展需有縣級聯合機構以統籌各社供銷業務遂由本區輔導正式成立璧山機織生產合作社縣聯合社因過去城南河邊青木等鄉各單位社業務係暫由各鄉單位社共同設立之一聯合辦事處關於原料之供應與成品之推銷由聯合辦事處擬訂購貨及售貨辦法經定承辦紗綫及經銷批發商辦理之出品由合作社社員大會商定出品規格及獎懲辦法交聯合辦事處檢查執行但此係分鄉辦理鄉與鄉間尚無密切之聯繫且聯合辦事處之組織為暫時權宜之計為加強合作組織之力量適應當前之需要機織社之縣聯合組織遂於去年十月二十三日正式成立至本年元月方開始業務訂立嚴密之檢查制度各單位社社

員所生產之布匹送交該社檢查合格後運銷並即購紗以資再生產刻與中央合作金庫重慶分庫簽訂貸款購紗委託代銷該產布匹合約除已運來紗四十大件交去年原白布二千餘匹外今後每月可能代銷布四千餘匹營業正逐步發展中

丙、機織社貸款之效果

機織合作社推行以來其顯著之成效約有下述數点：

1.去年上期劃璧山縣之城南河边青木来鳳四鄉試辦民教計設傳習處三十六處動員導生五四四人畢業民衆共七一六八人後由於機織合作社之配合組設引起地方機關及民衆之教育興趣縣參議會第六次大會之通過璧山縣地方建設三年計劃大綱送請縣府執行

华西实验区辅导璧山机织生产合作事业概况（一九四八年十月二十一日编） 9-1-84（24）

24

縣府乃邀請各方面人士組織三年計劃推行委員會策劃進行後於參議會第七次大會通過普設民教主任全縣推行民教及撥食谷三千市石作為民教主任食米等策民教之作為進至一新的階段去年十月甄選民教主任二六〇人實即設班訓練訓練期間除注意教育課程之講授外並加授合作法規合作經營合作金融合作社之組織與登記等課程使民教人員明瞭合作社之意義及辦法為合作事業備人才嗣璧山全縣劃二六〇個學區設民教主任二六〇人第一期設傳習處二一四〇處動員導生二六九一人入學民眾預計三一六八六人民教之作之推行全縣實乃合作事業合配推行之功允無疑義本年并由城南河邊兩鄉之十二合作社以各社之公益金協辦其業務區域內國民學校

所以發揚力量協助教育

2. 由於機織合作事業之發展使社員及其家屬有二〇六〇人得到職業並有固定收益以改善其生活

3. 機織社三十六年貸出原料貸款九億三千八百六十一萬三千元配於五七六個機台每機購紗五并共合七十一件零二十并按還款時市價每件三千六百萬元計之約合國幣二十五億八千三百萬元即因原料漲價四三九社員獲得益利壹拾陸億肆仟肆佰叁拾捌萬柒仟元每一社員約獲利叁佰柒拾餘萬元。

4. 自本年三月一日起至同年十二月三十一日止共產布三二二五疋按當前市價每疋長四十碼寬二十六英寸之原白布需棉紗二十四支合國幣

华西实验区辅导璧山机织生产合作事业概况（一九四八年十月二十一日编） 9-1-84（26）

15

一百八十八萬元每疋布需織工二個需國幣二八萬元雜工三個（包括整經絡紗倒線）需國幣二八萬元漿粉及機具折耗需國幣二萬二千元整經費運費及資本利金需國幣一八萬元折每疋布需成本一八九〇〇〇〇元以當前市價一二五萬或一二六萬元出售尚有淨盈餘四萬至六萬元倘以四萬元為全年度出品之平均利潤則三二六五疋成品共可獲利壹拾式億捌仟玖佰萬元。

5、本年各社共原料及抵押貸款三十二億餘元合計購紗四十七件平均每件紗價為七千萬元若以目前紗價政府議定金圓六十四元捌角計原料增值在四十億以上本年元至十月共生產廿原白布七萬八千二百四十四疋各社所獲盈利當不少

丁、本區對於機織生產合作社之輔導情形

本區對於機織合作社之輔導除由各保校民教主任負責輔導各單位合作社之責外並由本區設置業務輔人員會同縣府合作指導室對各社隨時加以指導並加強對聯合社之指導力量本年度計劃擴大業務區域增組新社各鄉均派有駐鄉輔導員一人經常督導考核各社之業務會同農民銀行薦派縣聯合社會計一人以增強對縣級聯合社業務之監督使璧山機織合作事業逐日前進奠立農村經濟復興之基礎。

璧山分理处农村副业贷款报告表（一九四八年一月二十日） 9-1-194（79）

37

璧山處 行 農村副業貸款報告表 編號 13 填報日期 37 年 1 月 20 日

借款社團名稱 璧山縣青木鄉青輿機織生産合作社 地址 青木鄉公所

申借日期 36.12.10. 借款次數 1 申借金額 9,000,000

借款人數 20人 核貸人數 20人 核貸金額 8,025,000

本貸款經呈奉 36 年 月 日 總處 行 農 字 23344 號函或電核定辦理

貸款用途分配及其運用方法 購買棉紗轉貸社員織布

還款來源 出售成品及農産品

貸款利率 5.5% 期限 6 個月（自 36 年 12 月 27 日至 37 年 6 月 26 日止）

訂約種類 （借據或透支契約） 借據

撥款日期 （分期撥付者應將分撥日期及金額分明填明） 36.12.27.

抵押品名稱及其數量

保證人財力及信用概况　一係[illegible]團体　一係政府機關

監放情形　1. 監放日期　37.1.17.　2. 地址　青木鄉公所

3. 實到借款人數　20　4. 實放貸款金額　$8,025,000—

5. 缺席社團員貸款及未放出款之處理

6. 其他

對會社業務之改進意見及指示事項；

1. 該社貸款領訖後於29日在重慶怡康紗號購進棉紗100件當日市價為每件870000—（每件34,800,000—）該社自籌6,750,000—共付價款$8,[illegible]000—

2. 據該社購運人稱自購妥後因數量少找汽車不易改用人力挑運致延時日始於本月16日運至故[illegible]期監放當經分別查詢確屬實情。

3. 監放會同平教会陳指導員[illegible]前往監放召集社員大會分別講解副業之要義及業务經營等並視並指導各户借據之填寫[illegible]放款手續後一一發放共計放出棉紗壹佰件每月可增產白布300尺

備註

4. 指導帳务處理及記帳方法。

5. 該社現增認股為4000股已收股金2,450,000—

主任　　農貸主管　　填報人

璧山分理处农村副业贷款报告表（一九四八年一月二十日）　9-1-194（80）

璧南大台布购运销计划及办法（一九五〇年十月二十五日） 9-1-196（52）

42

璧南大台布購運、銷計劃及辦法

一九五〇年十月二十五日

一、大台布以洋經土緯為原則。其規格，長度二丈八尺，寬一尺，重量約為一斤半，上下不得逾一二兩。

二、換紗量每疋以洋紗七排折合五兩，其餘以土紗補發之。得視當地具體情況而酌量調整。

三、收換時應注意長寬、重量外，尤應注意其密度均勻、紗質純潔、無跳紗、瀾邊等，力求品質之劃一，並與合作社社員生產工作結合。

四、換布所需經紗由總處庫存棉紗（包括所購遂寧紗）撥付，緯紗所需之土紗，由在丁家坳所收貸紗款去永川採購白土紗擴充。貸紗款不敷時，可另增撥購買。

五、收[illegible]

及煉整技術經驗一人（其待遇為丁字場量兩斗米並供膳食）外，餘由原收貸紗工作同志兼辦之，將來工作繁忙時，再行增派或增僱人員。

六、為免影響收還貸紗工作，收換布尺暫定逢丁字場場期辦理，紗場期原收貸紗人員，仍照常下鄉催收，僱用之技術人員則煉整布尺。

七、自開始收換布尺之日起，於半月內每場（一期）暫不超過二百尺，俟布尺銷路打開時，即增派或增僱人員，不再限期限量收換。

八、收換布尺時須填寫收布憑單（另附式樣）一份寄會計股登賬，一份留作存根。

九、布尺煉整時以二十二尺為一疋（在不影响拉斷力的原則下可改以三十尺為一疋）。

壁南大台布购运销计划及办法（一九五〇年十月二十五日） 9-1-196（54）

43

燻出後價先按脚力運輸十至十五担試銷，如能銷售有利，則陸續發往重慶銷售，否則發江津、綦江、宜賓等地銷售。

十、布尺每尺成本為棉紗七排(三兩)六，〇〇〇元，皇紗一斤三兩(每斤按八千元計)九，五〇〇元，運力(丁家坳至重慶一三〇華里，每斤二四〇元計)三六〇元，燻藥(硫黄及洋灯菜油等)一〇〇元，管理費五〇〇元，稅(按每尺一萬八千元之百分之三)五四〇元，共計一七，〇〇〇元，如在渝售價每尺為一八，〇〇〇元，除印花及佣金等外，每尺可獲利七〇〇元，如超過一萬八千元售價，其利潤自不止此。

附收布憑單樣式：

丁家坊收换大台布票单

1950年　月　日　第　号

换布人姓名	数量	换纱数						总金额
		经纱			纬纱			
		支	磅	金额	斤	两	金额	
合計								

复核　　经手人

璧南大台布购运销计划及办法（一九五〇年十月二十五日）　9-1-196（55）

璧山第一辅导区办事处工作报告 9-1-197（115）

68

1.

合作

一、合作社之组织专贷款：本区合作社分机织生产合作社及农业生产合作社两种，所有社员均系传习处毕业学生

本年一至六月份本区新组机织社十三社连旧社共为廿三社共宽布社十八社窄布五社社员机台统计如附表(一)

本年新组机织社贷纱工作至六月份止仅三个难社核贷棉纱二六四并温家湾社核贷二〇一并雷家湾社核贷一七四并三个社共计核贷棉纱六三九并其余城南各社已有多数向供销处以布换纱，其统计见供销处报告

农业生产合作社一至六月份共组八社贷款截至六月底止尚

[illegible]

共發稻種廿八石三斗（見農業部份附表（二））

二、合作実務人員訓練：総處於本年四五月份辦理合作実務人員両期本區机織合作社理事主席經理及會計均經入班受訓本處羅幹事秀夫領隊入班參加講習

三、合作社之輔導：本區工作同志对各社經常加以輔導，舉凡社員大會，創立登記變更登記清算解散登記等項均由同志加以輔導計一至六月份參加創立會十八次社員大會卅六次理監聯席會八七次。餘如調查社員机台是否確实調查社員或其家属是否在傳習處讀書調查貸紗社員是否織布及其生產情

璧山四寶閣文具印刷紙號印製

璧山第一辅导区办事处工作报告　9-1-197（117）

69

2

形等工作更是經常舉行是以本區工作同志異常依賴

四、合作教育：除傳習處之學生社員加授合作常識課本外並召集非文盲社員每週開會傳習合作常識一次餘如舉行社員大會之時均不惜多費唇舌將本區辦理合作社之旨趣及各種經營方法詳為解説俾增社員之瞭解

壁山第一輔導區機織合作社概况表 三十八年六月份

鄉別	社名	理事主席	經理	成立年月	社員數	機台數	備註
總計	23	23	23		1421	1861	
寬布社合計	18	18	18		1051	1417	
城東	嚴家堡機織生產合作社	張述良	張輝林	4/38	60	79	
城南	兜角坡機織生產合作社	鄭植尭	鄭樹昌	3/36	52	66	
	玉皇廟機織生產合作社	[illegible]正烈		2/36	25	49	
	東嶽廟機織生產合作社	周滌安	周光銓	11/37	38	51	
	觀音閣機織生產合作社	劉嘉賓	劉國樑	2/38	135	168	
	劉家灘機織生產合作社	劉光治	王正崇	4/36	28	37	
	明德堂機織生產合作社	彭澤鏞	張儀中	4/36	36	55	
	馬家院機織生產合作社	黃潤成	黃金萬	7/36	42	67	
	蔡與池機織生產合作社	張玉全	吳金良	6/36	40	40	
	白鶴林機織生產合作社	何克奎	吳述章	9/36	43	62	
	藍家灣機織生產合作社	張渭濱	吳策能	2/36	24	46	
城西	汪家灣機織生產合作社	謝金銓	汪國忠	3/38	60	60	
	彭家寨机織生產合作社	彭大江	彭人海	10/37	50	36	
城北	趙家灣机織生產合作社	趙玉昌	丹林高	10/37	82	107	
	三圓碥机織生產合作社	龔成周	龔隆財	10/37	91	136	
	黃泥灣机織生產合作社	賀廷楷	陳森雲	3/38	50	78	
	雷家灣机織生產合作社	雷振綱	雷嘉由	1/38	61	131	
	楊家祠机織生產合作社	譚時高	楊順清	8/38	134	149	
窄布社合計	5	5	5		370	444	
獅子	譚家灣机織生產合作社	張行簡	彭祥周	8/38	95	95	
	戴家灣机織生產合作社	戴德修	戴子清	3/38	43	62	
	熊家壩机織生產合作社	陳厚德	何俊賢	4/38	76	83	
	醒獅机織生產合作社	曹德新	朱顯森	4/38	86	134	
	獅[illegible]墳机織生產合作社	張忠義	彭泳芬	4/36	70	70	

华西实验区璧山县龙凤乡凤凰场机织生产合作社章程　9-1-38（8）

10

中華平民教育促進會華西實驗區

保證責任璧山縣龍鳳鄉鳳凰場機織生產合作社章程

华西实验区璧山县龙凤乡凤凰场机织生产合作社章程　9-1-38（9）

中華平民教育促進會華西實驗區

保證責任璧山縣龍鳳鄉鳳凰場機織生產合作社章程

（本章於民國三十八年三月十四日經社員大會通過）

第一條　定名　本社定名爲保證責任璧山縣龍鳳鄉鳳凰場機織生產合作社

第二條　宗旨　本社以發展工業增加生產改善社員生活建設經濟國防爲宗旨

第三條　責任　本社爲保證責任各社員之保證金額爲其所認股額之二十倍並以其所認股額及保證金額爲限負其責任

第四條　業務區域　本社以鳳凰場全鄉第十八保、臺河埼壩、大学堂等地爲業務區域

第五條　社址　本社社址設於龍鳳鄉鳳凰場街上第一中心校

第六條　年限　本社成立年限定爲五年但經社員大會之議決得縮短或延長

第七條　公告　本社應公告之事項在本社揭示處公佈之

第八條　社員資格　本社社員以本國人民年滿二歲十或未滿二十歲而有行爲能力且有正當職業品行端正並無吸食鴉片或其他代用品宣告破產及褫奪公權之形情而對本社事業確有經營之技能與經驗並不加入其他任何工業合作

华西实验区璧山县龙凤乡凤凰场机织生产合作社章程　9-1-38（10）

凡有違犯關係法令以及喪失信譽之行爲者均得經本社出席理監事四分之三以上社務會議之通過予以除名以書面通知被除名之社員並報告社員大會

四、出社社員對於出社前本社所負債務之保證責任自出社決定日起經過二年始行解除但本社於該社員出社後六個月內解散時得以該社員爲未出社論

五、出社社員得請求退還其所繳股金之一部或全部但須於年度終了結算後由理事會決定之

第十一條　社股　本社關於社股之規定如左：

一、每股定爲金圓伍元

二、社員入社時至少須認購一股嗣後可隨時添認但最多不得超過本社股金總額百分之二十第一次所交股金不得少認股額四分之一其餘股金之繳納日期由理事會決定但應自認股之日起一年內繳足之

三、社員如無力繳納股款之一部或全部者得按月由其應得之工資內扣繳或於年終由其應得之股息或盈餘分配金內扣充之

四、社員除以現款繳納股金外並可以機器工具及原料或其他財產物等經

第十四條　僱員　本社因業務發展於必要時得由理事會任用副經理一人技師技術員事務員助理員或練習生及臨時僱工若干人練習生及臨時僱工應先儘社員之家屬選用其辦法另定之

任期規定如左：

第十五條　任期　本社職員之任期除聘僱人員另行規定外所有理監事之任期規定如左

一、理事之任期為一二三年每年改選三分之一得連選連任

二、監事之任期為一年亦得連選連任

三、理事在任期內非有正當理由不得辭職其確因故辭職或其他原因缺額時得召集臨時社員大會舉行補缺選舉其產生之理監事以前任之任期為任期

四、本社由理事會提經社員大會推選出席聯合社之代表其任期為一年

第十六條　待遇　本社監理事均以義務職為原則必要時得經社員大會決議酌支津貼或生活補助費其他聘僱員工得經理事會之議決酌給薪資

第十七條　細則　理事會辦事細則由理事會另訂之監事會辦事細則由監事會另訂之其他員工之服務規則分別另訂之

五

华西实验区璧山县龙凤乡凤凰场机织生产合作社章程　9-1-38（12）

三、社務會開會時副經理技師技術員及事務員均得列席陳述意見

第二十條　理事會及監事會　由各該會主席至少於每月召集會議一次

一、理事會或監事會應有理事或監事過半數以上之出席始得開會出席理事或監事過半數之同意始得決議

二、理事會之職權如左：

（一）執行社員大會決議案及一切社務

（二）擬定業務進行方針及實施計劃

（三）編造預算及決算

（四）編製各項報告書表及規章

（五）向外借款及其事項

（六）購置應須之原料及一切設備或其他不動產

（七）辦理本社產品之運銷

（八）會同本社監事對內對外簽訂各種契約或於訴訟時為本社代表

三、監事會之職權

監查本社所有財務狀況

監查本社業務執行狀況

华西实验区璧山县龙凤乡凤凰场机织生产合作社章程　9-1-38（13）

18

（四）以百分之六十為社員分配金按社員之工作效率成績及工資等比例分配之

第二十七條　虧損　本社年終決算有虧損時以公益金及股金順次抵補之如仍不足由各社員按所負之保證金額分担之

第二十八條　解散　本社遇有左列情事之一而解散

（一）社員大會議決解散或與他社合併時

（二）社員不足法定人數或成立期滿時

（三）破產或有解散之命令時

第二十九條　清算　本社解散時呈由主管機關或法院派清算員二人依合作社法之規定清理本社債權及債務清算後尚有資產金額時由清算人擬定分配案呈准主管機關并提交社員大會決定處理

第三十條　附則　本章程附則附左：

一、本章程未規定事項悉依合作社法及同法施行細則或其他有關法令之規定辦理

二、本章程由社員大會通過呈請主管機關核准後施行

一

华西实验区璧山县龙凤乡凤凰场机织生产合作社章程　9-1-38（14）

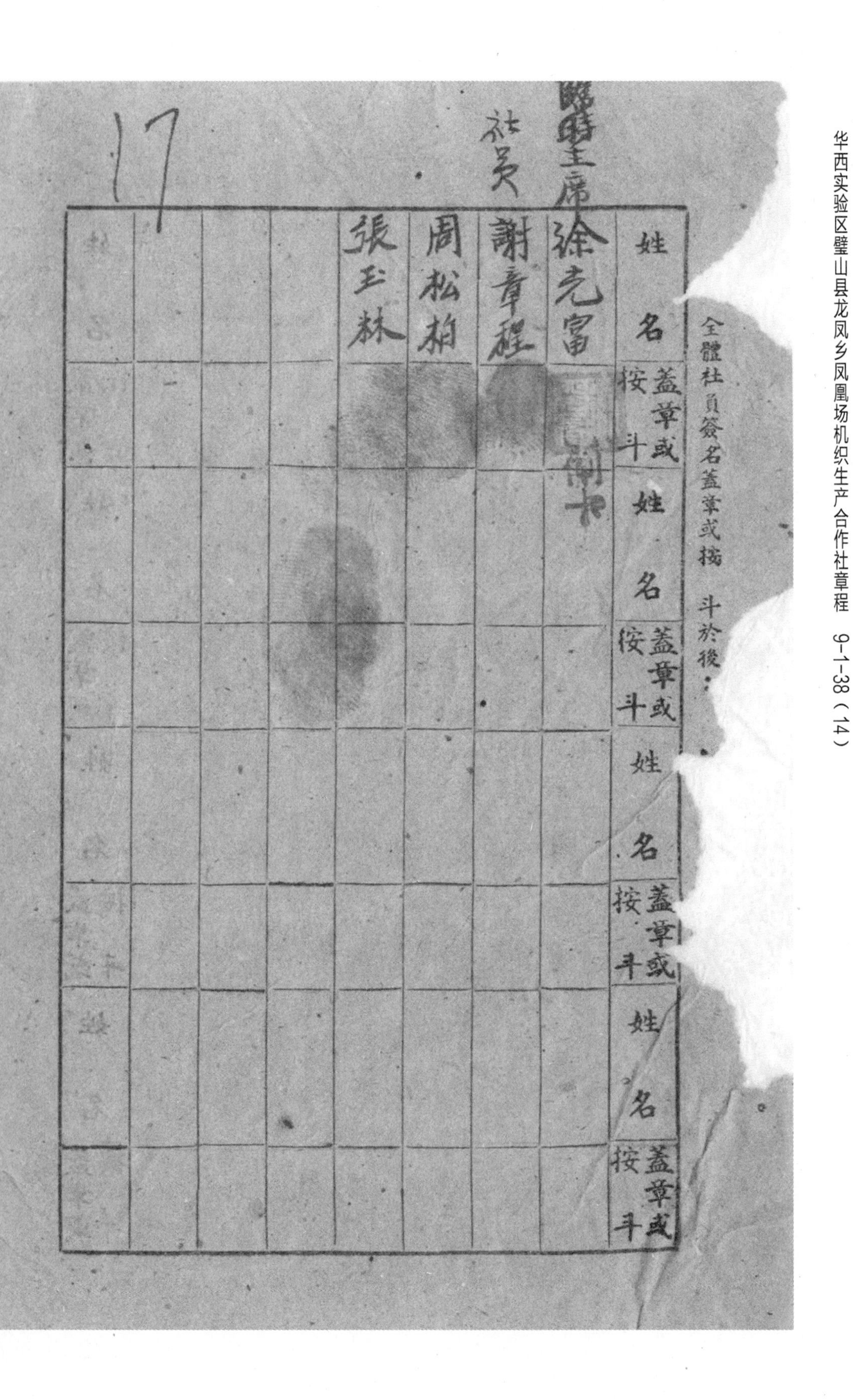

全體社員簽名蓋章或按斗於後：

姓名	蓋章或按斗	姓名	蓋章或按斗	姓名	蓋章或按斗	姓名	蓋章或按斗
徐光富							
謝章程							
周松柏							
張玉林							

华西实验区璧山县龙凤乡凤凰场机织生产合作社章程　9-1-38（53）

5

保證責任四川省璧山縣龍鳳鄉鳳凰場機織生產合作社調查表

調查人姓名：高丙寅 章
調查日期：三八年七月八日

項目	調查事項	評定標準：一〇〇分至八〇分	評定標準：八〇分至六〇分	評定標準：六〇分以下不及格	評定分數
1	設立人中堅份子發起組社之動機	爲適應特殊需要以發展同儕自力改善生活	效法他人並無成見	借名營私希圖把持幷有意妨礙當地各級合作社之發展	八五
2	設立人中堅份子之品行	均屬品行端正	品行尚佳口碑不惡	少數品行不佳	八〇
3	創立會開會之後社員有無增減	已增加一倍且在積極進行中	略有增加在積極進行中	並不進行顯有把持企圖	七〇
4	社員入社是否自動	自動者半數以上	自動者三分之一以上	自動者不足三分之一	八九
5	理監事有無壟斷行爲	辦事公開毫無壟斷	辦事專權但非壟斷	壟斷營私	九二
6	社員對合作之認識	半數以上社員明瞭合作意義並能精誠合作	半數以上社員對合作意義尚欠明白惟頗有興趣	半數以上社員不明合作意義祇知自私自利	八〇
7	認繳股金情形	認股平均每人一股以上已繳四分之三以上	認股平均每人一股已繳達四分之一	認股平均每人不足一股已繳不及四分之一	八八
8	選舉理監事情形	公開	稍有糾紛但尚合法	有舞弊行爲	九〇
9	社員信任理監事否	能	尚能	不能	八四
10	社員對所負責任是否明瞭	徹底明瞭	不能徹底明瞭	不明瞭	七五

华西实验区璧山县龙凤乡凤凰场机织生产合作社章程　9-1-38（53）

14	理監事之能力	辦事得力	能力不大但得信任	能力薄弱不得信任	八〇
15	業務計劃是否影響同地各級合作社業務之發展	無甚影響	頗有影響	影響甚大	九〇
16	雇員（如經理副經理技師等）是否忠誠稱職	是	尚可	不宜或不稱	七九
17	設備是否完備	事務所佈置整潔設備完備	事務所佈置勉強實用設備不完全	事務所雜亂無章主要簿籍多未置備	七〇
18	社址是否適中	是	尚宜	不宜	九〇
其他要項	呈請登記手續有他人轉手操縱情事		無		
	當地有無其他各級合作社或專營業務社	詳列其名稱業務概況及登記日期注意其區域及業務	無		
	交通情形	離車站碼頭縣城或大鎮什麼方向若干公里普通用何種舟車每次用費多大	縣城七十里，丁家碼頭八里，交通工具[illegible]		

總評定		
共查幾項	一八	
總分數	一五〇三	
平均分數（以六十分爲及格）	八三	
調查人之意見	指導員	輔導員
		佳
區主任意見		
審核人之意見		
核准日期	年　月　日	
證書號數	字第　號	

教育促進會華西實驗區印製

璧山县城东乡严家石堡机织合作社创立会决议录 9-1-38（56）

47.

璧山縣城東鄉嚴家石堡機織合作社創立會決議錄

一 開會日期 三十六年九月九日上午十時
二 開會地點 西南茶園
三 出席人數 四十三人
四 缺席人數 一十七人
五 列席人 饒治華 譚冊文 賀特生
六 推舉臨時主席及書記
推張遂良為主席 張澤民為書記
七 報告事項
八 決議事項
1. 討論章程草案
決議照原章程通過
2. 選舉理事

璧山县城东乡严家石堡机织合作社创立会决议录　9-1-38（57）

當選者嚴海銓陳錫輝柯炳軒　互推嚴海銓為監事主席

4　討論收納第一次應繳社股期限

決議限　　交齊

5　討論呈請登記日期

決議限於七日內呈報登記文由理事會辦理

6　業務計劃

決議

7　其他

九　臨時動議

十　散會

臨時主席　張遂良

臨時書記　張澤民代

璧山县城东乡严家石堡机织生产合作社章程 9-1-38（15）

19

保證責任璧山縣城東鄉嚴家石堡機織生產合作社章程

保證責任璧山縣城東鄉嚴家石堡機織生產合作社章程

（本章於民國三十六年九月九日經社員大會通過）

第一條　定名　本社定名為保證責任璧山縣城東鄉嚴家石堡機織生產合作社

第二條　宗旨　本社以發展工業增加生產改善社員生活建設經濟國防為宗旨

第三條　責任　本社為保證責任各社員之保證金額為其所認股額之四十倍並以其所認股額及保證金額為限負其責任

第四條　業務區域　本社以本鄉第四保所轄為業務區域

第五條　社址　本社社址設於嚴家石堡

第六條　年限　本社成立年限定為十年但經社員大會之議決得縮短或延長

第七條　公告　本社應公告之事項在本社揭示處公佈之

第八條　社員資格　本社社員以本國人民年滿廿歲或未滿二十歲而有行為能力且有正當職業品行端正並無吸食鴉片或其他代用品宣告破產及褫奪公權之情形而對本社事業確有經營之技能與經驗並不加入其他任何工業合作社

一

凡有違犯關係法令以及喪失信譽之行為者均得經本社出席理監事四分之三以上社務會議之通過予以除名以書面通知被除名之社員並報告社員大會

四、出社社員對於出社前本社所負債務之保證責任自出社決定日起經過二年始得解除但本社於該社員出社後六個月內解散時得以該社員為未出社論

五、出社社員得請求退回其所繳股金之一部或全部但須於年度終了結算後由理事會決定之

第十一條 社股 本社關於社股之規定如左：

一、每股定為國幣壹仟元

二、社員入社時至少須認購一股嗣後可隨時添認但最多不得超過本社股金總額百分之二十第一次所交股金不得少認股額四分之一其餘股金之繳納日期由理事會決定但應自認股之日起一年內繳足之

三、社員如無力繳納股款之一部或全部者得按月由其應得之工資內扣繳或於年終由其應得之股息或盈餘分配金內扣充之

四、社員除以現款繳納股金外並可以織器工具及原料或其他財產物等經

三

璧山县城东乡严家石堡机织生产合作社章程 9-1-38（17）

璧山县城东乡严家石堡机织生产合作社章程　9-1-38（19）

第十四條　僱員　本社因業務發展於必要時得由理事會任用副經理一人技師技術員事務員助理員或練習生及臨時僱工若干人練習生及臨時僱工應先儘社員之家屬選用其辦法另定之

任期規定如左：

第十五條　任期　本社職員之任期除聘僱人員另行規定外所有理監事之任期規定如左

一、理事之任期為三年每年改選三分之一得連選連任

二、監事之任期為一年亦得連選連任

三、理事在任期內非有正當理由不得辭職其確因故辭職或其他原因缺額時得召集臨時社員大會舉行補缺選舉其產生之理監事以前任之任期為任期

四、本社由理事會提經社員大會推選出席聯合之代表其任期為一年

第十六條　待遇　本社監理事均以義務職為原則必要時得經社員大會決議酌支津貼或生活補助費其他聘僱員工得經理事會之議決酌給薪資

第十七條　細則　理事會辦事細則由理事會另訂之監事會辦事細則由監事會另訂之其他員工之服務規則分別另訂之

璧山县城东乡严家石堡机织生产合作社章程 9-1-38（20）

四、社員大會應有社員過半數之出席始得開會出席社員過半數之同意始得決議但對理監事之罷免須有全體社員過半數之同意始得決議對本社解散或與他社之合併應有全體社員四分之三以上之出席出席社員三分之二以上之同意始得決議

五、社員大會開會以理事主席為理事主席缺席時以監事主席爲主席社員召集之臨時會議公推一人為主席

六、社員僅有一表決權或選舉權社員不能出席時得以書面委託其他社員代理之但同一代理人以不得代理兩個以上之社員爲限表決時如雙方票數相等主席有投決定票之權

七、社員大會流會二次以上時理事會得以書面載明應議事項函由全體社員於一定期限內通信表決之但以期限不得少於十日

第十九條 社務會 由理事會於每三個月召集常會一次必要時得召集臨時會議均為討論理事會或監事會不能單獨解決而無須舉行社員大會之重要事項

一、社務會開會時其主席由理監事互選之

二、社務會應有全體理監事三分之二以上出席始得開會出席理監事過半數之同意始得決議

璧山县城东乡严家石堡机织生产合作社章程　9-1-38（21）

26

（三）審查本社年終決算編造之各項書表

（四）會同理事對内對外簽訂各種契約或於訴訟行爲時爲本社代表

第二十一條　記錄　本社舉行各種會議均應具備會議記錄其格式項目另定之

第二十二條　業務種類　本社經營業務如左：

（一）織布

（二）整染

（三）

第二十三條　業務管理　本社應需原料工具及設備所有產品之製造與運銷均以統籌集總辦理爲原則

（一）本社社員如能供給前項原料工具或設備時得儘先徵收之按當地時價付款

（二）本社除應設立工廠外并得於必要時設置倉庫其辦法另定之

（三）本社遇有特殊情形時得經社務會議之決議准許社員領用原料工具在其家中製造但成品須交社中集總運銷其詳細辦法另定之

（四）其他一切管理辦法悉依工廠法之規定辦理

第二十四條　年度　本社以國歷一月一日至十二月三十一日爲業務年度六月底爲半年

九

壁山县城东乡严家石堡机织生产合作社章程 9-1-38（22）

（四）以百分之六十為社員分配金按社員之工作效率成績及工資等比例分配之

第二十七條 虧損 本社年終決算有虧損時以公益及股金順次抵補之如仍不足由各社員按所負之保證金額分担之

第二十八條 解散 本社遇有左列情事之一而解散

（一）社員大會議決解散或與他社合併時

（二）社員不足法定人數或成立期滿時

（三）破產或有解散之命令時

第二十九條 清算 本社解散時主由主管機關或法院派清算員二人依合作社法之規定清理本社債權及債務清算後尚有資產金額時由清算人擬定分配案呈准主管機關升提交社員大會決定處理

第三十條 附則 本章程附則附左：

一 本章程未規定事項悉依合作社法及同法施行細則或其他有關法令之規定辦理

二 本章程由社員大會通過呈請主管機關核准後施行

一一

璧山县城东乡严家石堡机织生产合作社章程　9-1-38（23）

26

全體社員簽名蓋章或按斗於後：

姓名	蓋章或按斗	姓名	蓋章或按斗	姓名	蓋章或按斗	姓名	蓋章或按斗
嚴銀邑		嚴奎武		嚴樹清		陳錫輝	
陳恒章		張希文		張澤民		郭炳章	
嚴樹榮		晏志北		陳仲三		羅建章	
羅桂林		羅渊儒		聶源清		高榮森	
嚴朝銀		嚴海銓		黄徐氏		張輝霖	
嚴炳忠		嚴朝輝		李樹林		何厚庵	
張樹輝		朱治榮		李銀邑		曾德宣	
張遂良		張恆忠		張國民		冉明浩	

璧山县城东乡芋河沟机织合作社创立会决议录 9-1-38（54）

46

璧山縣城東鄉芋河溝機織合作社創立會決議錄

一 開會日期 三十六年九月十四日上午十時

二 開會地點 西南茶社

三 出席人數 三十六人

四 缺席人

五 列席人 饒治華 譚興文 賀壽生

六 推舉臨時主席及書記

推張季來為主席徐鑽襄為書記

七 報告事項（略）

八 決議事項

一、討論章程草案

決議：照原章程通過

二、選舉理事

璧山县城东乡芋河沟机织合作社创立会决议录　9-1-38（55）

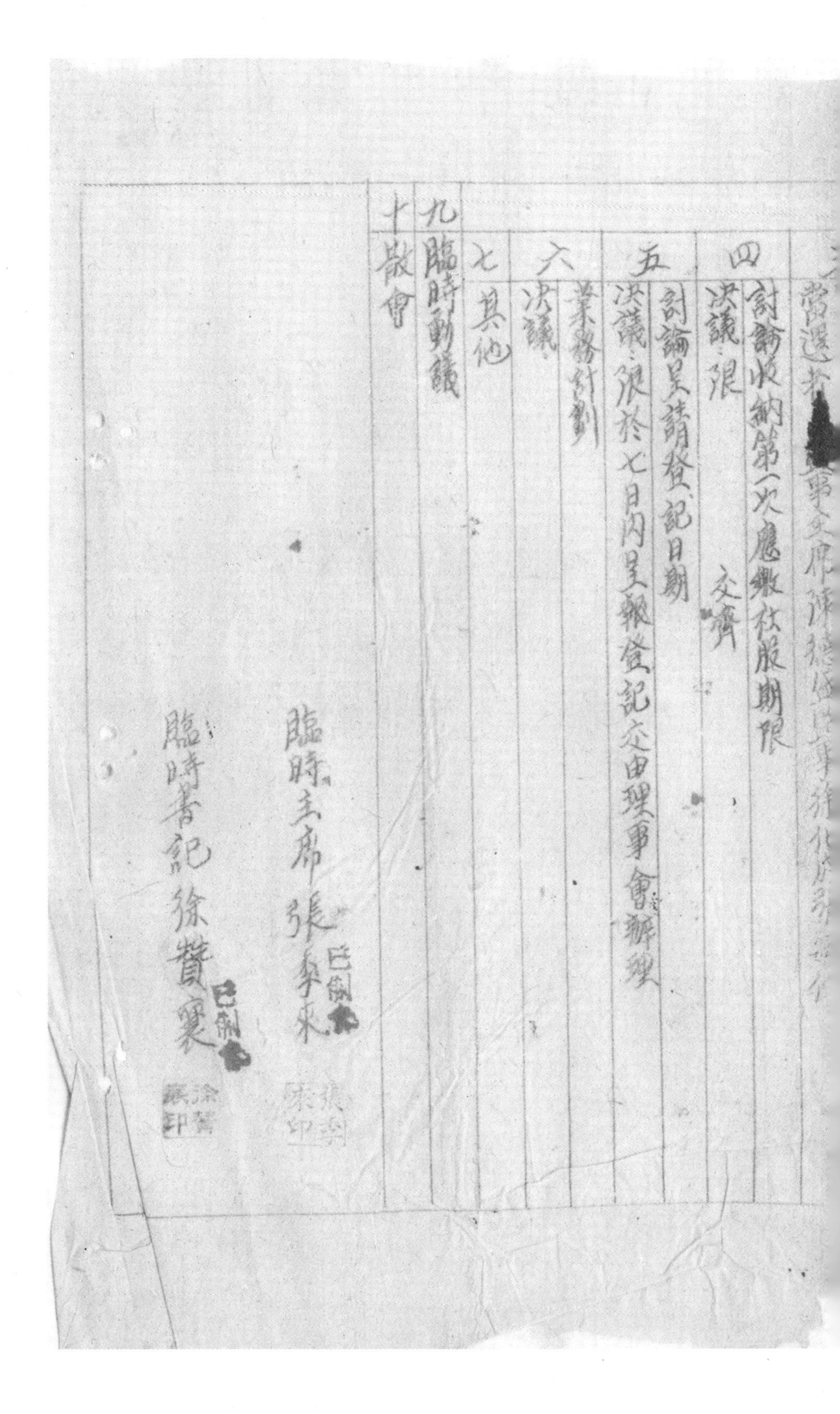

當選於……

四　討論收納第一次應繳社股期限
　　決議：限　　交齊

五　討論呈請登記日期
　　決議：限於七日內呈報登記並由理事會辦理

六　業務計劃
　　決議：

七　其他

九　臨時動議

十　散會

臨時主席　張孚來（印）

臨時書記　徐贊襄（印）

璧山县城南乡第十三保发起人为请求组织生产合作社事宜呈璧山县政府函 9-1-81（89）

72

卅六·六·廿一

為呈請派員指導組織本保機織合作社、以利農民由。

六 六 十三

竊本保農民、除耕作而外、多以織布為副業、補助生計、惟因毫無組織、全盤散漫、成品减低、利益被剝、日趋日下、殊深可惜、民等有鑒於此、為挽救上項諸端缺點、俾利益得以均沾起見、爰特邀集本保以織機為副業之農民商討、咸願依照合作社組織法規、組織本保機織合作社、改良成品、俾手工業蒸蒸日上、並擇定本保蔣家青杠林院為社址、惟民等對於合作社組織法規未諳、故特具文呈請

鈞府鑒核、仰懇派員指導組織、以期成立、並祈定期先行通知、以便召集社員參加、如沭

78

璧山县城南乡第十三保发起人为请求组织生产合作社事宜呈璧山县政府函　9-1-81（89）

……允，实属公便，谨呈。

县长刘

璧山县城南乡第十三保发起人　徐金安　英全良　宋星良　曾和清　陈树云　张世全　冯海清　冯海滨　蒋林轩　张锡成

发号日：36年6月26日
建合字

呈悉：经已商得区联社筹备会之同意准予组织，仰该社发起人於再具该区联社筹备会商定之日期再行呈请本府派员指导可也！此批。

治平　六·廿四

建合　字二六号

璧山县城南乡第十三保发起人为请求组织生产合作社事宜呈璧山县政府函　9-1-81（91）

80

中華民國三十六年七月二日

璧山县城南乡第十三保发起人为请求组织生产合作社事宜呈璧山县政府函　9-1-81（92）

84

由	拟办	批示	备考
為定期成立本保機織生產合作社、仰懇派員指導由。			

壁山县城南乡第十三保发起人为请求组织生产合作社事宜呈壁山县政府函　9-1-81（92）

82

案奉

钧府建合字第二十六號批示開：

「呈一件為呈請派員指導組織本保機織生產合作社以利農民由

呈悉，經已商得巴璧實驗區之同意准予組織，仰該社發起人等再與該區負

責人商定成立日期，再行呈請本府派員指導可也，此批」

等因，奉此，遵經向巴璧實驗區商定本月廿(即四展曆五月廿日)午前十鐘，在本

保養魚池蔣家院，成立機織生產合作社，除呈請實驗區派員參加外，理合具文，呈請

鈞府鑒核，仰懇屆期派員出席指導，俾利成立，實感公便！

謹呈

縣長劉

璧山县城南乡第十三保发起人为请求组织生产合作社事宜呈璧山县政府函　9-1-81（91）

18

璧山縣城南鄉第十三保農民徐金安

朱新良　十

馮海清　十

陳樹榮

張世金

曾合清

張錫成　十

蔣林軒　十

封海溪

吳全良

簽　七.八

七.八

張麟治[illegible]呈閱前

經指導

治[illegible][illegible]　七.八

璧山县城南乡第十三保发起人为请求组织生产合作社事宜呈璧山县政府函 9-1-81（90）

璧山城南鄉第十三保徐金安等呈

為組織機織合作社業經籌備就緒懇請派員蒞臨指導監視成立由。

六三十

竊民等經營織布業務業經有年，茲以軍政部停止撥對手工作，遂告停頓，致使無法進行，頃民等不願失業，兼知鈞會體念民艱，提倡織布工作，救濟人民，民等乃集中保內織户組織機織合作社，業已籌備就緒，定期于三月二十日午前十時成立，為是謹特聲請

璧山县城南乡第十三保发起人为请求组织生产合作社事宜呈璧山县政府函　9-1-81（90）

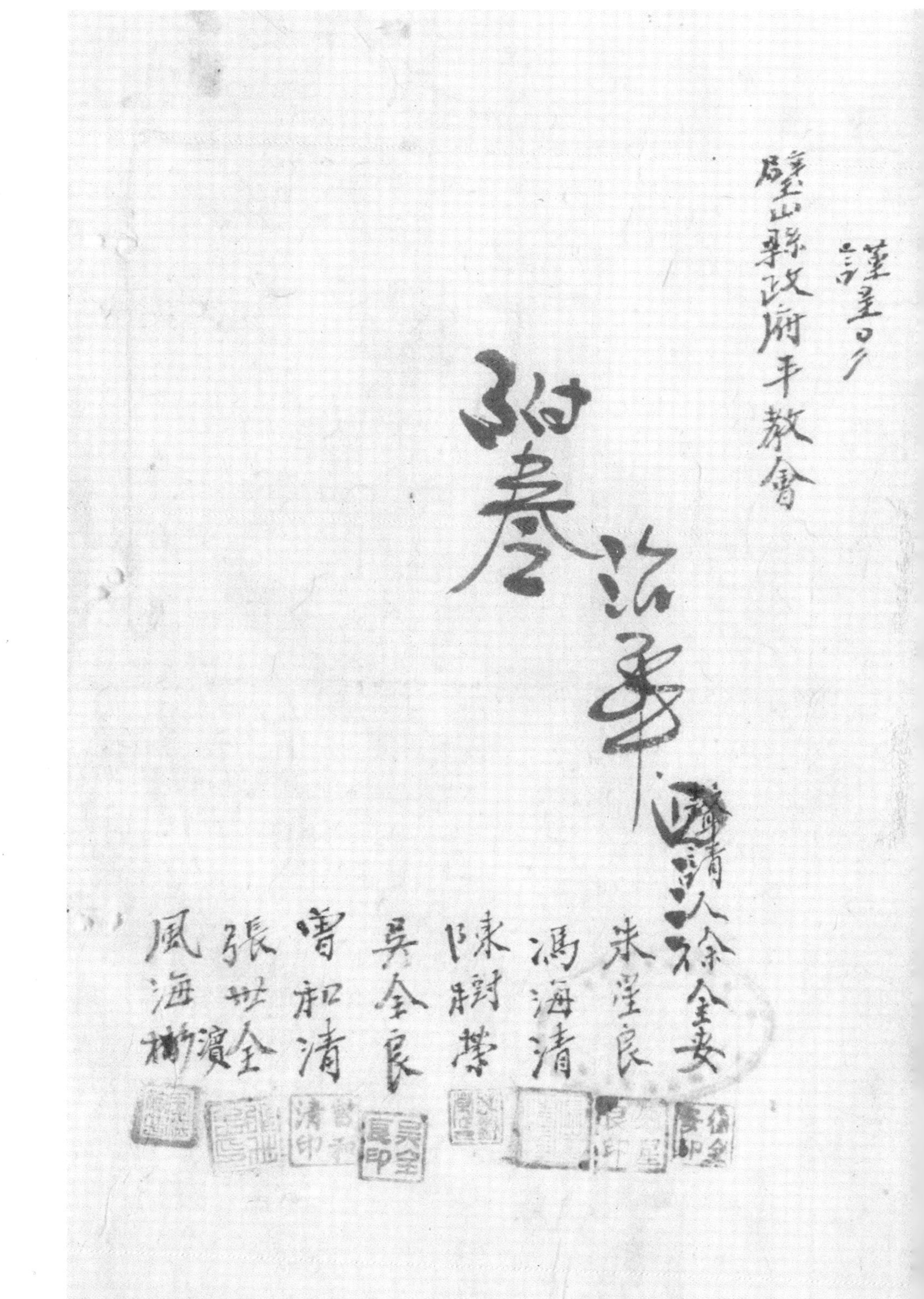
謹呈

璧山縣政府平教會

發起人 徐金安

朱星良

馮海清

陳樹榮

吳金良

曾和清

張世全

風海樹濱

璧山县城南乡养鱼池机织生产合作社为呈送一九四七年度终决算及年度报告书呈璧山县政府函　9-1-81（87）

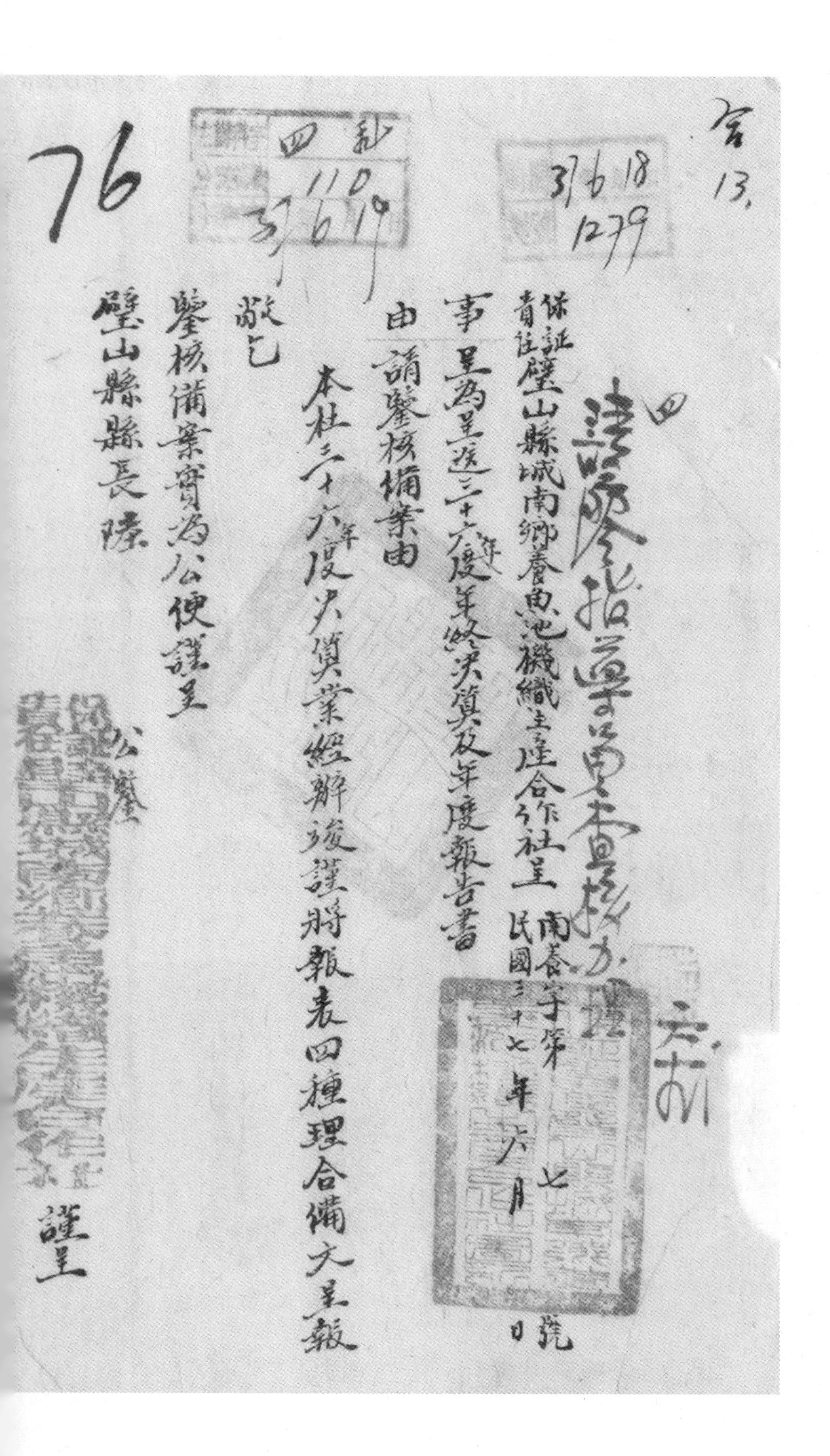

保証责任璧山县城南乡养鱼池机织生产合作社呈　南養字第七號
民国三十七年六月　日

事　呈为呈送三十六年度年终决算及年度报告书

由　请鉴核备案由

本社三十六年度决算业经办竣，谨将报表四种理合备文呈报

鉴核备案，实为公便。谨呈

璧山县县长陈

保証责任璧山县城南乡养鱼池机织生产合作社　谨呈

璧山县城南乡养鱼池机织生产合作社为呈送一九四七年度终决算及年度报告书呈璧山县政府函 9-1-81（87）

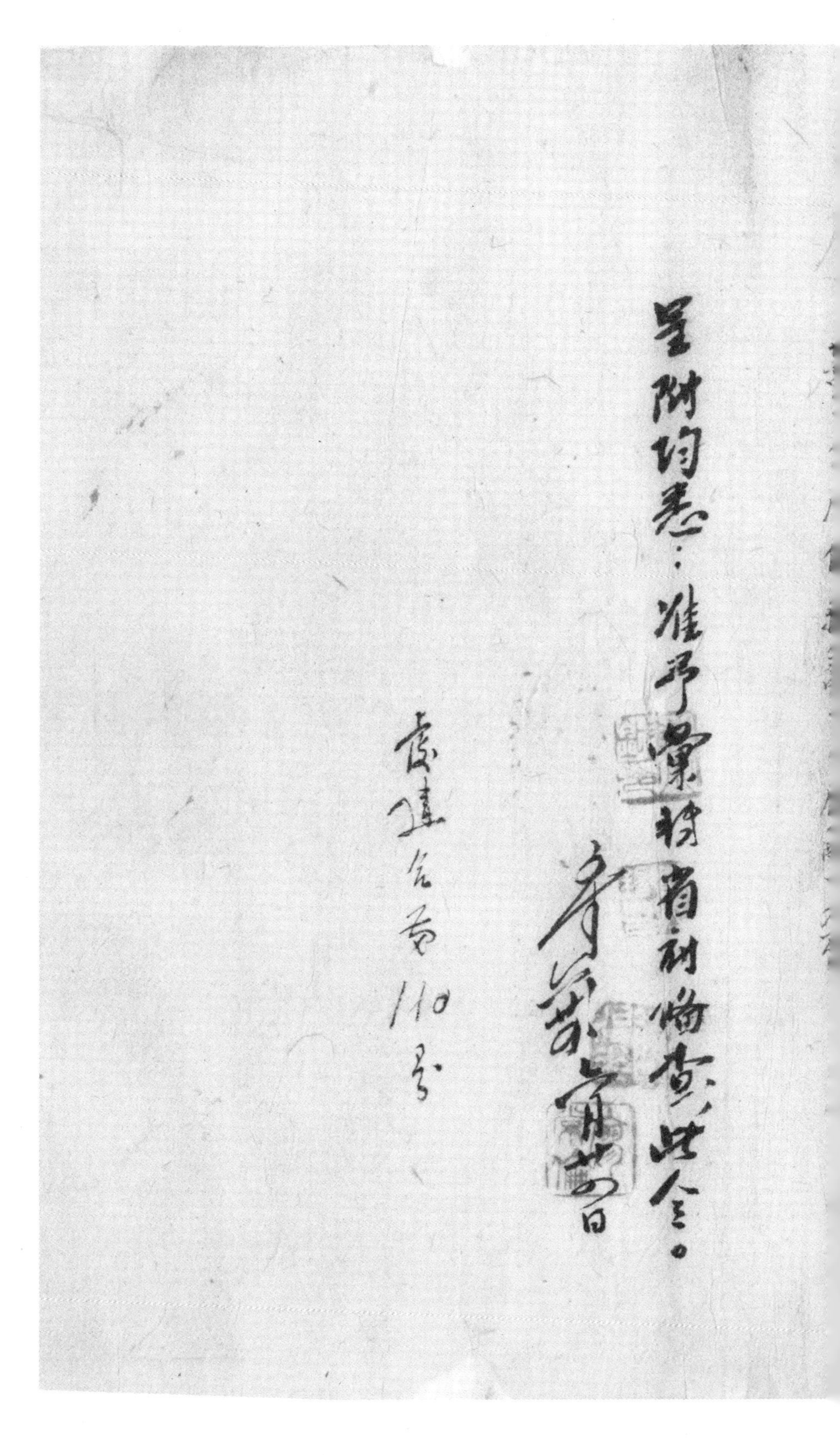

呈附均悉。准予汇转省府备查，此令。

府建合字110号

璧山县城南乡养鱼池机织生产合作社为改选理事呈璧山县政府函　9-1-81（88）

呈为声请辞职恳予至期派员到社监选本社社员才能充任改组进行机织生产由

窃职城南乡十三保养鱼池机织生产合作社自去立社以来迄今一期之余所贷钧款遵照规定届满之日本息如数缴纳清楚总宜早日申请钧府二次贷款进行国家正令机织生产社但职自办一期之久因社中一切概由会计办理殊知蒋会计外出应办事宜实有懈怠社务但职乃一介农民学识浅陋兼又随时深耕易耨为本

璧山县城南乡养鱼池机织生产合作社为改选理事呈璧山县政府函　9-1-81（88）

議決妥的（定期於本月廿八日）即農曆本月廿二日（午前十鐘）請求派員到職社為

此具文呈請

鈞府鑒核准予辭職懇請至期派員到職社監選本社社員才能充

任以免貽誤國家政令進行是為公便謹呈

璧山縣政府

公鑒

具聲請人城南鄉十三保養魚池理事吳全良

本件係廿八日午前十時后收得當時間

該區指導員丁達中已前往改選矣

擬存

七廿九

李七光

璧山县城南乡养鱼池机织生产合作社为委任本社负责人呈璧山县政府函　9-1-81（86）

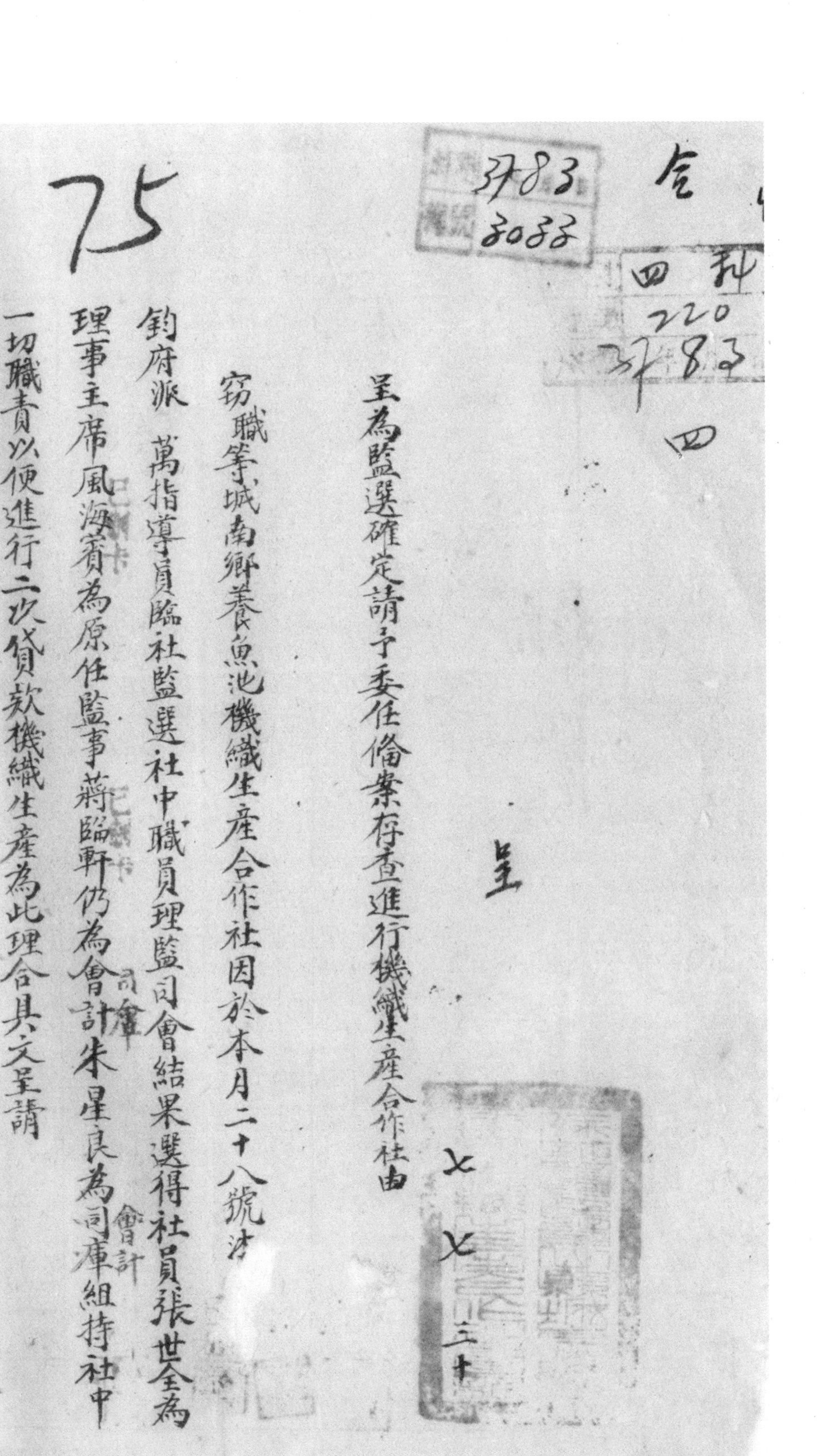

呈為監選確定請予委任倫案存查進行機織生產合作社由

竊職等城南鄉養魚池機織生產合作社因於本月二十八號蒙

鈞府派萬指導員臨社監選社中職員理監司會結果選得社員張世全為理事主席風海賓為原任監事蔣臨軒仍為會計朱星良為司庫組持社中一切職責以便進行二次貸款機織生產為此理合具文呈請

鈞府鑒核請予委任張世全理事主席風海賓監事蔣臨軒會計朱星良司

璧山县城南乡养鱼池机织生产合作社为委任本社负责人呈璧山县政府函　9-1-81（86）

[illegible]字第220號

謹呈

璧山縣政府

公鑒

呈為：查該社理事主席吳全良任期為二年，依法非特殊情形不得辭職，茲經改選為[illegible]，能安全[illegible]辭職，仰即將公務文件移交蔣[illegible]理事主席安全接收，再檢齊書表[illegible]文件呈府作要更登記，可由本會查合作社係人民經濟團體，非政府官吏，依法不得委任，所請委任一節礙難照准，仰即遵照。[illegible]

城南鄉養魚池機織生產合作社卸任理事　吳全良

新任理事　張世全

[illegible]海賓

蔣臨[illegible]

[illegible]三良

[illegible]

璧山县城南乡养鱼池机织生产合作社为贷纱事呈璧山县县政府函 9-1-81（93）

璧山縣城南鄉養魚池機織生產合作社呈

為據情轉呈聲明因遷移耽延業務懇請改正調查表內事實為正是開工織布由

案據職社社員馮海清聲明稱：竊員於昨年十月份貸款購紗織布，殊員購紗後，縣府派員調查時正值員遷移期內，不料員所佃前客與主租谷糾紛未解，而前客故意怠遲移往，以致牽連員之遷移久不就序，故以此情閑工，不及而至調查，後員即踉行開始業務，以符規章，迄今未懈，可查。如蒙主席轉呈，俯准改正，以恤農艱，不勝感戴德等情。據此，竊查該社員所具聲明屬實，除呈實驗區外，理合轉呈

鈞長台前，府准下青改正調查表內事實為業務正是開工，是否之處敬乞

璧山县城南乡养鱼池机织生产合作社为贷纱事呈璧山县县政府函　9-1-81（93）

鑒核

謹呈

璧山縣縣長 劉

理事主席 吳全良

監事主席 風海濱

璧山县城南乡养鱼池机织生产合作社为贷纱事呈璧山县县政府函　9-1-81（94）

85

183

呈為申明機織繼續跟做懇請再派員復查以維生活、

竊員本社社員徐銀洲於去歲十內領得

鈞社實驗區貸款購紗自領之後因病復發久不全癒以致購領之紗擱置未織乃於農曆去冬經實驗區鐃指導員來家調查之時員病正當沉重神昏顛倒語言不明以致指導員將貸購紗差押情理相合惟是員在病中即聘醫調治嗣早全癒於去臘將貸購紗跟即開工自織已經兩月之久織成之布數拾餘匹售掉畧謀生活並非藉故搪塞亦可複查

璧山县城南乡养鱼池机织生产合作社为贷纱事呈璧山县县政府函　9-1-81（94）

4/26
037
建合
075

……確實并懇……

經理
監事 鑒核，俯賜憐恤，并請轉呈派員復查，以維生活。如沐
俞准，沾感
無既。謹呈

璧山縣縣政府

養魚池合作社　經理吳
　　　　　　　監事鳳

璧山城南鄉三保合作社社員徐銀洲

璧山县城南乡养鱼池机织生产合作社为贷纱事呈璧山县县政府函　9-1-81（95）

璧山縣城南鄉養魚池機織生產合作社呈

為據情轉呈聲明查後業務開始懇請更正調查表欄內事實由

案據本社社員鄧金銓聲明稱「竊員於昨歲十月份貸到社之款購紗未久，值　縣府派指導員來員家中調查，是時員因小孩染疾正當沉重，又以員之織機鉄器損壞，交付鉄工修理未竣，員以此情不能兼顧，不得已暫延開工時日，如蒙轉呈，俯准更正調查欄內事實為業務開工未擱，以恤農艱，則員一家數口不勝沾感」等情。據此，查本社該社員查後業務開工，於今未擱，所稱屬實，可否除呈　華西實驗區外，理合具文轉呈

璧山县城南乡养鱼池机织生产合作社为贷纱事呈璧山县县政府函　9-1-81（95）

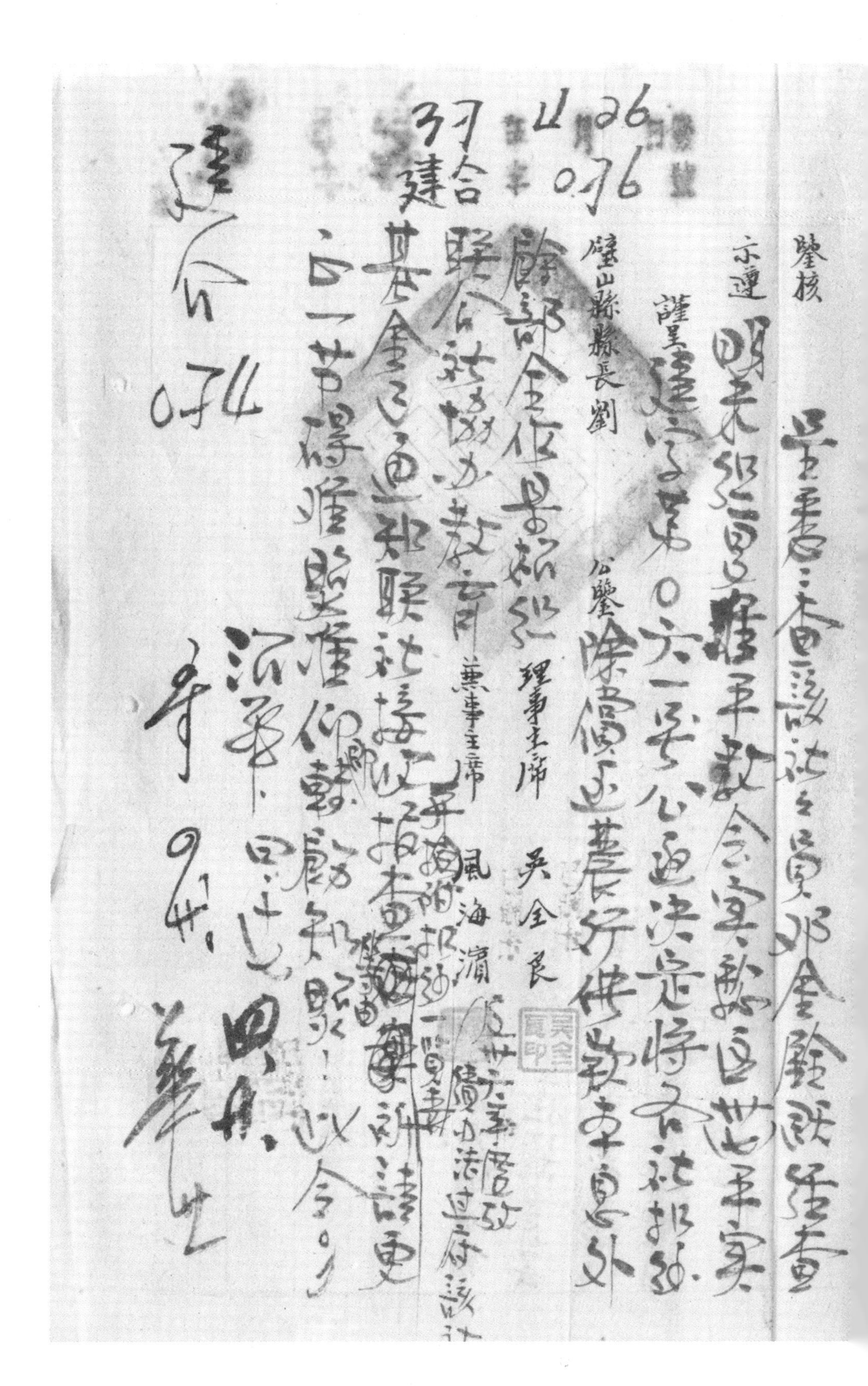

鑒核

示遵

謹呈

璧山縣縣長劉

理事主席　吳全良

兼事主席　風海濱

璧山县城南乡养鱼池机织生产合作社业务计划书、农村副业贷款报告表、借款申请书、借款用途及细数表、社员家庭经济概况调查表、社员领纱数目表、职员略历表、名册　9-1-83（40）

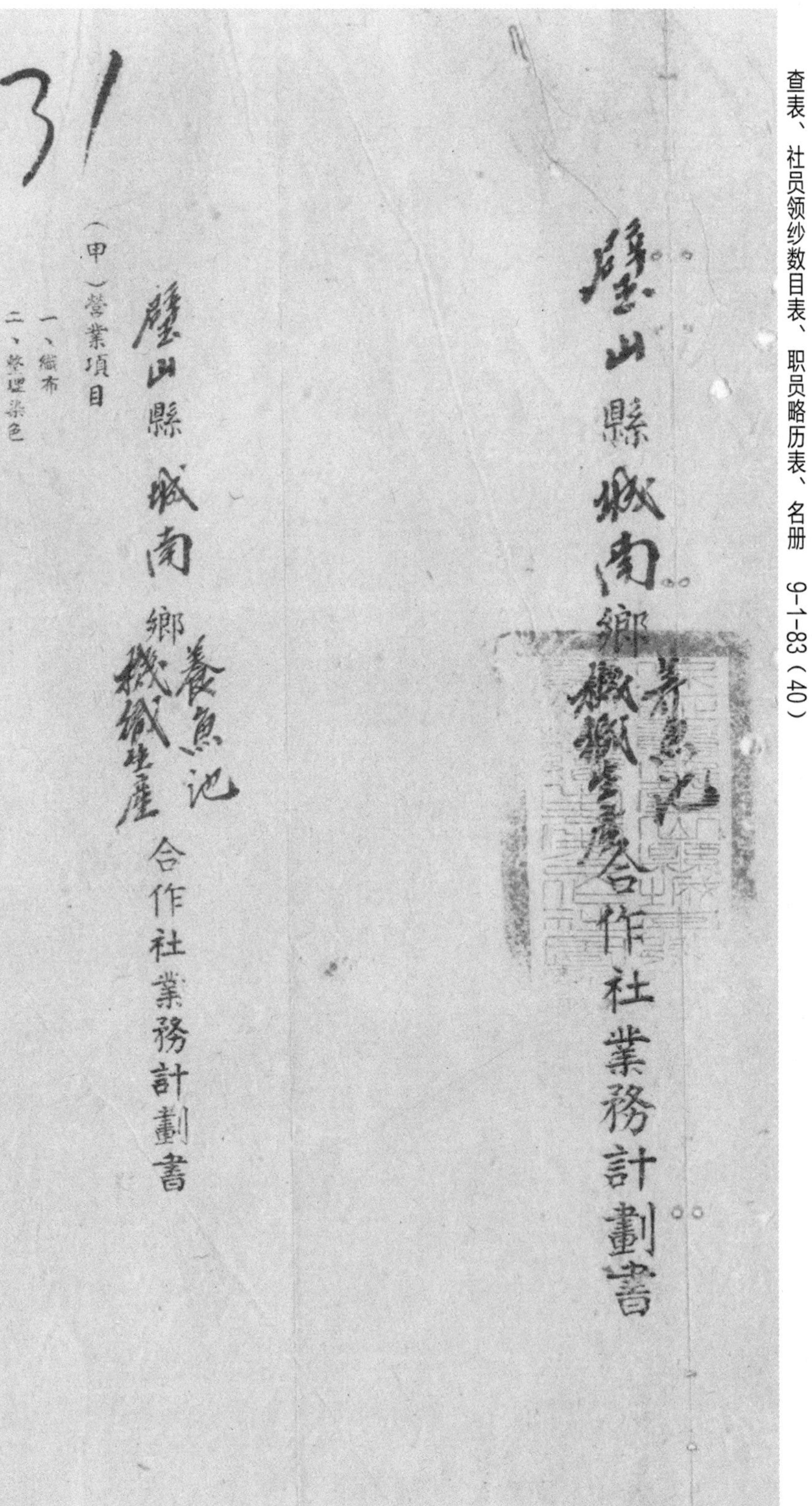

璧山縣城南鄉養魚池機織生產合作社業務計劃書

璧山縣城南鄉養魚池機織生產合作社業務計劃書

31

（甲）營業項目

一、織布

二、整理染色

（乙）業務經營方式

一、本社織布採副業經營方式生產工作分散於各社員家庭內進行之並以社員家屬自行提供全部農閒時間之剩餘勞力為主以減低生產品之成本

二、整理染色等加工業務由本社統籌辦理之以劃一出品標準並加強合作事業之功能

（丙）業務實施

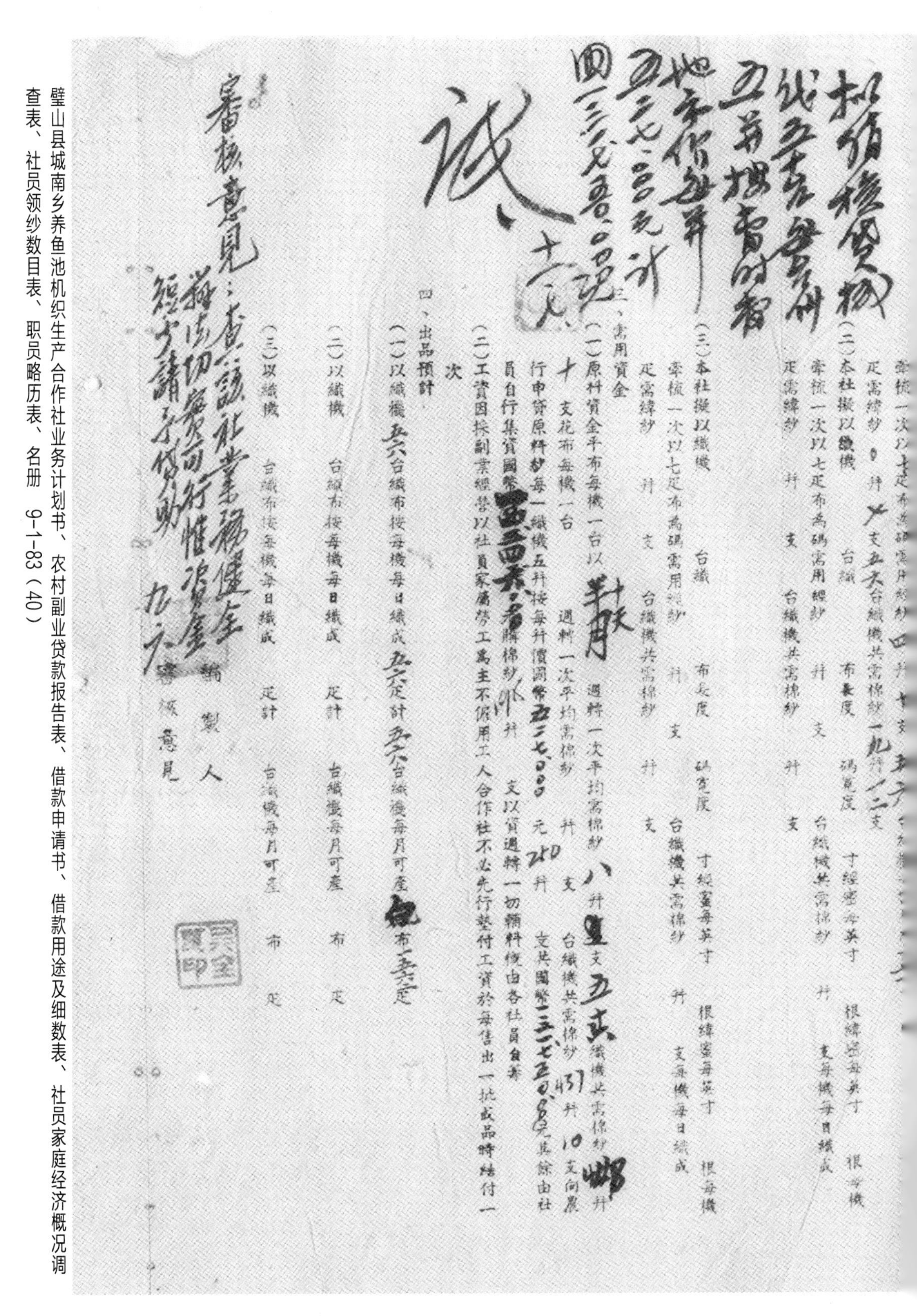

牽梳一次以七疋布為碼需用經紗 四 斤 支
疋需緯紗 斤 支五六台織機共需棉紗一九斤 支
(二)本社擬以鐵機 台織 布長度 碼寬度 寸經密每英寸 根緯密每英寸 根每機
牽梳一次以七疋布為碼需用經紗 斤 支 台織機共需棉紗 斤 支每機每日織成
疋需緯紗 斤 支 台織機共需棉紗 斤 支
(三)本社擬以織機 台織 布長度 碼寬度 寸經密每英寸 根緯密每英寸 根每機
牽梳一次以七疋布為碼需用經紗 斤 支 台織機共需棉紗 斤 支每機每日織成
疋需緯紗 斤 支 台織機共需棉紗 斤 支
三、需用資金
(一)原料資金平布每機一台以半月週轉一次平均需棉紗八斤 支五六台織機共需棉紗 斤
十 支花布每機一台 週轉一次平均需棉紗 斤 支 台織機共需棉紗431斤10支向農
行申貸原料紗每一織機五斤按每斤價國幣五三七〇〇〇元 240斤 支共國幣 元其餘由社
員自行集資國幣 購棉紗 斤 支以資週轉一切輔料概由各社員自籌
(二)工資因採副業經營以社員家屬勞工為主不僱用工人合作社不必先行墊付工資於每售出一批成品時結付一
次
四、出品預計
(一)以織機五六台織布按每機每日織成五六疋計五六台織機每月可產 布 疋
(二)以織機 台織布按每機每日織成 疋計 台織機每月可產 布 疋
(三)以織機 台織布按每機每日織成 疋計 台織機每月可產 布 疋
編製人
審核意見

審核意見：查該社業務健全，擬先切實前行，惟資金短少，請予貸助

璧山县城南乡养鱼池机织生产合作社业务计划书、农村副业贷款报告表、借款申请书、借款用途及细数表、社员家庭经济概况调查表、社员领纱数目表、职员略历表、名册 9-1-83（40）

璧山县城南乡养鱼池机织生产合作社业务计划书、农村副业贷款报告表、借款申请书、借款用途及细数表、社员家庭经济概况调查表、社员领纱数目表、职员略历表、名册　9-1-83（41）

行
處農村副業貸款報告表

編號 12　填報日期 36 年 11 月 20 日

借款社團名稱　　　　　　　　　　地址 城南鄉

申借日期 36年9月22日　　借款次數 第一次　　申借金額

借款人數　　　　　　　核貸人數 37　　核貸金額

本貸款經呈奉　　年 5 月 30 日　　行處　字　　號函或電核定辦理

貸款用途分配及其運用方法

還款來源

貸款利率　　期限　　個月（自 36 年 11 月 7 日至 37 年 5 月 6 日止）

訂約種類　（借據或透支契約）　借據

撥款日期　（分期撥付者應將分撥日期及金額分明填明）

抵押品名稱及其數量

有否保險及其承保機關名稱

保證人財力及信用概況

監放情形　1. 監放日期 ＿＿＿　2. 地址 城南鄉

3. 實到借款人數 35　4. 實放貸款金額 ＿＿＿

5. 缺席社團員貸款及未放出款之處理 ＿＿＿

6. 其他 ＿＿＿

對會社業務之改進意見及指示事項：

[illegible]

備註

主任　　農貸主管　　填報人

璧山县城南乡养鱼池机织生产合作社业务计划书、农村副业贷款报告表、借款申请书、借款用途及细数表、社员家庭经济概况调查表、社员领纱数目表、职员略历表、名册　9-1-83（41）

璧山县城南乡养鱼池机织生产合作社业务计划书、农村副业贷款报告表、借款申请书、借款用途及细数表、社员家庭经济概况调查表、社员领纱数目表、职员略历表、名册 9-1-83（42）

33

借款申請書 南寨字第壹號

逕啟者 敝社 茲因需用機織資金擬向

中國農民銀行合作金庫申請 借款國幣 圓正

訂期滿 個月期滿本息一併歸還決不延誤茲將本社概況及應送書表開列於後

即請

查核迅予介紹調查核放為荷 此致

概況表

社址	璧山县城南鄉十三保養魚池[illegible]家院子				
成立日期	卅六年七月廿二日成立	登記日期	卅六年九月	社員人數	登記時人數 四〇人；現有人數 四〇人；借款會社員數 四〇人
登記證號數	第[illegible]五號	借款次數	第壹次	理事人數	伍人	監事人數	叁人
業務區域	以城南乡十三保			對外所負債務	無	轉放利率	月息 分 厘
保證倍數及金額	三十倍			社股總額	陸仟陸佰股	現收股金金額	壹仟陸佰[illegible]
				儲金		公積金額		通訊處	

抵押品或担保品記載	名稱	件數	存放處所	備註

璧山县城南乡养鱼池机织生产合作社业务计划书、农村副业贷款报告表、借款申请书、借款用途及细数表、社员家庭经济概况调查表、社员领纱数目表、职员略历表、名册　9-1-83（42）

壁貸 35、6、1、800

附註：一二四六五項如係第二次借款無庸填時可免填

13175000

申請人

常務理事
理事主席　吳全良

常務監事
監事主席　戚海濱

理事兼財務　宋星良

理事兼司庫

理事兼會計　蔣林軒

（蓋合社農會 余戳）

中華民國卅六年九月廿二日

介紹機關意見	主任審核
本行審核意見	指導員審核

璧山縣城南鄉养魚池机織生產合作社社員借款用途及細數表

編號	姓名	用途	理事會評定數額	借款期限	核定數額 初期	最後
1	吳全良	買紗	拾并			
2	曾祁清	買紗	拾并			
3	林星良	買紗	拾并			
4	陳樹南	買紗	拾并			
5	風海濱	買紗	五并			
6	蔣蘭亭	買紗	拾并			
7	郭慶鳳	買紗	五并			
8	周述合	買紗	五并			
9	徐金安	買紗	拾并			
10	徐銀洲	買紗	五并			
11	風大福	買紗	五并			
12	馮海清	買紗	五并			
13	馮天文	買紗	五并			
14	賴盛興	買紗	拾并			
15	李宗高	買紗	五并			
16	風錫山	買紗	五并			
31	彭森榮	買紗				
32	劉淑清	買紗				
33	馮曾氏	買紗	五并			
34	鄧金雄	買紗	五并			
35	蔣天壽	買紗	拾并			
36	徐國欽	買紗	五并			
37	黄仲康	買紗	五并			
38	馮志恒	買紗	五并			
39	陳崇良	買紗	五并			
40	風大明	買紗	五并			
41	曹治林	買紗	五并			

璧山县城南乡养鱼池机织生产合作社业务计划书、农村副业贷款报告表、借款申请书、借款用途及细数表、社员家庭经济概况调查表、社员领纱数目表、职员略历表、名册　9-1-83（43）

璧山县城南乡养鱼池机织生产合作社业务计划书、农村副业贷款报告表、借款申请书、借款用途及细数表、社员家庭经济概况调查表、社员领纱数目表、职员略历表、名册 9-1-83（43）

19	徐樹榮	買紗	五仟
20	白芝華	買紗	五仟
21	鄧文華	買紗	
22	柯炳興	買紗	拾仟
23	鄧金山	買紗	五仟
24	柯鈺林	買紗	五仟
25	鄧明初	買紗	五仟
26	趙逵才	買紗	五仟
27	徐祥泰	買紗	八仟
28	黄萬國	買紗	五仟
29	張錫成	買紗	拾仟
30	張銀山	買紗	拾仟

共需借法幣　　元　　角整

中華民國三十六年　　月　　日

璧山县城南乡养鱼池机织生产合作社业务计划书、农村副业贷款报告表、借款申请书、借款用途及细数表、社员家庭经济概况调查表、社员领纱数目表、职员略历表、名册　9-1-83（44）

35

璧山縣城南鄉養魚池機織生產合作社社員家庭經濟概況調查表　卅六年九月　日填

姓名	職業	住址 地名	保	甲	戶	人口 男	女	童	傭	耕種田畝 自有	租出	佃人	牲畜頭數 牛	豬	羊	副業	開織	備註
吳金良	農	肖家垻	十三	七		四	五	四				三二石	一	二		織布	二機	
曾和清	農	肖家垻	十三	七		四六	五六	五				四〇石	一	三		織布	二機	
宋星良	農	花紅林	十三	九		二	四			二〇石				一		織布	五機	
陳樹榮	農	熊杉店壩	十三	六		四六	二	二				三〇石	一	二		織布	三機	
馮海濱	農	孫家竹林	十三	一		一	三	一				十石		二		織布	二機	
蕭蘭亭	商	蕭家院子	十三	八		五	四			一二石		五石		二		織布	二機	
郭慶鳳	農	郭家院子	十三	六		一	四	二		五石		十石		二		織布	一機	
周遠合	農	五嶺崗	十三	六		四六	四五	三				二五石		二		織布	二機	
[illegible]	[illegible]	孫家[illegible]	十[illegible]	一		三	四	一		十二[illegible]				二		織[illegible]	三機	

璧山县城南乡养鱼池机织生产合作社业务计划书、农村副业贷款报告表、借款申请书、借款用途及细数表、社员家庭经济概况调查表、社员领纱数目表、职员略历表、名册 9-1-83（44）

姓名	职业	住址	年龄													
鳳大福	商	西来寺	三十	二		二	三	一			一石		一		織布	一石
鄧金泉	農	花紅林	三十	十		二	三	一	五石				一		織布	一石
鄧明初	農	花紅林	三十	十		四	三	二	五石				一		織布	一石
何玉林	農	花紅林	三十	十		二	三				二石		一		織布	一石
鄧金山	農	花紅林	三十	十		四	三	一	五石		[illegible]		二		織布	一石
馮海清	農	養魚池	三十	九		一	三	二			[illegible]石		二		織布	一石
鳳大明	農	土地[illegible]	三十	十		二	三	三			一石		一		織布	一石
馮天文	農	養魚池	三十	[illegible]		二	一	二			[illegible]石	一	二		織布	一石
徐祥泰	農	大水井	三十	二		二	二	四	六石			一	一		織布	六石
彭森堂	農	西来寺	三十	二		四					十八石	一	二		織布	
陳崇良	農	花紅林	三十八			三	三	二	[illegible]		二百石		二		織布	一石

注意：此表填報務求切實以免影響全社業務

十歲以下為小口

自有田畝包括租出在內但租出亦應照填

理事主席 [印：吳全實印]

已閱 卞

璧山县城南乡养鱼池机织生产合作社业务计划书、农村副业贷款报告表、借款申请书、借款用途及细数表、社员家庭经济概况调查表、社员领纱数目表、职员略历表、名册　9-1-83（45）

36

璧山县城南乡养鱼池机织合作社社员家庭经济概况调查表

姓名	职业	住址 地名	保	甲	户	人口 男	女	童	佣	耕种田亩 自有	租出	佃人	牲畜头数	副业	
李荣高	农	养鱼池	三十	七		四	二					二十五石	一	织布	一台
刘志清	农	栗堂	三十	二		二	一	一				一石	一	织布	
黄万国	农	大水井	三十	二		四	一	一				一石	一	织布	一台
蒋吉昌	农	蒋家院子	三十	八		三	四	一		十五石		一石	一	织布	二台
高从辉	农	赵家冲	三十	六		三	四	一				十二石	二	织布	二台
冯曾氏	农	骑龙穴	三十	七		一						八石	一	织布	一台
张银山	农	花红林	三十	九		二	二	三		二十石		[illegible]石	二	织布	二台
徐国清	农	赵家冲	三十	六		三						二石	二	织布	一台
蒋天宣	农	[illegible]	三十	三		三	四	一		十五			一	织布	一台

璧山县城南乡养鱼池机织生产合作社业务计划书、农村副业贷款报告表、借款申请书、借款用途及细数表、社员家庭经济概况调查表、社员领纱数目表、职员略历表、名册 9-1-83（45）

姓名	職業	住址	年齡	5	6	7	8	9	10	11	12	13	14	15	16	17
鄒文華	農	鄒家院子	三十八		二	一							一		織布	一百
趙逸才	農	趙家塆	三十四		一	一			一石		[illegible]石		二		織布	一百
風錫山	農	鷂老	三十十		四	三	[illegible]				十五石	一	二		織布	一百
徐春廷	農	徐家大竹林	三十一		三	三	一		三石						織布	一百
徐樹榮	農	徐家大竹林	三十一		一	三	二				五石		一		織布	一百
柯炳興	農	趙家塆	三十八		三	四	二	二			一石		一		織布	二百
黃仲康	農	黃家院子	三十六		五	三	三		五石		二十石	一	三		織布	一百
馮志恒	農	養魚池	三十九		二	四	四		[illegible]石		廿石	廿	一		織布	一百
張錫臣	農	養魚池	三十九		三	三	一				四十石	廿	二		織布	二百
雷治林	林農	紅花林	三十八		二	一	二				十六石	一	二		織布	一百

注意：此表填報務求切實以免影響全社業務

十歲以下為小口

詞有田畝包括租出在內但租出亦應照填

理事主席 吳金良

已制卡

璧山县城南乡养鱼池机织生产合作社业务计划书、农村副业贷款报告表、借款申请书、借款用途及细数表、社员家庭经济概况调查表、社员领纱数目表、职员略历表、名册 9-1-83（46）

37

保証合格人員調查表

璧山縣城南鄉養魚池機織生產合作社社員領紗數目列后

姓名	領紗	姓名	領紗
吳全良	紗拾斤	陳學良	紗五斤
蔣天壹	紗拾斤	周遠合	紗五斤
徐樹榮	紗五斤	朱星良	紗拾斤
徐金安	紗拾斤	張銀山	紗拾斤
雷志林	紗五斤	徐銀洲	紗五斤
徐春廷	紗五斤	張錫臣	紗拾斤
風海濱	紗五斤	馮志恒	紗五斤
曾和清	紗拾斤	徐国欽	紗五斤
馮海清	紗五斤	黃萬國	紗五斤

柯炳興　紗拾斤
蔣吉昌　紗拾斤
風錫山　紗五斤
鄧金銓　紗五斤
鄧明初　紗五斤
鄧金山　紗五斤
徐祥泰　紗五斤
何玉林　紗五斤
蔣蘭亭　紗拾斤
黄仲康　紗五斤
馮曾氏　紗五斤

[illegible]产文　紗五斤
李業高　紗五斤
風方福　紗五斤
賴盛興　紗拾斤
風大明　紗五斤
鄭慶丰　紗五斤

總計五拾四斤

璧山县城南乡养鱼池机织生产合作社业务计划书、农村副业贷款报告表、借款申请书、借款用途及细数表、社员家庭经济概况调查表、社员领纱数目表、职员略历表、名册　9-1-83（46）

璧山县城南乡养鱼池机织生产合作社业务计划书、农村副业贷款报告表、借款申请书、借款用途及细数表、社员家庭经济概况调查表、社员领纱数目表、职员略历表、名册 9-1-83（47）

38

璧山縣城南鄉養魚池機織生產合作社職員略歷表

職位	姓名	年齡	籍貫	經歷	學歷	職業	備註
理事主席	吳金良	四六	璧山	現任本保副保長	私四	農	
理事	朱星良	四八	銅梁	前任副保長	私六	商	
理事	曾和清	四五	璧山	無	私五	農	
理事	徐金安	五八	璧山	現任本保保長	私六	農	
理事	蔣林軒	六〇	璧山	無	私五	商	
監事主席	鳳海濱	二九	璧山	無	私六	商	
監事	陳樹棠	四八	璧山	無	私三	農	
監事	柯炳興	四八	璧山	無	私四	商	
業務委員	張世全	二三	璧山	現任武毅主任	中学畢業	農	
業務委員	蔣林軒	同前					

中華民國卅六年九月廿三日

璧山县城南乡养鱼池机织生产合作社业务计划书、农村副业贷款报告表、借款申请书、借款用途及细数表、社员家庭经济概况调查表、社员领纱数目表、职员略历表、名册 9-1-83（48）

璧山縣城南鄉養魚池機織合作社

个人社員名冊

璧山县城南乡养鱼池机织生产合作社业务计划书、农村副业贷款报告表、借款申请书、借款用途及细数表、社员家庭经济概况调查表、社员领纱数目表、职员略历表、名册 9-1-83（49）

40

編號	姓名	性別	年齡	職業	住址 保	甲	戶	地名	是否戶長	家口人數	入社日期	社股 認購	已繳	蓋章指模	附註
1	吳全良	男	四六	農	十三	七		肖家塡	是	九				吳全良印	
2	曾和清	男	四六	農	仝	仝		肖家塡	仝	十二				曾和清章	
3	朱星良	男	四八	商	仝	九		花紅林	仝	七				朱星良印	
4	陳樹云	男	四八	農	仝	六		船形屋基	仝	十				[illegible]	
5	胤海彬	男	二九	農	仝	一		徐家大竹林	仝	四				[illegible]	
6	蔣蘭亭	男	六八	商	仝	八		蔣家院子	仝	九				蔣蘭亭印	
7	郭慶丰	男	五六	農	仝	五		郭家院子	仝	五				郭慶[illegible]	
8	周遠合	男	二九	農	仝	六		石嶺崗	否	十一				周遠合印	
9	徐金安	男	五三	農	仝	一		徐家大竹林	是	七				徐金安印	

三、乡村手工业·机织生产合作社·机织生产合作社书表·璧山县城南乡

璧山县城南乡养鱼池机织生产合作社业务计划书、农村副业贷款报告表、借款申请书、借款用途及细数表、社员家庭经济概况调查表、社员领纱数目表、职员略历表、名册　9-1-83（49）

11	馮天文	男	二五	農	仝	七	养鱼池	不	三	馮天文印
12	李榮高	男	十八	農	仝	七	养鱼池	不	六	李榮高印
13	張[illegible]山	男	六五	農	仝	九	花红林	是	七	[illegible]
14	蔣吉昌	男	二九	商	仝	九	蔣家院子	是	七	蔣吉昌印
15	封大福	男	二九	商	仝	二	西来寺	是	五	[illegible]
16	劉治清	男	五十	農	仝	二	西来寺	是	七	[illegible]
17	鄧全家	男	四八	農	仝	十	觀音岩	是	五	鄧全銓印
18	黃萬國	男	二二	農	仝	二	大水井	不	七	黃萬國印
19	馮曾氏	女	四八	商	仝	七	尚家塡	是	二	馮曾氏印
20	風錫三	男	四六	農	仝	十	風家土地[illegible]	是	七	[illegible]

41

21	柯炳興	男	六〇	商	仝	八	趙家塆	是	六
22	封大明	男	三〇	農	仝	十	鳳家土地老	是	五
23	趙逸才	男	二六	農	仝	四	赵家塆	是	二
24	鄧金山	男	六四	農	仝	十	花紅林	是	五
25	鄧明初	男	六四	農	仝	十	花紅林	是	六
26	何玉林	男	五〇	農	仝	十	花紅林	是	五
27	黃仲康	男	三九	農	仝	五	趙家沖	是	八
28	鄢文華	男	三八	商	仝	五	鄢家院子	是	三
29	高從輝	女	四五	商	仝	六	高房子	是	八
30	張錫成	男		農	仝	九	养魚池	是	

璧山县城南乡养鱼池机织生产合作社业务计划书、农村副业贷款报告表、借款申请书、借款用途及细数表、社员家庭经济概况调查表、社员领纱数目表、职员略历表、名册　9-1-83（50）

璧山县城南乡养鱼池机织生产合作社业务计划书、农村副业贷款报告表、借款申请书、借款用途及细数表、社员家庭经济概况调查表、社员领纱数目表、职员略历表、名册　9-1-83（50）

31	馮志恒	男	四〇	農	仝	九	養[illegible]池	是	六
32	徐樹榮	男		農	仝	一	徐家大竹林	是	
33	徐祥泰	男	六八	農	仝	二	大水井	是	十二
34	馮海清	男	四五	農	仝	六	船型屋基	是	六
35	徐銀洲	男	五九	農	仝	一	徐家大竹林	是	三
36	徐春廷	男	五二	農	仝	一	徐家大竹林	是	六
37	賴盛興	男	二八	農	仝	八	趙家塆	是	八
38	雷治林	男	四七	農	仝	八	騎龍穴	是	五
39	陳榮良	男	四四	農	仝	六	船型屋基	是	七
40	蔣天壹	男	四〇	商	仝	三	石牛屋基	不	六

璧山县城南乡养鱼池机织合作社章程　9-1-83（32）

30（1）

保證責任璧山縣城南鄉養魚池機織合作社章程

璧山县城南乡养鱼池机织合作社章程　9-1-83（33）

（2）

保證責任璧山縣城南鄉養魚池機織生產合作社章程

（本章於民國卅八年七月六日經社員大會通過）

第一條　定名　本社定名為保證責任　　縣　　合作社

第二條　宗旨　本社以發展工業增加生產改善社員生活建設經濟國防為宗旨

第三條　責任　本社為保證責任各社員之保證金額為其所認股額之叁拾倍並以其所認股額及保證金額為限負其責任

第四條　業務區域　本社以城南鄉十三保為業務區域

第五條　社址　本社社址設於城南鄉第十三保苗家院子

第六條　年限　本社成立年限定為拾年但經社員大會之議決得縮短或延長

第七條　公告　本社應公告之事項在本社揭示處公佈之

第八條　社員資格　本社社員以本國人民年滿廿歲或未滿二十歲而有行為能力且有正當職業品行端正並無吸食鴉片或其他代用品宣告破產及褫奪公權之情形而對本社事業確有經營之技能與經驗並不加入其他任何工業合作社

一

璧山县城南乡养鱼池机织合作社章程　9-1-83（34）

（3）

凡有違犯關係法令以及喪失信譽之行為者均得經本社出席理監事四分之三以上社務會議之通過予以除名以書面通知被除名之社員並報告社員大會

四、出社社員對於出社前本社所負債務之保證責任自出社決定日起經過二年始得解除但本社於該社員出社後六個月內解散時得以該社員為未出社論

五、出社社員得請求退回其所繳股金之一部或全部但須於年度終了結算後由理事會決定之

第十一條　社股　本社關於社股之規定如左：

一、每股定為國幣壹仟元

二、社員入社時至少須認購一股嗣後可隨時添認但最多不得超過本社股金總額百分之二十第一次所交股金不得少認股額四分之一其餘股金之繳納日期由理事會決定但應自認股之日起一年內繳足之

三、社員如無力繳納股款之一部或全部者得按月由其應得之工資內扣繳或於年終由其應得之股息或盈餘分配金內扣充之

四、社員除以現款繳納股金外並可以機器工具及原料或其他財產物等經

三

璧山县城南乡养鱼池机织合作社章程　9-1-83（35）

（4）

第十四條　僱員　本社因業務發展於必要時得由理事會任用副經理一人技師技術員事務員助理員或練習生及臨時僱工若干人練習生及臨時僱工應先儘社員之家屬選用其辦法另定之

任期規定如左：

第十五條　任期　本社職員之任期除聘僱人員另行規定外所有理監事之任期規定如左

一、理事之任期為三年每年改選三分之一得連選連任

二、監事之任期為一年亦得連選連任

三、理事在任期內非有正當理由不得辭職其確因故辭職或其他原因缺額時得召集臨時社員大會舉行補缺選舉其產生之理監事以前任之任期為任期

四、本社由理事會提經社員大會推選出席聯合之代表其任期為一年

第十六條　待遇　本社監理事均以義務職為原則必要時得經社員大會決議酌支津貼或生活補助費其他聘僱員工得經理事會之議決酌給薪資

第十七條　細則　理事會辦事細則由理事會另訂之監事會辦事細則由監事會另訂之其他員工之服務規則分別另訂之

五

璧山县城南乡养鱼池机织合作社章程　9-1-83（36）

(5)

四、社員大會應有社員過半數之出席始得開會出席社員過半數之同意始得決議但對理監事之罷免須有全體社員過半數之同意始得決議對本社解散或與他社之合併應有全體社員四分之三以上之出席出席社員三分之二以上之同意始得決議

五、社員大會開會以理事主席為理事主席缺席時以監事主席爲主席社員召集之臨時會議公推一人為主席

六、社員僅有一表決權或選舉權社員不能出席時得以書面委託其他社員代理之但同一代理人以不得代理兩個以上之社員爲限表決時如雙方票數相等主席有投決定票之權

七、社員大會流會二次以上時理事會得以書面載明應議事項函由全體社員於一定期限內通信表決之但以期限不得少於十日

第十九條　社務會由理事會於每三個月召集常會一次必要時得召集臨時會議均為討論理事會或監事會不能單獨解決而無須舉行社員大會之重要事項

一、社務會開會時其主席由理監事互選之

二、社務會應有全體理監事三分之二以上出席始得開會出席理監事過半數之同意始得決議

七

璧山县城南乡养鱼池机织合作社章程　9-1-83（37）

(6)

(三)審查本社年終決算編造之各項書表

(四)會同理事對內對外簽訂各種契約或於訴訟行為時為本社代表

第二十一條　記錄　本社舉行各種會議均應具備會議記錄其格式項目另定之

第二十二條　業務種類　本社經營業務如左：

(一)

(二)

(三)

第二十三條　業務管理　本社應需原料工具及設備所有產品之製造與運銷均以統籌集總辦理為原則

(一)本社社員如能供給前項原料工具或設備時得儘先徵收之按當地時價付款

(二)本社除應設立工廠外并得於必要時設置倉庫其辦法另定之

(三)本社遇有特殊情形時得經社務會議之決議准許社員領用原料工具在其家中製造但成品須交社中集總運銷其詳細辦法另定之、

(四)其他一切管理辦法悉依工廠法之規定辦理

第二十四條　年度　本社以國歷一月一日至十二月三十一日為業務年度六月底為半年

九

壁山县城南乡养鱼池机织合作社章程 9-1-83（38）

（四）以百分之六十五為社員分配金按社員之工作效率成績及工資等比例分配之

第二十七條 虧損 本社年終決算有虧損時以公益及股順次抵補之如仍不足由各社員按所負之保證金額分担之

第二十八條 解散 本社遇有左列情事之一而解散

（一）社員大會議決解散或與他社合併

（二）社員不足法定人數或成立期滿

（三）破產或有解散之命令時

第二十九條 清算 本社解散時主由主管機關法院派清算員二人依合作社法之規定清理本社債權及債務清算後尚有產金額時由清算人擬定分配案呈准主管機關并提交社員大會決定之

第三十條 附則 本章程附則附左：

一 本章程未規定事項悉依作社法及同法施行細則或其他有關法令之規定辦理

二 本章程由社員大會通呈請主管機關核准後施行

一一

璧山县城南乡养鱼池机织合作社章程　9-1-83（39）

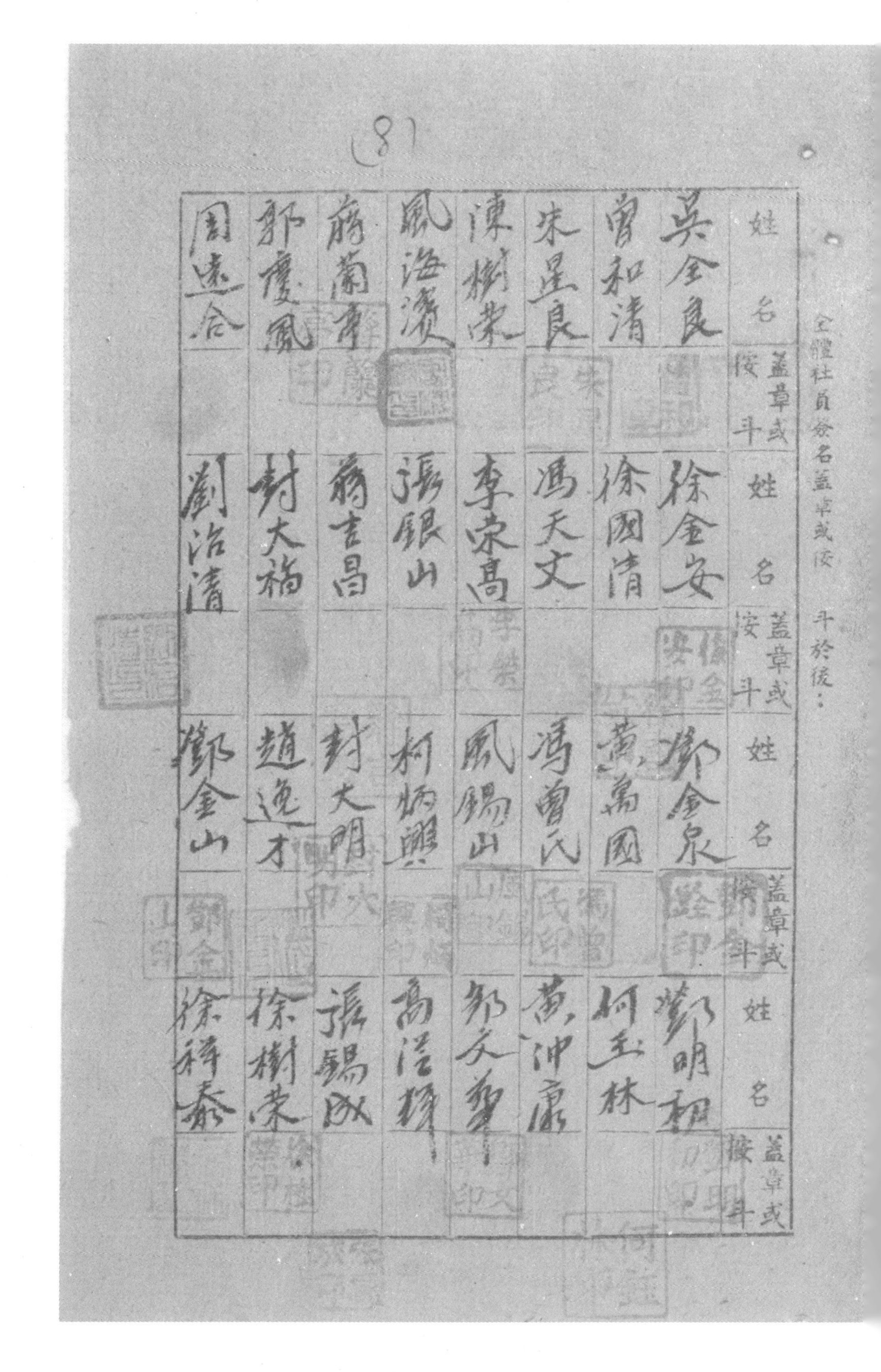

（8）

全體社員簽名蓋章或按斗於後：

姓名	蓋章或按斗	姓名	蓋章或按斗	姓名	蓋章或按斗	姓名	蓋章或按斗
吳金良		徐金安		鄧金泉		鄧明和	
曾和清		徐國清		黃萬國		何玉林	
朱星良		馮天文		馮曾氏		黃沛康	
陳樹榮		李榮高		鳳錫山		鄧文藝	
鳳海濱		張銀山		柯炳興		高澤楷	
蔣蘭章		蔣吉昌		封大明		張錫成	
郭慶鳳		封大福		趙逸才		徐樹榮	
周遠合		劉治清		鄧金山		徐祥泰	

璧山县鹿鸣乡第六保保办公处为派员指导筹建机织生产合作社一事呈华西实验区总办事处函　9-1-123（92）

稿

便函

国桢兄核办　嵩　三、八

存参　国桢　三、十六

報告　民國三十八年三月二日于鹿鳴鄉第六保保辦公處

竊本鄉織布業發達尤以窄布最多平均每户有木機一台本保有木機八十一台為發展農村手工業扶植農民經濟改善社員生活加強農村生產充實國防起見方炳舟田宗珏等遂創議組織機織生產合作社依法選出臨時主席田廣生及臨時紀錄趙興儀于三月一日開會公推田廣生方君毅龍廷厚三人為籌備員並推田廣生為籌備主任議決於三月八日召開成立大會根據合作社章程討論一切事項務祈

鈞處派員指導以利進行為感！

謹呈

農復會華西實驗區總辦事處

璧山县鹿鸣乡第六保保办公处为派员指导筹建机织生产合作社一事呈华西实验区总办事处函　9-1-123（93）

籌備主任　田廣生

籌備員　方君毅

龍廷厚

璧山县鹿鸣乡方家石坝机织生产合作社章程　9-1-123（77）

46

保證責任璧山縣鹿鳴鄉方家石壩機織生產合作社章程

47

保證責任璧山縣鹿鳴鄉方家石壩機織生產合作社章程

（本章於民國卅八年三月九日經社員大會通過）

第一條　定名　本社定名為保證責任璧山縣鹿鳴鄉方家石壩機織生產合作社

第二條　宗旨　本社以發展工業增加生產改善社員生活建設經濟國防為宗旨

第三條　責任　本社為保證責任各社員之保證金額為其所認股額之六倍並以其所認股額及保證金額為限負其責任

第四條　業務區域　本社以璧山鹿鳴鄉為業務區域

第五條　社址　本社社址設於

第六條　年限　本社成立年限定為十年但經社員大會之議決得縮短或延長

第七條　公告　本社應公告之事項在本社揭示處公佈之

第八條　社員資格　本社社員以本國人民年滿廿歲或未滿二十歲而有行為能力且有正當職業品行端正並無吸食鴉片或其他代用品宣告破產及褫奪公權之情形而對本社事業確有經營之技能與經驗並不加入其他任何工業合作社

一

璧山县鹿鸣乡方家石坝机织生产合作社章程 9-1-123（79）

者為合格

二

第九條 入社 本社社員之入社依左列規定：

一、凡在本社成立後入社者須塡具入社願書經社員二人以上之介紹或直接以書面請求理事會之同意及社員大會之追認方得入社

二、本社社員以每家一人入社為限如社員家屬有願參加本社工作者得由理事會依實際需要准許之工資按其工作效力計算並得將其工資數目或工作成績分數併入該社員名下享受年終盈餘分配

三、本社社員入社時得以書面指定一人為其繼承人經理事會之核准遇該社員死亡或不能繼續工作時得由其繼承人照章入社繼承其權利義務各社員入社後亦得隨時更易其繼承人

第十條 出社 本社社員出社之規定如左：

一、社員因自請退社除名死亡與喪失本章程第八條之社員資格者均得出社

二、社員自請退社須於本年度終了時並應在三個月前向理事會以書面請求經核准者始得退社

三、社員如有不遵照本社章則及決議履行者或有妨害本社業務與利益者

璧山县鹿鸣乡方家石坝机织生产合作社章程　9-1-123（80）

48

凡有違犯關係法令以及喪失信譽之行為者均得經本社出席理監事四分之三以上社務會議之通過予以除名以書面通知被除名之社員並報告社員大會

四、出社社員對於出社前本社所負債務之保證責任自出社決定日起經過二年始得解除但本社於該社員出社後六個月內解散時得以該社員為未出社論

五、出社社員得請求退回其所繳股金之一部或全部但須於年度終了結算後由理事會決定之

第十一條　社股　本社關於社股之規定如左：

一、每股定為[illegible]五十元

二、社員入社時至少須認購一股嗣後可隨時添認但最多不得超過本社股金總額百分之二十第一次所交股金不得少認股額四分之一其餘股金之繳納日期由理事會決定但應自認股之日起一年內繳足之

三、社員如無力繳納股款之一部或全部者得按月由其應得之工資內扣繳或於年終由其應得之股息或盈餘分配金內扣充之

四、社員除以現款繳納股金外並可以機器工具及原料或其他財產物等經

三

璧山县鹿鸣乡方家石坝机织生产合作社章程　9-1-123（81）

四

理監事出席三分之二以上之社務會議評定折價抵充其應繳股金

五、社員轉讓社股須經本社理監事出席三分之二以上之社務會議之通過方可出讓其承繼人如非社員時須照本章程第八條及第九條之規定始可繼承其原讓人之社股及其權利義務如為本社社員則其所有社股金額應受不得超過本社股金總額百分之二十之限制

六、社員利息定為九息 八 釐按實交之股款計算由理事會於每年度終了時決定之

七、社員不得以其對於本社社員或他人之債權抵繳其已認未繳之股金亦不得以其所繳之股金抵償其對於本社社員或他人之債務非經本社之同意亦不得以其社股為人之債務作担保

第十二條　理事　本社由社員大會就社員中選任理事 五 人組織理事會互推主席經理司庫各一人掌理事主席對內總理社務對外代表本社經理專掌本社業務之經營司庫專司本社款項之保管與出纳

第十三條　監事　本社由社員大會就社員中選任監事 三 人組織監事會互選主席一人監事不得兼任本社其他職員曾任理事之社員其任內之責任未清了前不得當選為監事

49

第十四條　僱員　本社因業務發展於必要時得由理事會任用副經理一人技師技術員事務員助理員或練習生及臨時僱工若干人練習生及臨時僱工應先儘社員之家屬選用其辦法另定之

任期規定如左：

第十五條　任期　本社職員之任期除聘僱人員另行規定外所有理監事之任期規定如左

一、理事之任期爲三、二、一年每年改選　三　分之一得連選連任

二、監事之任期爲一年亦得連選連任

三、理事在任期內非有正當理由不得辭職其確因故辭職或其他原因缺額時得召集臨時社員大會舉行補缺選舉其產生之理監事以前任之任期爲任期

四，本社由理事會提經社員大會推選出席聯合之代表其任期爲一年

第十六條　待遇　本社監理事均以義務職為原則必要時得經社員大會決議酌支津貼或生活補助費其他聘僱員工得經理事會之議決酌給薪資

第十七條　細則　理事會辦事細則由理事會另訂之監事會辦事細則由監事會另訂之其他員工之服務規則分別另訂之

五

璧山县鹿鸣乡方家石坝机织生产合作社章程　9-1-123（83）

六

第十八條　社員大會　本社以社員大會為最高權力機關由全體社員組織之

一，社員大會之職權如左：

(一)理監事之選任或罷免

(二)決定業務進行方針及業務實施計劃

(三)通過本社預算決算各種報告書表以及各項規章之製定或修正

(四)追任社員之入社或出社

(五)決定本社社員職員待遇之標準

(六)決定本社內外借款之限度

(七)其他重要事項及理監事或社員之提議事項之決定

二、社員大會分常會臨時會兩種常會於每業務年度終了後一個月由內理事會召集之臨時會於理事會認為必要時或監事會對執行職務為必要時召集之全體四分之一以上社員認為必要時以書面說明提議事項及其理由亦得請求理事會召集臨時會此項請求提出十日內如理事會不召為集時社員得呈請主管機關自行召集之

三、社員大會之召集應於七日前以書面或載明事理及提議事項通知各社員

50

四、社員大會應有社員過半数之出席始得開會出席社員過半數之同意始得決議但對理監事之罷免須有全體社員過半數之同意始得決議對本社解散或與他社之合併應有全體社員四分之三以上之出席出席社員三分之二以上之同意始得決議

五、社員大會開會以理事主席爲主席理事主席缺席時以監事主席爲主席社員召集之臨時會議公推一人爲主席

六、社員僅有一表決權或選舉權社員不能出席時得以書面委託其他社員代理之但同一代理人以不得代理兩個以上之社員爲限表決時如雙方票數相等主席有投決定票之權

七、社員大會流會二次以上時理事會得以書面載明應議事項函由全體社員於一定期限內通信表決之但以期限不得少於十日

第十九條　社務會　由理事會於每二個月召集常會一次必要時得召集臨時會議均爲討論理事會或監事會不能單獨解決而無須舉行社員大會之重要事項

一、社務會開會時其主席由理監事互選之

二、社務會應有全體理監事三分之二以上出席始得開會出席理監事過半數之同意始得決議

七

璧山县鹿鸣乡方家石坝机织生产合作社章程　9-1-123（85）

八

三、社務會開會時副經理技師技術員及事務員均得列席陳述意見

第二十條　理事會及監事會　由各該會主席至少於每月召集會議一次

一、理事會及監事會應有理事或監事過半數以上之出席始得開會出席理事或監事過半數之同意始得決議

二、理事會之職權如左：

（一）執行社員大會決議案及一切社務

（二）擬定業務進行方針及實施計劃

（三）編造預算及決算

（四）編製各項報告書表及規章

（五）向外借款及其事項

（六）購置應須之原料及一切設備或其他不動產

（七）辦理本社產品之運銷

（八）會同本社監事對內對外簽訂各種契約或於訴訟時爲本社代表

三、監事會之職權

（一）監查本社所有財務狀況

（二）監查本社業務執行狀況

51

（三）審查本社年終決算編造之各項書表

（四）會同理事對內對外簽訂各種契約或於訴訟行為時為本社代表

第二十一條 記錄 本社舉行各種會議均應具備會議記錄其格式項目另定之

第二十二條 業務種類 本社經營業務如左：

（一）織布

（二）整染

（三）

第二十三條 業務管理 本社應需原料工具及設備所有產品之製造與運銷均以統籌集總辦理為原則

（一）本社社員如能供給前項原料工具或設備時得儘先徵收之按當地時價付款

（二）本社除應設立工廠外并得於必要時設置倉庫其辦法另定之

（三）本社遇有特殊情形時得經社務會議之決議准許社員領用原料工具在其家中製造但成品須交社中集總運銷其詳細辦法另定之

（四）其他一切管理辦法悉依工廠法之規定辦理

第二十四條 年度 本社以國歷一月一日至十二月三十一日為業務年度六月底為半年

九

璧山县鹿鸣乡方家石坝机织生产合作社章程 9-1-123（87）

第二十五條 結算期十二月底為全年總決算期

書表 每年度總決算時由理事會造具左列各項書表送經監事會審查後連同監事會報告書提請社員大會承認并呈報主管機關備案另須具備一份存置社中以供本社社員及債權人查閱

（一）財產目錄 （二）資產負債表 （三）損益計算書 （四）業務報告書 （五）盈餘分配案

第二十六條 盈餘 本社年終決算有盈餘時除依次彌補累計損失償付對外借款還本息并付股息外如有餘額作為一百分按照下列規定分配之

（一）以百分之二十為公積金經社員大會之決定存儲於殷實之銀行或存款機關與商號或以穩妥之方法運用生息除彌補損失外不得移作別用但公積金超過股金總額二倍時其超過部份得由社員大會決定作為擴充業務或供公共事業之用

（二）以百分之十為公益金由社員大會議決以為協助本社附近居民之教育衛生其及他公益事業及社福利事業之用

（三）以百分之十為理事及職員聘僱員工之酬勞金其酬勞分配辦法由理事會決定之

52

（四）以百分之六十為社員分配金按社員之工作效率成績及工資等比例分配之

第二十七條 虧損 本社年終決算有虧損時以公益及股金順次抵補之如仍不足由各社員按所負之保證金額分担之

第二十八條 解散 本社遇有左列情事之一而解散

（一）社員大會議決解散或與他社合併時

（二）社員不足法定人數或成立期滿時

（三）破產或有解散之命令時

第二十九條 清算 本社解散時由主管機關或法院派清算員二人依合作社法之規定清理本社債權及債務清算後尚有資產金額時由清算人擬定分配案呈准主管機關并提交社員大會決定處理

第三十條 附則 本章程附則附左：

一 本章程未規定事項悉依合作社法及同法施行細則或其他有關法令之規定辦理

二 本章程由社員大會通過呈請主管機關核准後施行

一一

璧山县鹿鸣乡方家石坝机织生产合作社章程 9-1-123（89）

璧山县鹿鸣乡方家石坝机织生产合作社章程　9-1-123（89）

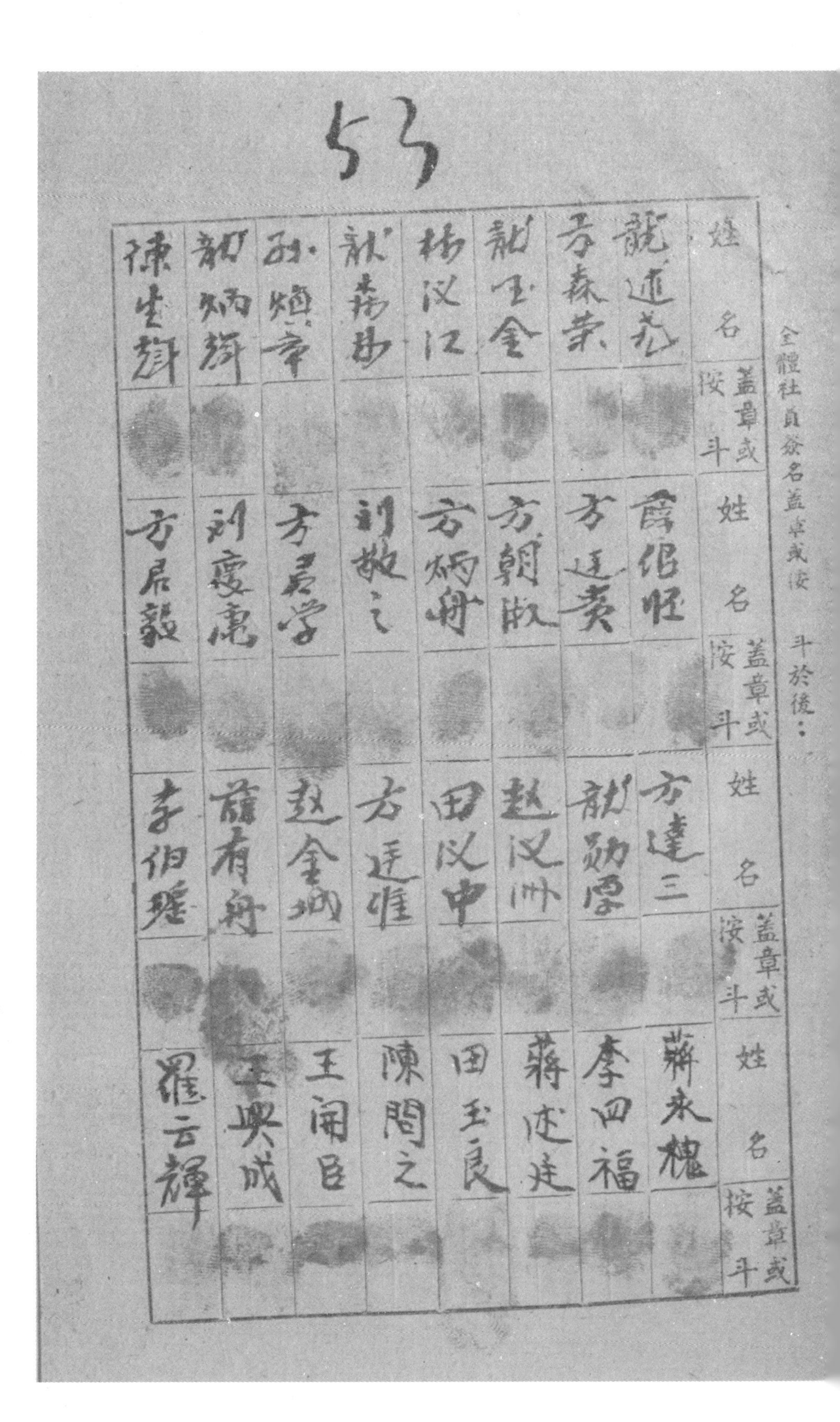

53

全體社員簽名蓋章或按斗於後：

姓名	蓋章或按斗	姓名	蓋章或按斗	姓名	蓋章或按斗	姓名	蓋章或按斗
龍述尧		薛倡恒		方達三		蔣來槐	
方森榮		方廷奏		龍勳學		李四福	
龍玉金		方朝徹		趙汉洲		蔣述廷	
杨汉江		方炳舟		田汉中		田玉良	
龍壽昌		刘敬之		方廷淮		陳問之	
孙炳章		方君学		赵金炳		王聞臣	
龍炳輝		刘慶鹿		薛有舟		王興成	
陳生輝		方君毅		李伯琨		羅云輝	

璧山县鹿鸣乡方家石坝机织生产合作社章程　9-1-123（90）

姓名	盖章或按斗	姓名	盖章或按斗	姓名	盖章或按斗	姓名	盖章或按斗
龍江林		田學渊		龍國元		田琮玉	
余大川		田世容		龍國府		龍玉厚	
徐國文		田渊明		鄧光武		龍海南	
趙代光		趙澤林		周鵬飛		龍敬厚	
黄仕昌		田文光		龍合楠		王盛青	
岳清河		譚中玉		龍澤林		鄧文坤	
羅澤之		曾輝武		周學德		羅朝清	
趙綠生		戴盛碧		田廣生		鄧澤英	

璧山县鹿鸣乡方家石坝机织生产合作社章程　9-1-123（91）

54

[illegible]
董樹清
方樹清
李明堯
瞿治廷
瞿治安
賴樹軒
方廷文
趙樹堂
鄧澤沛
龍保全
周仕文

鹿鸣乡第二保学区民教主任龙汝贤、璧山县第三辅导区办事处、璧山县政府、华西实验区办事处为成立鹿鸣乡古佛寺机织生产合作社相关事宜的往来公文（附：章程、社员名册、本社创立会决议录） 9-1-152（114）

簽呈 三月五日 于鹿鳴鄉第二保學區

敬簽呈者查本學區實有窄布木機七十八架為建設鄉村扶助農民經濟起見擬成立窄布機合作社一所於二月二十八日由本學區士紳龍明廷胡慶丰黄澤輝三人籌備當推龍明廷臨時主席開籌備大会決議于三月十日召開社員大会懇請

鈞處是日派員貴臨指導

謹呈

華西實驗區来鳳鄉辦事處

民教主任 龍汝賢

鹿鸣乡第二保学区民教主任龙汝贤、璧山县第三辅导区办事处、璧山县政府、华西实验区办事处为成立鹿鸣乡古佛寺机织生产合作社相关事宜的往来公文（附：章程、社员名册、本社创立会决议录） 9-1-152（115）（116）

合作社成立登記申請書

社名	璧山縣鹿鳴鄉古佛寺机織生產合作社
業務	織布 整理
責任	保証責任 二十倍
社址	璧山縣鹿鳴鄉第二保办公处
社員人數	七十八人
業務區域	鹿鳴鄉第二保
創立會日期	民國三十八年三月十日
通訊處	鹿鳴鄉乡公所
社股 每股金額	金元卷五十元
社股 繳納方法	社员一次缴入到庫[illegible]
社股 共認股數	七十八人
社股 股金總數	金元卷三千九百元
社股 已繳金額	金元卷三千九百元

職員	姓名	任期	性別	年齡	籍貫	職業	住所
理事	主席 龍明廷	三年	男	六〇	璧山	農	廣灘河
理事	龍桂安	三年	〃	五二	〃	〃	〃
理事	黃澤輝	二年	〃	三八	〃	〃	老祠堂
理事	胡廣丰	二年	〃	三六	〃	〃	大堰包
理事	常[illegible]明	一年	〃	三〇	〃	〃	〃
監事	主席 龍汝賢	一年	〃	三九	〃	〃	廣灘河
監事	龍經臣	一年	〃	五八	〃	〃	大水井
監事	鄒奕南	一年	〃	三八	〃	〃	古佛寺

附：本社創立會決議錄三份 個人社員名册四份 法人社員名册 業務計劃書各四份 章程四份

謹呈 70

平教会華西实验区總办事处

保証責任璧山縣鹿鳴鄉古佛寺机織生產合作社理事主席

鹿鸣乡第二保学区民教主任龙汝贤、璧山县第三辅导区办事处、璧山县政府、华西实验区办事处为成立鹿鸣乡古佛寺机织生产合作社相关事宜的往来公文（附：章程、社员名册、本社创立会决议录） 9-1-152（117）

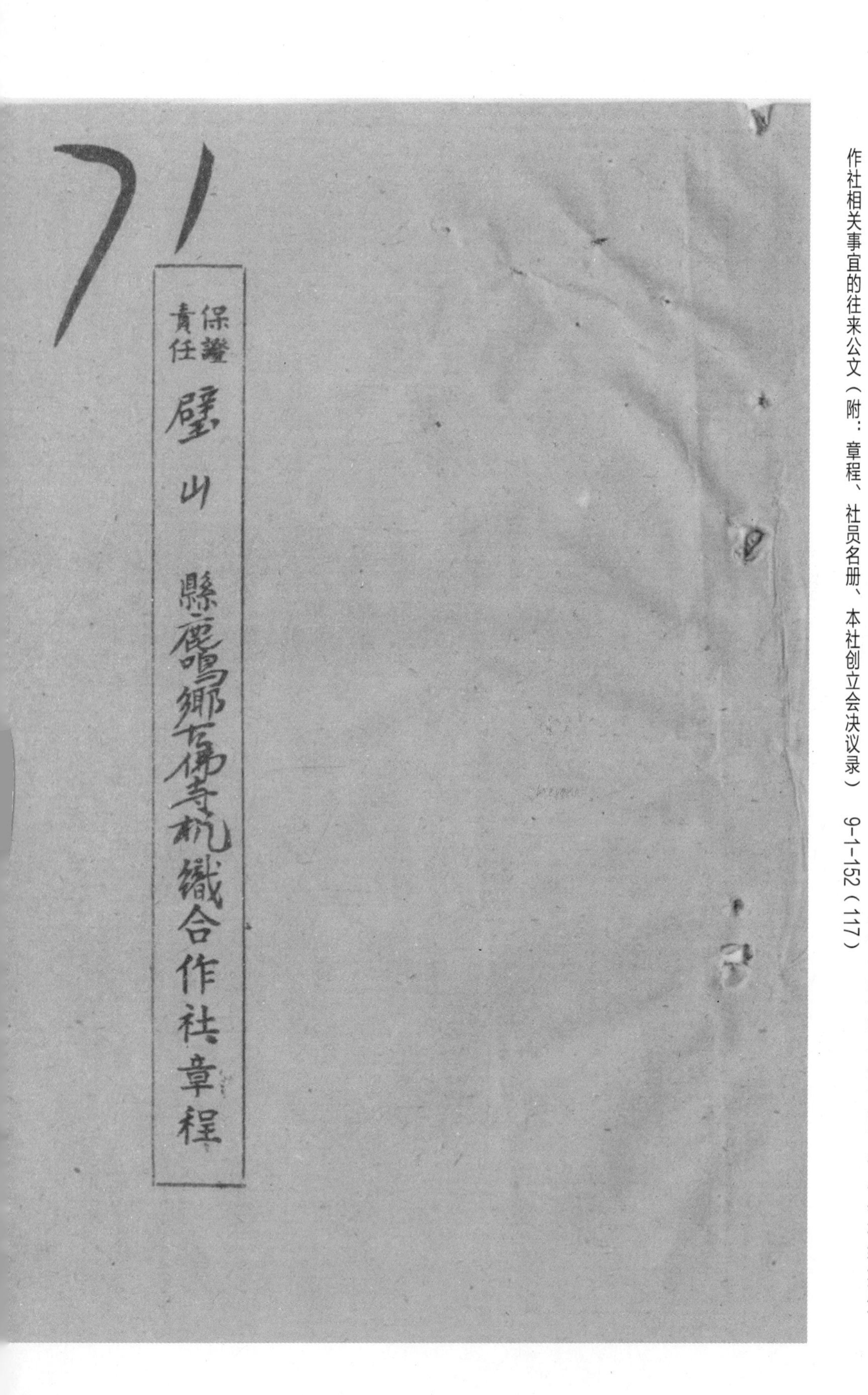
71
保證責任璧山縣鹿鳴鄉古佛寺機織合作社章程

鹿鸣乡第二保学区民教主任龙汝贤、璧山县第三辅导区办事处、璧山县政府、华西实验区办事处为成立鹿鸣乡古佛寺机织生产合作社相关事宜的往来公文（附：章程、社员名册、本社创立会决议录） 9-1-152（118）

保證責任璧山縣鹿鳴鄉古佛寺機織生產合作社章程

（本章於民國卅八年二月十日經社員大會通過）

第一條 定名 本社定名為保證責任璧山縣鹿鳴鄉古佛寺機織生產合作社

第二條 宗旨 本社以發展工業增加生產改善社員生活建設經濟國防為宗旨

第三條 責任 本社為保證責任各社員之保證金額為其所認股額之二十倍並以其所認股額及保證金額為限負其責任

第四條 業務區域 本社以璧山鹿鳴鄉第二保為業務區域

第五條 社址 本社社址設於

第六條 年限 本社成立年限定為十年但經社員大會之議決得縮短或延長

第七條 公告 本社應公告之事項在本社揭示處公佈之

第八條 社員資格 本社社員以本國人民年滿廿歲或未滿二十歲而有行為能力且有正當職業品行端正並無吸食鴉片或其他代用品宣告破產及褫奪公權之情形而對本社事業確有經營之技能與經驗並不加入其他任何工業合作社

一

鹿鸣乡第二保学区民教主任龙汝贤、璧山县第三辅导区办事处、璧山县政府、华西实验区办事处为成立鹿鸣乡古佛寺机织生产合作社相关事宜的往来公文（附：章程、社员名册、本社创立会决议录） 9-1-152（119）

二

者為合格

第九條 入社 本社社員之入社依左列規定：

一、凡在本社成立後入社者須填具入社願書經社員二人以上之介紹或直接以書面請求理事會之同意及社員大會之追認方得入社

二、本社社員以每家一人入社為限如社員家屬有願參加本社工作者得由理事會依實際需要准許之工資按其工作效力計算並得將其工資數目或工作成績分數併入該社員名下享受年終盈餘分配

三、本社社員入社時得以書面指定一人為其繼承人經理事會之核准過該社員死亡或不能繼續工作時得由其繼承人照章入社繼承其權利義務各社員入社後亦得隨時更易其繼承人

第十條 出社 本社社員出社之規定如左：

一、社員因自請退社除名死亡或喪失本章程第八條之社員資格者均得出社

二、社員自請退社須於本年度終了時並應在三個月前向理事會以書面請求經核准者始得退社

三、社員如有不遵照本社章則及決議履行者或有妨害本社業務與利益者

凡有違犯關係法令以及喪失信譽之行為者均得經本社出席理監事四分之三以上社務會議之通過予以除名以書面通知被除名之社員並報告社員大會

四、出社社員對於出社前本社所負債務之保證責任自出社決定日起經過二年始得解除但本社於該社員出社後六個月內解散時得以該社員為未出社論

五、出社社員得請求退回其所繳股金之一部或全部但須於年度終了結算後由理事會決定之

第十一條 社股 本社關於社股之規定如左：

一、每股定為國幣　　元

二、社員入社時至少須認購一股嗣後可隨時添認但最多不得超過本社股金總額百分之二十第一次所交股金不得少認股額四分之一其餘股金之繳納日期由理事會決定但應自認股之日起一年內繳足之

三、社員如無力繳納股款之一部或全部者得按月由其應得之工資內扣繳或於年終由其應得之股息或盈餘分配金內扣充之

四、社員除以現款繳納股金外並可以機器工具及原料或其他財產物等經

三

鹿鸣乡第二保学区民教主任龙汝贤、璧山县第三辅导区办事处、璧山县政府、华西实验区办事处为成立鹿鸣乡古佛寺机织生产合作社相关事宜的往来公文（附：章程、社员名册、本社创立会决议录） 9-1-152（121）

理監事出席三分之二以上之社務會議評定折價抵充其應繳股金

五、社員轉讓社股須經本社理監事出席三分之二以上之社務會議之通過方可出讓其承繼人如非社員時須照本章程第八條及第九條之規定始可繼承其原讓人之社股及其權利義務如為本社社員則其所有社股金額應交不得超過本社股金總額百分之二十之限制

六、社員利息定為月息 八 釐按實交之股款計算由理事會於每年度終了時决定之

七、社員不得以其對於本社社員或他人之債權抵繳其已認未繳之股金亦不得以其所繳之股金抵償其對於本社社員或他人之債務非經本社之同意亦不得以其社股為人之債務作担保

第十二條 理事 本社由社員大會就社員中選任理事 五 人組織理事會互推主席經理司庫各一人掌理事主席對內總理社務對外代表本社經理專掌本社業務之經營司庫專司本社款項之保管與出納

第十三條 監事 本社由社員大會就社員中選任監事 三 人組織監事會互選主席一人監事不得兼任本社其他職員曾任理事之社員其任內之責任未清了前不得不當選為理事

鹿鸣乡第二保学区民教主任龙汝贤、璧山县第三辅导区办事处、璧山县政府、华西实验区办事处为成立鹿鸣乡古佛寺机织生产合作社相关事宜的往来公文（附：章程、社员名册、本社创立会决议录） 9-1-152（122）

第十四條　僱員　本社因業務發展於必要時得由理事會任用副經理一人技師技術員事務員助理員或練習生及臨時僱工若干人練習生及臨時僱工應先儘社員之家屬選用其辦法另定之

第十五條　任期　本社職員之任期除聘僱人員另行規定外所有理監事之任期規定如左：

一、理事之任期為二年每年改選三分之一得連選連任

二、監事之任期為一年亦得連選連任

三、理事在任期內非有正當理由不得辭職其確因故辭職或其他原因缺額時得召集臨時社員大會舉行補缺選舉其產生之理監事以前任之任期為任期

四，本社由理事會提經社員大會推選出席聯合之代表其任期為一年

第十六條　待遇　本社監理事均以義務職為原則必要時得經社員大會決議酌支津貼或生活補助費其他聘僱員工得經理事會之議決酌給薪資

第十七條　細則　理事會辦事細則由理事會另訂之監事會辦事細則由監事會另訂之其他員工之服務規則分別另訂之

五

鹿鸣乡第二保学区民教主任龙汝贤、璧山县第三辅导区办事处、璧山县政府、华西实验区办事处为成立鹿鸣乡古佛寺机织生产合作社相关事宜的往来公文（附：章程、社员名册、本社创立会决议录） 9-1-152（123）

六

第十八條　社員大會　本社以社員大會為最高權力機關由全體社員組織之

一、社員大會之職權如左：

（一）理監事之選任或罷免

（二）決定業務進行方針及業務實施計劃

（三）通過本社預算決算各種報告書表以及各項規章之製定或修正

（四）追任社員之入社或出社

（五）決定本社社員職員待遇之標準

（六）決定本社內外借款之限度

（七）其他重要事項及理監事或社員之提議事項之決定

二、社員大會分常會臨時會兩種常會於每業務年度終了後一個月由內理事會召集之臨時會於理事會認為必要時或監事會對執行職務為必要時召集之全體四分之一以上社員認為必要時以書面說明提議事項及其理由亦得請求理事會召集臨時會此項請求提出十日內如理事會不召為集時社員得呈請主管機關自行召集之

三、社員大會之召集應於七日前以書面或載明事理及提議事項通知各社員

鹿鸣乡第二保学区民教主任龙汝贤、璧山县第三辅导区办事处、璧山县政府、华西实验区办事处为成立鹿鸣乡古佛寺机织生产合作社相关事宜的往来公文（附：章程、社员名册、本社创立会决议录） 9-1-152（124）

四、社員大會應有社員過半数之出席始得開會出席社員過半數之同意始得決議但對理監事之罷免須有全體社員過半數之同意始得決議對本社解散或與他社之合併應有全體社員四分之三以上之出席出席社員三分之二以上之同意始得決議

五、社員大會開會以理事主席為理事主席缺席時以監事主席為主席社員召集之臨時會議公推一人為主席

六、社員僅有一表決權或選舉權社員不能出席時得以書面委託其他社員代理之但同一代理人以不得代理兩個以上之社員為限表決時如雙方票數相等主席有投決定票之權

七、社員大會流會二次以上時理事會得以書面載明應議事項函由全體社員於一定期限內通信表決之但以期限不得少於十日

第十九條 社務會 由理事會於每三個月召集常會一次必要時得召集臨時會議均為討論理事會或監事會不能單獨解決而無須舉行社員大會之重要事項

一、社務會開會時其主席由理監事互選之

二、社務會應有全體理監事三分之二以上出席始得開會出席理監事過半數之同意始得決議

七

鹿鸣乡第二保学区民教主任龙汝贤、璧山县第三辅导区办事处、璧山县政府、华西实验区办事处为成立鹿鸣乡古佛寺机织生产合作社相关事宜的往来公文（附：章程、社员名册、本社创立会决议录） 9-1-152（125）

八

三、社務會開會時副經理技師技術員及事務員均得列席陳述意見

第二十條 理事會及監事會 由各該會主席至少於每月召集會議一次

一、理事會及監事會應有理事或監事過半數以上之出席始得開會出席理事或監事過半數之同意始得決議

二、理事會之職權如左：

(一)執行社員大會決議案及一切社務

(二)擬定業務進行方針及實施計劃

(三)編造預算及決算

(四)編製各項報告書表及規章

(五)向外借款及其事項

(六)購置應須之原料及一切設備或其他不動產

(七)辦理本社產品之運銷

(八)會同本社監事對內對外簽訂各種契約或於訴訟時爲本社代表

三、監事會之職權

(一)監查本社所有財務狀況

(二)監查本社業務執行狀況

鹿鸣乡第二保学区民教主任龙汝贤、璧山县第三辅导区办事处、璧山县政府、华西实验区办事处为成立鹿鸣乡古佛寺机织生产合作社相关事宜的往来公文（附：章程、社员名册、本社创立会决议录）　9-1-152（126）

（三）審查本社年終決算編造之各項書表
（四）會同理事對內對外簽訂各種契約或於訴訟行爲時爲本社代表

第二十一條　記錄　本社舉行各種會議均應具備會議記錄其格式項目另定之

第二十二條　業務種類　本社經營業務如左：
（一）織布
（二）整漿
（三）

第二十三條　業務管理　本社應需原料工具及設備所有產品之製造與運銷均以統籌集總辦理爲原則
（一）本社社員如能供給前項原料工具或設備時得儘先徵收之按當地時價付款
（二）本社除應設立工廠外并得於必要時設置倉庫其辦法另定之
（三）本社遇有特殊情形時得經社務會議之決議准許社員領用原料工具在其家中製造但成品須交社中集總運銷其詳細辦法另定之
（四）其他一切管理辦法悉依工廠法之規定辦理

第二十四條　年度　本社以國曆一月一日至十二月三十一日爲業務年度六月底爲半年

九

鹿鸣乡第二保学区民教主任龙汝贤、璧山县第三辅导区办事处、璧山县政府、华西实验区办事处为成立鹿鸣乡古佛寺机织生产合作社相关事宜的往来公文（附：章程、社员名册、本社创立会决议录） 9-1-152（127）

一〇

結算期十二月底為全年總決算期

第二十五條 書表 每年度總決算時由理事會造具左列各項書表送經監事會審查後連同監事會報告書提請社員大會承認并呈報主管機關備案另須具備一份存置社中以供本社社員及債權人查閱

（一）財產目錄 （二）資產負債表 （三）損益計算書 （四）業務報告書 （五）盈餘分配案

第二十六條 盈餘 本社年終決算有盈餘時除依次彌補累計損失償付對外借款應還本息并付股息外如有餘額作為一百分按照下列規定分配之

（一）以百分之二十 為公積金經社員大會之決定存儲於殷實之銀行或存款機關與商號或以穩妥之方法運用生息除彌補損失外不得移作別用但公積金超過股金總額二倍時其超過部份得由社員大會決定作為擴充業務或供公共事業之用

（二）以百分之十 為公益金由社員大會議決以為協助本社附近居民之教育衛生其及他公益事業及社福利事業之用

（三）以百分之十 為理事及職員聘僱員工之酬勞金其酬勞分配辦法由理事會決定之

鹿鸣乡第二保学区民教主任龙汝贤、璧山县第三辅导区办事处、璧山县政府、华西实验区办事处为成立鹿鸣乡古佛寺机织生产合作社相关事宜的往来公文（附：章程、社员名册、本社创立会决议录）　9-1-152（128）

（四）以百分之六十為社員分配金按社員之工作效率成績及工資等比例分配之

第二十七條　虧損　本社年終決算有虧損時以公益及股金順次抵補之如仍不足由各社員按所負之保證金額分担之

第二十八條　解散　本社遇有左列情事之一而解散

（一）社員大會議決解散或與他社合併時

（二）社員不足法定人數或成立期滿時

（三）破產或有解散之命令時

第二十九條　清算　本社解散時主由主管機關或法院派清算員二人依合作社法之規定清理本社債權及債務清算後尚有資產全額時由清算人擬定分配案呈准主管機關并提交社員大會決定處理

第三十條　附則　本章程附則附左：

一　本章程未規定事項悉依合作社法及同法施行細則或其他有關法令之規定辦理

二　本章程由社員大會通過呈請主管機關核准後施行

一一

鹿鸣乡第二保学区民教主任龙汝贤、璧山县第三辅导区办事处、璧山县政府、华西实验区办事处为成立鹿鸣乡古佛寺机织生产合作社相关事宜的往来公文（附：章程、社员名册、本社创立会决议录） 9-1-152（129）

全體社員簽名蓋章或按斗於後：

姓名	蓋章或按斗	姓名	蓋章或按斗	姓名	蓋章或按斗	姓名	蓋章或按斗
郭汝清		李文國		曾炳輝		程錫安	
呂義順		李四康		龍洪兵		龍澤柏	
羅世元		黎金山		龍安遠		龍金河	
陳壽廷		龍春國		龍炳軒		龍樹軒	
譚銀山		龍治華		龍吉安		龍澤誠	
郭棟樑		龍樹輝		龍經臣		程淑全	
劉貴清		黃澤輝		胡慶章		尹金廷	
周熙南		黃正倫		胡應均		龍海彬	

姓名	盖章或按斗	姓名	盖章或按斗	姓名	盖章或按斗	姓名	盖章或按斗
尹奎昌		尹海云		仝炳臣		仝学渊	
李辅君		吴炳卅		仝国彬		仝元盛	
薛素成		仝表南		仝博渊		仝建三	
王荣民		傅光安		吕海山		仝顺廷	
刘布云		傅海廷		尹仲辉		仝发三	
范树成		石兴帅		仝春舟		邹金书	
何金全		仝载云		朱云舟		仝桂廷	
吴树云		仝安水		仝国云		仝桂安	

鹿鸣乡第二保学区民教主任龙汝贤、璧山县第三辅导区办事处、璧山县政府、华西实验区办事处为成立鹿鸣乡古佛寺机织生产合作社相关事宜的往来公文（附：章程、社员名册、本社创立会决议录） 9-1-152（130）

鹿鸣乡第二保学区民教主任龙汝贤、璧山县第三辅导区办事处、璧山县政府、华西实验区办事处为成立鹿鸣乡古佛寺机织生产合作社相关事宜的往来公文（附：章程、社员名册、本社创立会决议录） 9-1-152（131）

魏平安
魏运学
魏鹏安
谷兴州
魏厚侠
魏银轩
魏汝贤
魏汝益
魏表云
刘法辉

徐啟君
魏吉祥
曾洪刚
魏长海
连必桂

鹿鸣乡第二保学区民教主任龙汝贤、璧山县第三辅导区办事处、璧山县政府、华西实验区办事处为成立鹿鸣乡古佛寺机织生产合作社相关事宜的往来公文（附：章程、社员名册、本社创立会决议录） 9-1-152（132）

72

保证责任璧山县鹿鸣乡古佛寺机织生产合作社

三十八年度業務計劃

自三十八年三月十日
至三十八年十二月三十一日

（一）業務部門	（二）業務科目	（三）辦法	（四）預定進度	（五）預定需款總額及還款辦法	（六）審核意見
機織生產门	織布	本社織布係農村副業生產工作分散各社員在家庭內進行之全鄉均以農民時間之剩餘社員家屬自勞力為主以減低窑布生產之成本	社員每日可出四丈八尺长一尺二寸寬布一疋半計七十八人每日可出三千五百一十疋	每人需周转洋贰万共一百五十六万金洋贰百万金元依政府规定还款	
	整裝	整理農民工業由本社統籌办理并劃一出品標準加強合作之業之效能	每日二人工作可整理一百疋每月可整三千疋		

鹿鸣乡第二保学区民教主任龙汝贤、璧山县第三辅导区办事处、璧山县政府、华西实验区办事处为成立鹿鸣乡古佛寺机织生产合作社相关事宜的往来公文（附：章程、社员名册、本社创立会决议录） 9-1-152（133）

保証责任璧山縣鹿鳴鄉古佛寺机織合作社創立會决議錄

一 開會日期 三十八年三月十日上午九時

二 開會地點 璧山縣鹿鳴鄉第二保办公室

三 出席人數 六十八人

四 缺席人 十人

五 列席人 馬沛然

六 推舉臨時主席及書記 推龍汝賢為臨時主席 龍汝賢為書記

七 報告事項 主席报告开会理由：補導員指示合作社章程及政府扶助農村經濟意义

八 決議事項

1 討論章程草案

決議 照章通過 每股乙金五〇元 保証金五〇元

2 選舉理事

鹿鸣乡第二保学区民教主任龙汝贤、璧山县第三辅导区办事处、璧山县政府、华西实验区办事处为成立鹿鸣乡古佛寺机织生产合作社相关事宜的往来公文（附：章程、社员名册、本社创立会决议录） 9-1-152（134）

3 當選者 龍汝賢 龍維臣 鄧奕南

4 討論收納第一次應繳社股期限
決議 限兩週交齊

5 討論呈請登記日期
決議限於一週日內呈報登記交[illegible]負責辦理

6 業務計劃
決議 由理監事聯席會議決定之

7 其他

九 臨時動議

十 散會

臨時主席

臨時書記

合作社成立登記申請書[illegible]核示通知單

案由 [illegible]鹿鳴鄉古佛寺机織生產合作社[illegible]成立登記申請書[illegible]

合字第69號

[illegible]卅八年三月廿六日

「申請書及附件均未查理各主席龍昭廷、監事主席龍汝賢等六人及呂萬順、李四康、龍吉林、龍全河、龍澤富、王華民、劉本[illegible]、李樹成、何奎全、尹樹云、尹海云、龍海冰、龍博淵、尹仲輝、龍長發、龍國云、龍友三、龍道亨、谷興卅、龍銀軒、龍海益、劉德輝、徐淑君、龍吉輝、龍道明[illegible]廿五人均無戶籍可考，應迎本縣卅六年辦理編戶籍時之保甲長等切實查明，另行造冊申复，又理事曾德明，未據列入社員名冊，顯係尚未完成入社手續，應無當選資格，仰即另行改選一併呈報本府再憑核辦」

右開各核[illegible]除令鹿鳴鄉古佛寺机織社外相應通知
貴處查照[illegible]
華西實驗區璧山辦事處
附送合字第69號指令一件

璧山縣縣長 [illegible]

鹿鸣乡第二保学区民教主任龙汝贤、璧山县第三辅导区办事处、璧山县政府、华西实验区办事处为成立鹿鸣乡古佛寺机织生产合作社相关事宜的往来公文（附：章程、社员名册、本社创立会决议录） 9-1-152（139）

鹿鸣乡第二保学区民教主任龙汝贤、璧山县第三辅导区办事处、璧山县政府、华西实验区办事处为成立鹿鸣乡古佛寺机织生产合作社相关事宜的往来公文（附：章程、社员名册、本社创立会决议录） 9-1-152（140）

鹿鸣乡第二保学区民教主任龙汝贤、璧山县第三辅导区办事处、璧山县政府、华西实验区办事处为成立鹿鸣乡古佛寺机织生产合作社相关事宜的往来公文（附：章程、社员名册、本社创立会决议录） 9-1-152（135）

璧山县第三辅导区鹿鸣乡民教主任办事处 报告

驿字第零六一号

民国三十八年七月五日

事由：报转鹿鸣乡古佛寺机织合作社复请早颁登记证由

案奉

钧处平贵合字第四四号通知内开「检发合字第六九号指令等一件希转知鹿鸣乡古佛寺机织社办理具报由」等因，当经转知该社遵照办理具报去后，兹据该社前来呈称「本社谨遵县府批示分别办理完竣，特缮具报告等件，祈转县府早发登记证」等情，据此，合检同原报告一件，附五份，备文敬请函转县府核办赐复。谨呈

主任秘书郭转呈

鹿鸣乡第二保学区民教主任龙汝贤、璧山县第三辅导区办事处、璧山县政府、华西实验区办事处为成立鹿鸣乡古佛寺机织生产合作社相关事宜的往来公文（附：章程、社员名册、本社创立会决议录） 9-1-152（136）

主任孙

附如文

职魏西河 呈

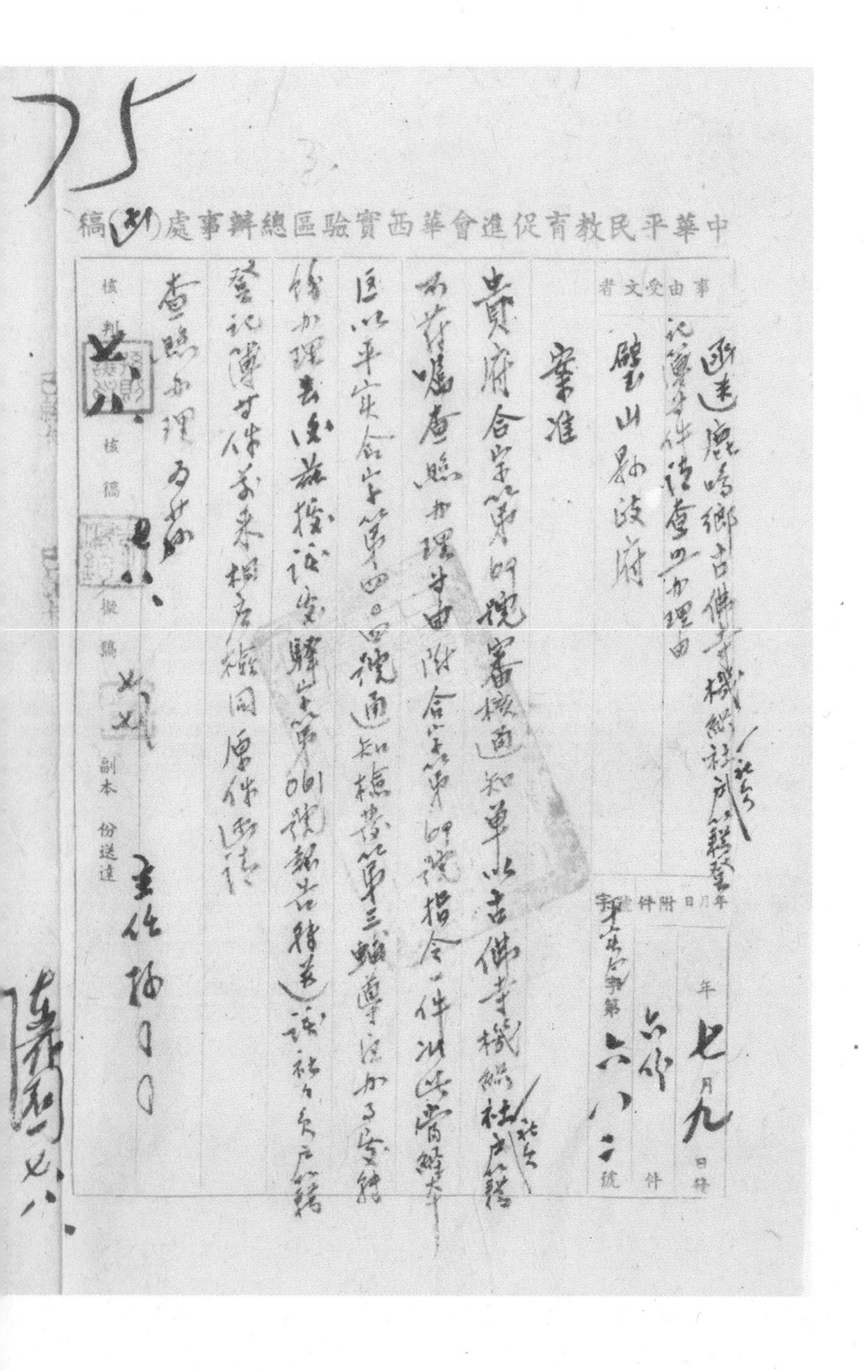

75

中華平民教育促進會華西實驗區總辦事處稿(對)

事由：函送鹿鳴鄉古佛寺機織社成立登記等件請查照辦理由

受文者：璧山縣政府

案准

貴府合字第 號審核函知單以古佛寺機織社成[illegible]

[illegible]查照辦理並由附合字第 號指令一件[illegible]

區以平安合字第四一四號函知據該第三輔導區[illegible]

請辦理去後茲據該[illegible]鄉第四保學區[illegible]

登記簿等件前來相應檢同原件函請

查照辦理為荷

主任 梅〇〇

年月日：七月九日

附件：六件

字號：平[illegible]字第六八二號

鹿鸣乡第二保学区民教主任龙汝贤、璧山县第三辅导区办事处、璧山县政府、华西实验区办事处为成立鹿鸣乡古佛寺机织生产合作社相关事宜的往来公文（附：章程、社员名册、本社创立会决议录） 9-1-152（137）

鹿鸣乡第二保学区民教主任龙汝贤、璧山县第三辅导区办事处、璧山县政府、华西实验区办事处为成立鹿鸣乡古佛寺机织生产合作社相关事宜的往来公文（附：章程、社员名册、本社创立会决议录） 9-1-152（141）

合作社社员户籍登记书表审核通知单　合户字第134号

民国卅八年七月十九日

事由：据[illegible]鹿鸣乡古佛寺机织生产合作社卅八年七月二日呈[illegible]社员户籍登记簿等[illegible]核办一案

查核[illegible]如次：

「报告及附件均悉。查户籍登记依法定程序应由该管乡公所登记后再将申请书簿转报来府，以凭核备。该社所呈户籍登记申请书簿既未经该管乡保长签注意见，复未钤盖印信，碍难核办。原件并还，仰即遵照规定手续另案报核为要」

右开[illegible]鹿鸣乡古佛寺机织生产合作社外相应通知

贵[illegible]

[illegible]

附送合户字第134号指令一件

璧山县长徐中民

收文　38年7月21日　合字第861号

78

鹿鸣乡第二保学区民教主任龙汝贤、璧山县第三辅导区办事处、璧山县政府、华西实验区办事处为成立鹿鸣乡古佛寺机织生产合作社相关事宜的往来公文（附：章程、社员名册、本社创立会决议录） 9-1-152（143）

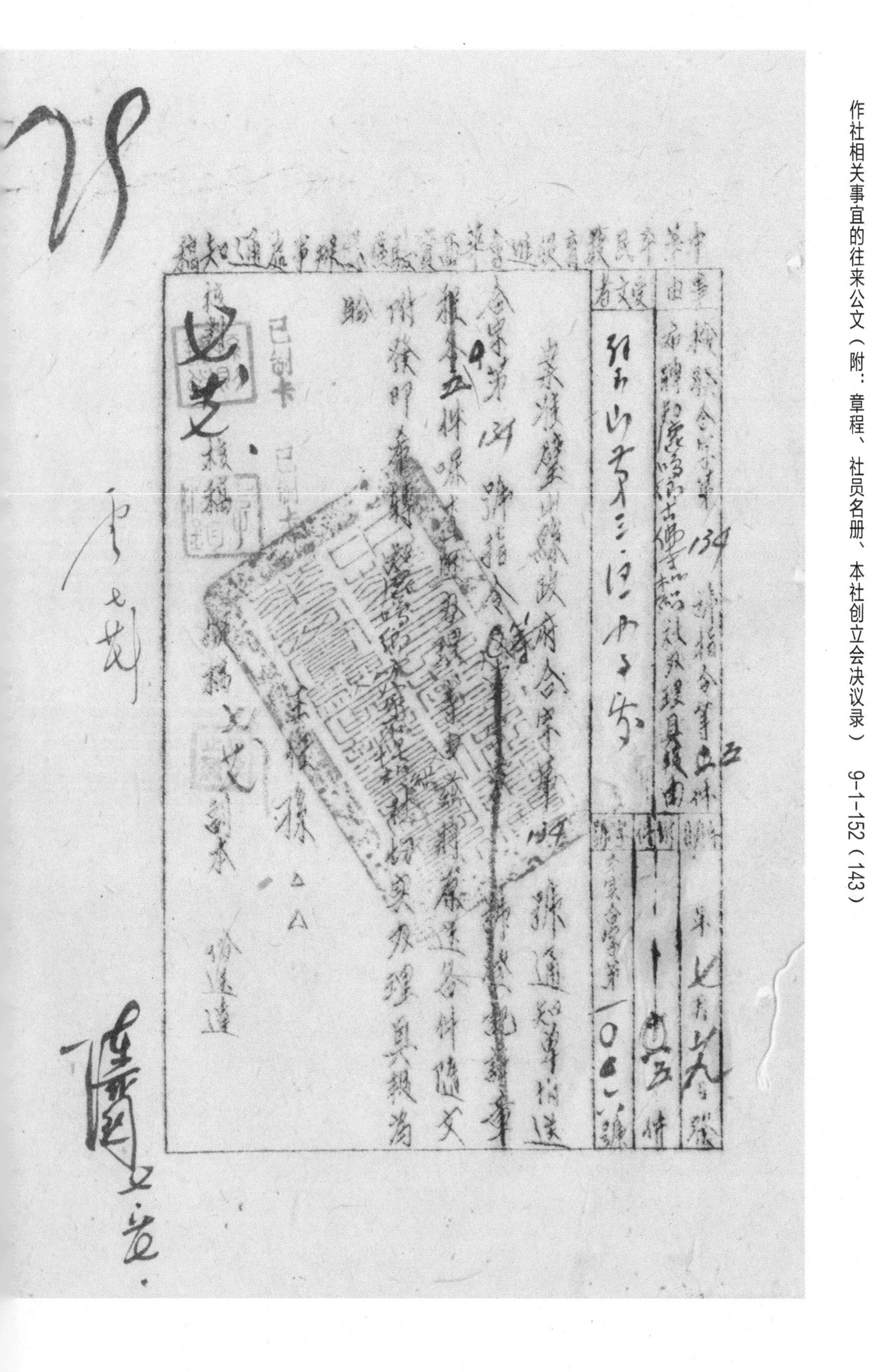

鹿鸣乡第二保学区民教主任龙汝贤、璧山县第三辅导区办事处、璧山县政府、华西实验区办事处为成立鹿鸣乡古佛寺机织生产合作社相关事宜的往来公文（附：章程、社员名册、本社创立会决议录） 9-1-152（144）

報告 驛字第一二一号

民國三十八年九月十五日

頃准鹿鳴鄉古佛寺機織生產合作社理事主席龍汝賢呈稱前以該社呈送名籍表漏知鄉公所蓋印今已加蓋送達合行轉呈

鑒核 謹呈

主任秘書郭 轉呈

主任孫

職 魏西河

請鹿鄉（？）核办 九.一六

38 9 16 合 2017

80

鹿鸣乡第二保学区民教主任龙汝贤、璧山县第三辅导区办事处、璧山县政府、华西实验区办事处为成立鹿鸣乡古佛寺机织生产合作社相关事宜的往来公文（附：章程、社员名册、本社创立会决议录） 9-1-152（145）

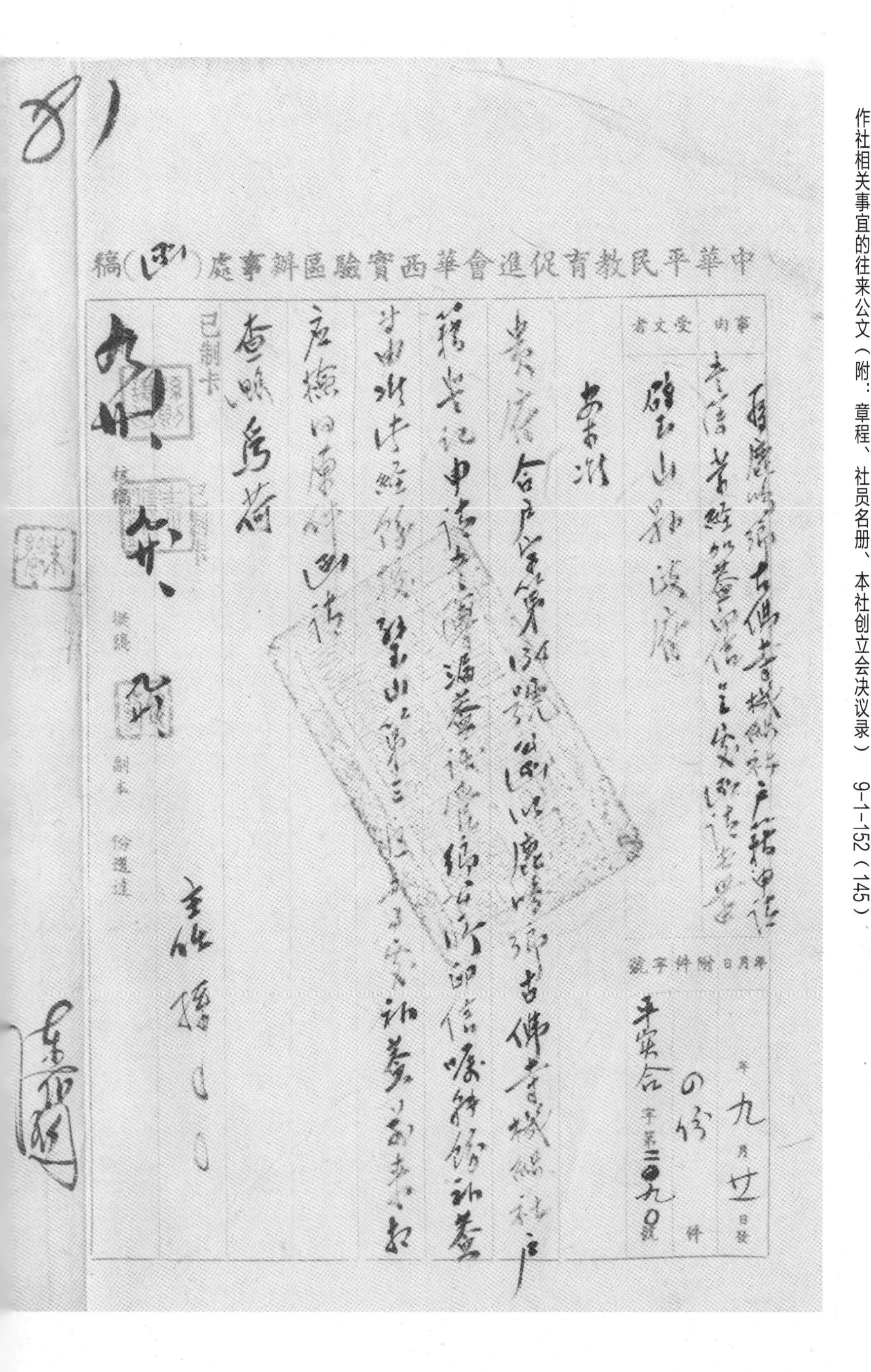
中華平民教育促進會華西實驗區辦事處（函）稿

事由

受文者　璧山縣政府

年月日附件字號　九月廿日發

璧山县三教乡五里冲机织生产合作社章程　9-1-128（2）

1

128卷

保證責任璧山縣三教鄉五里冲機織生產合作社章程

璧山县三教乡五里冲机织生产合作社章程　9-1-128（3）

2

保證責任璧山縣三教鄉五里冲機織生產合作社章程

（本章於民國三十七年九月十八日經社員大會通過）

第一條　定名　本社定名為保證責任璧山縣三教鄉五里冲機織生產合作社

第二條　宗旨　本社以發展工業增加生產改善社員生活建設經濟國防為宗旨

第三條　責任　本社為保證責任各社員之保證金額為其所認股額之二十倍並以其所認股額及保證金額為限負其責任

第四條　業務區域　本社以三教鄉第二保為業務區域

第五條　社址　本社社址設於第二保辦公處

第六條　年限　本社成立年限定為五年但經社員大會之議決得縮短或延長

第七條　公告　本社應公告之事項在本社揭示處公佈之

第八條　社員資格　本社社員以本國人民年滿廿歲或未滿二十歲而有行為能力且有正當職業品行端正並無吸食鴉片或其他代用品宣告破產及褫奪公權之情形而對本社事業確有經營之技能與經驗並不加入其他任何工業合作社

一

璧山县三教乡五里冲机织生产合作社章程　9-1-128（4）

凡有違犯關係法令以及喪失信譽之行為者均得經本社出席理監事四分之三以上社務會議之通過予以除名以書面通知被除名之社員並報告社員大會

四、出社社員對於出社前本社所負債務之保證責任自出社決定日起經過二年始得解除但本社於該社員出社後六個月內解散時得以該社員為未出社論

五、出社社員得請求退回其所繳股金之一部或全部但須於年度終了結算後由理事會決定之

第十一條　社股　本社關於社股之規定如左：

一、每股定為國幣金圓券貳元

二、社員入社時至少須認購一股嗣後可隨時添認但最多不得超過本社股金總額百分之二十第一次所交股金不得少認股額四分之一其餘股金之繳納日期由理事會決定但應自認股之日起一年內繳足之

三、社員如無力繳納股款之一部或全部者得按月由其應得之工資內扣繳或於年終由其應得之股息或盈餘分配金內扣充之

四、社員除以現款繳納股金外並可以機器工具及原料或其他財產物等經

璧山县三教乡五里冲机织生产合作社章程　9-1-128（5）

第十四條　僱員　本社因業務發展於必要時得由理事會任用副經理一人技師技術員事務員助理員或練習生及臨時僱工若干人練習生及臨時僱工應先儘社員之家屬選用其辦法另定之

任期規定如左：

第十五條　任期　本社職員之任期除聘僱人員另行規定外所有理監事之任期規定如左

一、理事之任期爲三年每年改選三分之一得連選連任

二、監事之任期爲一年亦得連選連任

三、理事在任期內非有正當理由不得辭職其確因故辭職或其他原因缺額時得召集臨時社員大會舉行補缺選舉其產生之理監事以前任之任期爲任期

四、本社由理事會提經社員大會推選出席聯合之代表其任期爲一年

第十六條　待遇　本社監理事均以義務職爲原則必要時得經社員大會決議酌支津貼或生活補助費其他聘僱員工得經理事會之議決酌給薪資

第十七條　細則　理事會辦事細則由理事會另訂之監事會辦事細則由監事會另訂之其他員工之服務規則分别另訂之

五

5

四、社員大會應有社員過半數之出席始得開會出席社員過半數之同意始得決議但對理監事之罷免須有全體社員過半數之同意始得決議對本社解散或與他社之合併應有全體社員四分之三以上之出席出席社員三分之二以上之同意始得決議

五、社員大會開會以理事主席為理事主席缺席時以監事主席爲主席社員召集之臨時會議公推一人為主席

六、社員僅有一表決權或選舉權社員不能出席時得以書面委託其他社員代理之但同一代理人以不得代理兩個以上之社員爲限表决時如雙方票數相等主席有投决定票之權

七、社員大會流會二次以上時理事會得以書面載明應議事項函由全體社員於一定期限內通信表決之但以期限不得少於十日

第十九條　社務會　由理事會於每三個月召集常會一次必要時得召集臨時會議均為討論理事會或監事會不能單獨解決而無須舉行社員大會之重要事項

一、社務會開會時其主席由理監事互選之

二、社務會應有全體理監事三分之二以上出席始得開會出席理監事過半數之同意始得決議

璧山县三教乡五里冲机织生产合作社章程 9-1-128（8）

（三）審查本社年終决算編造之各項書表

（四）會同理事對內對外簽訂各種契約或於訴訟行為時為本社代表

第二十一條 記錄 本社舉行各種會議均應具備會議記錄其格式項目另定之

第二十一條 業務種類 本社經營業務如左：

（一）織布

（二）整染

（三）運銷

第二十二條 業務管理 本社應需原料工具及設備所有產品之製造與運銷均以統籌集總辦理為原則

（一）本社社員如能供給前項原料工具或設備時得儘先徵收之按當地時價付款

（二）本社除總設立工廠外并得於必要時設置倉庫其辦法另定之

（三）本社遇有特殊情形時得經社務會議之决議准許社員領用原料工具在其家中製造但成品須交社中集總運銷其詳細辦法另定之

（四）其他一切管理辦法悉依工廠法之規定辦理

第二十四條 年度 本社以國歷一月一日至十二月三十一日為業務年度六月底為半年

九

璧山县三教乡五里冲机织生产合作社章程　9-1-128（9）

（四）以百分之六十為社員分配金按社員之工作效率成績及工資等比例分配之

第二十七條　虧損　本社年終決算有虧損時以公益及股金順次抵補之如仍不足由各社員按所負之保證金額分担之

第二十八條　解散　本社遇有左列情事之一而解散

（一）社員大會議決解散或與他社合併時

（二）社員不足法定人數或成立期滿時

（三）破產或有解散之命令時

第二十九條　清算　本社解散時由主管機關或法院派清算員二人依合作社法之規定清理本社債權及債務清算後尚有資產金額時由清算人擬定分配案呈准主管機關并提交社員大會決定處理

第三十條　附則　本章程附則附左：

一　本章程未規定事項悉依合作社法及同法施行細則或其他有關法令之規定辦理

二　本章程由社員大會通過呈請主管機關核准後施行

一一

全體社員簽名蓋章或按斗於左：

姓名	蓋章或按斗	姓名	蓋章或按斗	姓名	蓋章或按斗	姓名	蓋章或按斗
蔡琢章		唐海榮		趙友輝		李張氏	
趙樹全		劉正福		趙海銀		吴述云	
劉國華		陳銀廷		曾述清		吴海云	
劉正芳		何海明		趙復生		張周氏	
何學禮		蕭長興		巫國容		冉樹榮	
尹連三		趙漢文		譚炳文		巫傳維	
唐輝先		林正碧		蔡大勲		蔡楊氏	
曾學仲		龍長芳		陳國江		羅元海	

璧山县三教乡五里冲机织生产合作社章程　9-1-128（10）